空域建模计算与控制

朱永文 刘 杨 蒲 钒 著

科 学 出 版 社
北 京

内 容 简 介

在大规模计算系统内对物理飞行空间进行离散化建模与数字化编码，构建由数字空域网格单元有序衔接而成的数字化模型，是开展空域赋值计算的基础，为动态管理空中交通运行与测度用空安全线等提供了一种全新的时空框架。本书提出了一套现代空域管理关键技术框架与空域网格单元数字化建模方法，阐述其基础概念、研究进展及赋值计算思路，并重点展开交通空域描述测度法则、交通航迹运行控制及飞行安全风险模型等研究，创新发展了数字化空域建模与数值计算方法，为构建现代数字化空域系统理论体系提供参考。本书内容新颖，体系完整，深入浅出，理论性强，注重实际应用，充分反映了近年来国际国内空域管理领域的基础理论研究成果。

本书可作为高等院校空域管理专业研究生教材使用，也可供从事交通信息工程与控制、航空运输规划与管理、战场空域管制工作的科研与工程技术人员参考阅读。

图书在版编目（CIP）数据

空域建模计算与控制 / 朱永文，刘杨，蒲钒著. — 北京：科学出版社，2024.6
ISBN 978-7-03-077883-3

Ⅰ. ①空… Ⅱ. ①朱… ②刘… ③蒲… Ⅲ. ①空中交通管制－系统建模－研究 Ⅳ. ①V355.1

中国版本图书馆 CIP 数据核字（2024）第 025349 号

责任编辑：任　静 / 责任校对：胡小洁
责任印制：师艳茹 / 封面设计：蓝正设计

科学出版社 出版
北京东黄城根北街 16 号
邮政编码：100717
http://www.sciencep.com

北京天宇星印刷厂印刷
科学出版社发行　各地新华书店经销

*

2024 年 6 月第 一 版　开本：720×1 000　1/16
2024 年 6 月第一次印刷　印张：15 1/2
字数：312 000

定价：138.00 元
（如有印装质量问题，我社负责调换）

前　言

　　电子信息技术综合应用，促使空中交通运行与空战指挥控制由传统信息化向模型算法支撑的智能化体系转型。对此，在构建新一代航空通信导航监视和空中交通管理自动化系统并最大程度释放新技术应用效能之中，面临一项急迫的需求：即如何适应新技术能力，改变按用途固定划分管理的传统空域使用模式，实现在全空域数字化建模基础上的动态一体化管理。这是今天探讨空域管理技术首先需思考的问题。因为传统空域管理通过将空域划分成单一任务使用的空间三维体，并在很长时间内限制其他种类飞行活动使用以保证用空安全，它适用于低密度航空需求时代和有限基础设施能力条件。但未来的高密度飞行时代，在大量高性能、新型航空器频出，有人/无人飞机混合运行、频繁航天发射与空天往返、临近空间飞行器常态部署使用等情况下，仍将空域按照传统方式进行固定划分管理将面临使用低效和不灵活的弊端，严重阻碍航空运行潜能的发挥，寻找替代方法、改变传统空域固定按用途管理的旧方法势在必行。本书借鉴数字地球网格划分思想，将连续交通空间离散为空域网格单元，并在信息空间内利用超大规模三维矩阵进行空域网格单元的映射、管理和控制，实现对全球尺度空域进行数字化重构和表达；利用空域网格单元时空基准，开发一套解决大规模复杂空中交通航迹管控的计算方法，构建一种基于空域网格单元的时空位置数据处理技术体系，为大尺度空间实时交通航迹的空域感知与冲突消减提供解决方案；并针对今后高密度交通空域结构优化、空域飞行安全风险监测、交通航迹运行管理与控制等问题，建立管控规则随交通演化趋势实时变更的空域动态管理计算模型，为推动空域管理新一代业务技术体系建立与完善提供参考和帮助，为数字化空域系统的构建，奠定理论与技术基础。

　　实际上在新一轮空中交通管理信息化过程中，智慧空管和智能化空战成为重要趋势，配合其实现产生对空域数字化建模与管理控制新需求：即如何不再分区块划分空中交通空域、以牺牲航空运行效率为代价，来提高空域与空中交通管理的安全性；如何不再割裂地进行空域与空中交通流量管理，实现两者一体化协同联动，满足空中交通流高时变动态管理需求；如何不再将空域看作单纯的空中交通活动空间，据此综合应用空域动态协同措施与及时性的空域程序规则，实现空域与空中交通管制在飞行控制层面的同步，满足空中交通高密度管制需求；如何实现空域管理平战衔接，推进作战空域管制与空中交通管制一体集成与协同控制等，这些需求促使我们对现有空域建模方法与时空位置基准进行深入研究，围绕平战一体数字化空域系统进行空域管理新理论体系构建，发展兼容民航空中交通管制、寓军于民和集成统一的数字化空域系统理论与计算方法。

本书成果得到了国防科技卓越青年科学基金(2018-JCJQ-ZQ-007)资助。通过在实验室搭建空域运行管理仿真平台，在"边研究、边试验、边总结"中我们逐步建立起空域网格单元的基本原理与技术框架，编辑成为本书的主体内容，其中还包含了大量欧美国家此领域研究形成的一些重要技术方法。本书是在前期出版的《空域管理理论与方法》《空域管理概论》《空域数值计算与优化方法》著作基础上，针对空域数字化建模的原理、方法、应用及技术模型等进行总结，对动态空域管理要求和业务内容等进行梳理形成的一部著作，在撰写过程中得到了国家空域技术重点实验室唐治理博士、王长春博士、南京航空航天大学谢华等专家学者的大力支持和帮助，他们为本书成稿提供大量意见建议，此外还参考了国际国内大量文献、书籍和期刊文章，对国际新一代航空运输系统与空中交通管理规划进行了详细解读，在此对给予本书撰写提供资助、帮助、建议和参考的人们表示衷心诚挚的感谢！全书共分 5 章，由朱永文统稿，具体的撰写分工如下：第 1~3 章由朱永文撰写；第 4 章由蒲钒撰写；第 5 章由刘杨撰写。

此外，撰写本书时考虑到加快完善数字化空域管理理论体系的需要和客观要求，对数字化空域建模的理论框架确立，着重从全球视角、空间网格划分、局域应用转换、兼容飞行高度层使用现状等角度进行设计与分析，反映了作者在该方向的见解，以供同行参考。本书的完成得益于多年来与国内同行的广泛学术交流与探讨，由于作者个人能力、理论水平、管制经验不足和掌握资料有限等，要想实现对数字化空域管理的基础理论与方法准确构建与全方位的论述，还有较大差距，加上撰写时间仓促，书中难免出现疏漏和不妥之处。衷心希望同行和广大读者不吝批评指正，以使该理论体系不断发展完善，为建设强大的中国空管做贡献！

作 者

2023 年 2 月于安宁庄路 11 号院

目　　录

前言

第1章　概述 ... 1
1.1　研究背景与需求 ... 1
1.1.1　研究背景 ... 1
1.1.2　科学需求 ... 4
1.2　数字化空域理念 ... 7
1.2.1　基本内涵 ... 7
1.2.2　关键技术 ... 9
1.3　国内外研究进展 ... 13
1.3.1　进展综述 ... 14
1.3.2　发展趋势 ... 45
1.4　本书的主要内容 ... 48
参考文献 ... 48

第2章　空域网格单元建模 ... 51
2.1　基本概念定义 ... 51
2.2　网格划分编码 ... 52
2.2.1　相关研究概述 ... 53
2.2.2　球面划分模型 ... 55
2.2.3　高度划分模型 ... 73
2.3　编码转换关系 ... 76
2.3.1　全局与局部转换 ... 76
2.3.2　编码与矩阵转换 ... 77
参考文献 ... 80

第3章　空域描述测度方法 ... 82
3.1　空域描述方法 ... 82
3.1.1　空域结构对象 ... 82
3.1.2　空域航迹对象 ... 87

  3.1.3 空域数据对象 ·····················97
 3.2 空间代数法则 ························100
  3.2.1 代数法则定义 ·····················101
  3.2.2 空间关系判断 ·····················102
  3.2.3 计算方法应用 ·····················108
 3.3 空域赋值计算 ························113
  3.3.1 赋值计算法则 ·····················113
  3.3.2 空域网格赋值 ·····················117
  3.3.3 计算方法应用 ·····················121
 参考文献 ·······························126

第4章 交通航迹运行控制 ····················127
 4.1 交通航迹预测模型 ·····················127
  4.1.1 飞机性能模型构建 ··················129
  4.1.2 航迹预测具体方法 ··················133
  4.1.3 基于大气模型修正 ··················142
  4.1.4 基于机载数据修正 ··················148
 4.2 战术阶段航迹规划 ·····················149
  4.2.1 航迹规划理论模型 ··················149
  4.2.2 规划机器学习算法 ··················154
 4.3 战术阶段间隔控制 ·····················182
  4.3.1 冲突识别消减模型 ··················183
  4.3.2 冲突决策机器学习 ··················191
 参考文献 ·······························200

第5章 安全风险评估模型 ····················203
 5.1 安全风险测量 ························203
  5.1.1 危险因素识别 ·····················203
  5.1.2 风险指标体系 ·····················206
  5.1.3 无量纲化处理 ·····················208
  5.1.4 确立指标权重 ·····················210
 5.2 安全风险识别 ························212
  5.2.1 风险瓶颈识别 ·····················212
  5.2.2 航迹数据处理 ·····················217

5.3 安全间隔评估 ·· 225
　　5.3.1 危险碰撞概率 ··· 225
　　5.3.2 间隔评估算例 ··· 228
5.4 紧密包络模型 ·· 232
　　5.4.1 紧密包络概念 ··· 232
　　5.4.2 建模计算方法 ··· 233
参考文献 ··· 239

第 1 章 概　　述

随着电子信息技术进一步发展，普适计算(Ubiquitous Computing)将计算和信息服务以适合人们使用的方式，嵌入大众生活的物理空间，以往相互隔离的信息空间和物理空间已相互融合在一起。融合空间内人们可随时随地透明获取计算与信息服务，支持不同尺度的信息物理融合应用与计算控制，形成具有智能行为的智能空间(Smart Space)，智能空间是一种由嵌入计算、信息设备和多模态传感装置等综合集成技术体系构成的物理或数字环境，具有自然便捷的交互接口，可支持更沉浸式、更交互式、更自动化的计算系统服务获取。智能空间的概念及其技术体系的发展，拓展了人们对物理时空的传统认知，即时空本质是连续一体的，并同信息空间存在交叠与相互映射关系，两者的融合管理控制，可进一步增强信息技术对现有物理空间活动的管理控制能力。据此我们根据当前国际国内空中交通管理技术发展，针对空域管理面临的问题及新技术需求，提出了**数字化空域系统**(Digital Airspace System)**概念**，通过开展全新的空域数字化建模，形成空中交通管理的信息物理融合空间，并在该空间内利用信息技术进行空域重构，目的是利用当前快速发展的大规模计算技术等，对空域管理结构和运行控制模式进行研究分析、计算决策和使用配置，最终建立新型空中交通管理四维时空框架，形成一套较为完善的数字空域管理控制理论方法，从而为空中交通管理实现空域与空中交通流量、交通管制自适应协同运行奠定理论基础。

1.1　研究背景与需求

1.1.1　研究背景

进入 21 世纪以来，新一轮科技革命和产业革命正在孕育，全球科技发展呈现新的发展态势和特征。主要表现为：传统学科持续发展，学科交叉融合加速；新兴学科不断涌现，前沿领域不断延伸。由此，以绿色和智能为特征的群体性技术革命，以及不同技术领域跨域融合再创新的常态化，为空中交通管理和战场空域管制领域发展带来更多可能；航空武器装备信息化水平阶段性提升及智能战争的到来，促使交通空域管理和战场空域管制的组织形态必须适应新技术发展，为创建新型管理理论方法和系统技术提供了无限可能；网络联接、协同决策、多维时空综合等技术应用，及建立大联接、大数据、大协同模式的空域管理创新范式悄然兴起，必将克服传统空中交通管理模式存在的空域静态分割管理、固定使用、容量受限、效率不高、脆弱性大的弊端，提升交通空域管理和战场空域管制能力，拓展形成空天地一体化的时空动态高效管理新模式，支撑今后空中智能交通和智能空战管控新时代的到来。

根据国际民航组织（International Civil Aviation Organization，ICAO）[1]定义，空中交通管理是确保飞机在所有飞行阶段安全和高效的空基和地基功能系统的综合，包括空中交通服务、空域管理和交通流量管理及航空通信、导航、监视等，它们支撑着空中交通管理所需的基本要求，即防止航空器地面或空中相撞，加速空中交通流，维护空中交通秩序。

空中交通管理技术发展目前已经历了如下阶段：第一阶段，航空起始阶段，通信、监视主要依靠目视，导航需要依靠信号灯与信号旗，飞行过程中完全依靠地标飞行；从1934年开始进入第二阶段，无线电通信开始得到广泛应用，无线电技术承担着飞机通信、导航以及监视的功能，飞行过程中建立了程序管制模式；第三阶段1945年到1988年，雷达以及二次雷达开始应用于航空领域，对于飞机的监视和管制开始依靠雷达实施，飞机的飞行开始依靠仪表飞行规则，这种模式一直持续沿用至今；1989年到2012年，全球飞行和跨洲际飞行开始兴起，卫星导航开始在航空领域应用，对飞机开始实行基于数据链的数字化管制及基于卫星建立的自动相关监视，空管系统功能开始趋向综合化，在采用雷达管制的同时，不断加快基于卫星的新技术应用；从2012年至今，随着全球飞行量的剧增，航空通信技术开始由窄带通信逐渐向宽带通信网过渡，导航技术从卫星导航和惯性导航逐渐向多元综合导航融合增强发展，监视技术也由单一雷达监视向多体制的综合监视过渡（二次雷达、自动相关监视与多点定位等），空中交通管理技术向着协同、精细和智慧迈进，空域系统及其容量、可靠性、完好性、可用性得到进一步提高。

随着空中交通管理的规模和复杂性日益增加，国际民航组织在其第11次航行会议上，提出空管总系统性能概念，认为空中交通管理是一个服务于社会的复杂系统，所有的利益相关方对于空中交通管理该如何提供服务都有着各自的期待，各方面的期待共同构成了空域用户表达需求的基础，并在较高层面上与空中交通管理应该达到的性能要求相对应。由于各方对空中交通管理的性能要求不同，所以要从所需性能出发，制定航空通信、导航、监视相应规则，而不再强调采用的具体设备种类等，这样就为各国及各方研究升级相应功能设备或系统提供了遵循的原则。目前基于性能的导航（Performance Based Navigation，PBN）[2]是国际民航组织在整合各国需求和区域导航系统（Area Navigation，RNAV）、所需导航性能（Required Navigation Performance，RNP）[3]运行实践和技术标准的基础上，提出的一种新型运行概念，它将航空器的机载设备能力与卫星导航及其他先进技术结合起来，涵盖了从航路、终端区到进近着陆的所有飞行阶段，综合提出性能要求，从而建立更精确和安全的飞行方法和更高效的空中交通管理模式。基于性能的通信和监视(Performance-Based Communication and Surveillance，PBCS)作为国际民航组织提升航空通信和监视性能的运行概念，建立了一套从地面设备、传输网络、机载设备性能、管制员和机组通信交互与响应等，各环节应用所需的通信性能(Required Communication Performance，RCP)和所需监视性能(Required Surveillance Performance，RSP)规范，来确保航空通信和监视能力达到相应的要求。

综合上述特点情况，空中交通管理技术有如下发展趋势：①在航空通信方面，今后发展方向主要是由语音通信向数字通信、窄带通信向宽带通信、数据链通信向通信网络过渡，涉及的主要技术有卫星通信、宽带通信、网络通信、数字语音等，典型场景是空中交通服务设备间高速数据通信、机场场面数据链服务等。②在航空导航方面，今后发展方向主要由机载导航、地面导航、卫星导航过渡到多频率多星座卫星导航及多元导航的融合增强，涉及的主要技术有全球卫星导统、多模式组合导航及基于性能的融合导航，典型场景是实现基于航迹运行及连续上升下降等。③在航空监视方面，今后发展方向主要由单一数据源监视过渡到多数据源融合综合监视，涉及的技术有广域多点定位、自动相关监视、机载情景意识、机载间隔管理、综合监视应用等，典型场景是全球地空监视、自主间隔保持、四维航迹运行等。④在运行网络方面，今后发展方向主要由点对点的空中交通服务机构间数据通信，过渡到以网络为中心的运行，涉及的技术主要是全系统信息管理，典型场景是空中交通信息共享、虚拟空中交通服务设施等。⑤在机载系统方面，今后发展方向主要从机载航电系统相互独立过渡到综合一体化、支持基于航迹运行的集成化系统，实现机载空管航电与空管体系综合集成与飞行联网等，涉及的技术主要是机载全系统信息管理、支持四维航迹运行的航电系统及综合监视、相关监视、感知与告警、交通防撞与告警、视景增强与合成等，典型场景是空地一体化的四维航迹运行。

空中交通管理技术发展，逐渐将物理飞行空间同空中交通管理信息空间融合，实现一体化运行管理控制，构成全新的空天地一体化、综合化、可视化的数字化空域系统，从而为更加安全、更加密集、更加灵活的空中交通运行提供全面支撑。在数字化空域系统内，航空装备将走向协同化、精细化和智慧化。协同化实质是互联共享、协同决策，重点是全系统信息共享并实现以网络为中心的基础设施服务。信息交换模式将从点对点传输逐步过渡到网络传输，大幅降低成本。同时统一处理各种类型、结构和协议的信息，支持各类综合应用，让航空器、空中交通服务提供商、航空单位、机场、军方等部门即查即用地获得所需信息。精细化实质是性能驱动、多元精准，重点是基于四维航迹运行，涉及面向定时到达的机载四维飞行引导、飞机航迹运行的全生命周期管理、航迹运行数字化管制、基于异构网络的空中交通环境监视与态势共享等。智慧化实质是局部自治、系统可控，重点是实现有人/无人飞机空域混合运行及航空器飞行智能化。今后空域运行将从现在无人机受到严格政策限制，逐步过渡到无人机完全融入空域系统，包括中高空的运输航空器飞行空域及低空的通用航空器飞行空域、全空域的军事航空器飞行空域等，涉及航空通信与控制链路、感知-避撞等。同时，大数据时代对智能空中交通管理技术发展提出新要求，需要解决如何从多源异构的实时海量信息中挖掘出面向空中交通运行改善的信息要素和知识资源等重要问题，实现空中交通运行态势的精确感知和智能化调控，综合通过航空电子、机载通信单元、智能一体化终端、人机功效协同融合等实现数字化空域系统。

1.1.2 科学需求

1. 空域管理传统方法面临的困境

通过总结归纳在一定的时空性能体系之下，组织实施空中交通管理和战场空域管制，即平时空域管理和战时空域管理，并在平战一体与军民融合需求前提下，我们得出如下三方面传统的空域系统理论方法面临的困境与难题。

(1) 空域固定划分管理困境。传统空域管理主要采用空间分割的固定划分管理模式，对空域分类主要根据航空器飞行空管准入要求，提出对机载设备、运行管理和管制的遵守规则，细分不同种类空域进行有针对性的运行管理与控制，包括空域划设调整程序、运行保障设施建设、使用审批及对社会公众开放条件等，形成一套基于需求和规则的规范化空域管理业务模式。这种管理模式，适合飞行量少的空域管理，它能很好地保证各类空域使用的安全性，但随着空中交通量和飞行种类的增加，其运行效率快速下降，尤其随着航空器和地面运行保障系统自动化程度的进一步提升，其弊端开始显现，出现了因设备性能不一致或难以达到高性能要求，就被隔离或不准进入特定空域，从而出现特定空域飞行的高密度与周边附近空域的低密度，带来空域使用和飞行分布的不均衡性。由此当空中交通时空位置控制越来越精确，继续分割管理空域，一方面不能更大效能地发挥出航空自动化技术优势，另一方面限制了空中交通飞行的灵活自由度。此时必须将固定划分管理的空域重新整合为一体化的连续空间，围绕飞行需求和最佳路径动态供给空域使用，解决固定划分空域使用低效率的问题。必须转变固定划分使用空域的模式，实现按照交通流与飞行需求，构建动态的空域结构组织形态，实现按需灵活飞行。

(2) 高密度飞行复杂管制难题。随着航空普及化时代的到来空中交通密度呈快速增长态势。大城市周边空域逐渐形成了空中交通高密集区，传统以管制员为中心的调配控制策略难以满足高密度管制需求，因此提高交通管制自动化程度，实现计算机辅助开展空中交通调配控制策略生成等成为研究热点。当前面临着如何精细确定交通管制扇区结构，精准测算空域容量及扇区容量，精密供给空中交通空域使用，以及需要围绕空中交通流的分合关系及疏密程度等，动态调整优化空域使用边界，实现空域容量与空中交通需求相匹配，并满足规定的空中交通安全等级要求；面临着探测识别空中交通运行冲突，尤其从战略层面、预战术和战术层面，解脱飞行冲突，有效化解高密度飞行冲突解脱涉及的级联效应问题，需综合考虑空域与交通流量协同一体化控制问题；面临着战略层面空域灵活结构设计，实现空中交通运行尽量沿着预先规划或飞行员意图实施，避开大范围气象扰动，并减小对交通运行干扰，从而最大限度地实现空中交通高效运行控制，提高节能环保效应。对此我们必须发展新型的空域管理控制原理方法，针对传统空中交通管理技术架构不能适应高密度飞行复杂管制需求，修正技术架构，重构技术原理，发展新技术方法。

(3) 联合作战空域管理难题。平时空中交通管理主要是受控的航空器对象，联合作战空域管理对象，不仅包括受控航空器对象，还包括航天发射及再入飞行器、受控弹道型临近空间飞行器、不受控弹道型火炮及无人驾驶航空器等。由此大尺度空间内复杂多类异构对象的空域管理已成为世界性难题，处理不当将带来空中作战进程控制迟缓、空域使用冲突及空中作战管制安全事件频发，严重影响联合作战效率及效果。同时随着现代武器装备性能的提高，低空域和高边疆的联合作战管制将面临着严峻挑战，一方面低空域是同地表、天气影响紧密关联的区域，航空基础设施电磁信号覆盖不充分、地表障碍物多、地形遮蔽大等特点，使得该区域成为进攻突击航线的主要规划区域；另一方面高边疆区域，尤其临近空间正日益成为航天航空装备拓展使用的区域，由此带来如何将临近空间为主体的高边疆纳入到作战空域管理领域，并建立一套管理该区域飞行器的管控原理方法，为调配航天发射、飞行器再入、临近空间快速打击、飞行器空间感知-避撞等提供支撑。但目前该领域研究尚处于起步阶段，同现实需求差距较大。

2. 空域管理新方法构建的需求

从上述传统空域空间分割法的不足及发展需求看，空域与交通流量自适应协同管理控制将是今后发展的重点。虽然平时空域管理与战时空域管理的重点、面临的对象及过程要求并非完全一致，但是不论平时和战时其管理的目标要求基本一致。即对平时来说，要求加快空中交通流量，实现空域使用边界随着空中交通流演化进行更新，在不降低空中交通运行安全等级的前提下，满足空域容量与交通流量匹配自适应要求；对战时来说要求加快作战空域利用效率，盘活空域资源，为空中作战进程有序控制奠定基础，在确保空域快速使用与释放安全的同时，满足各类空中行动对空域使用需求，防止误伤误击、自扰互扰及空中秩序失控带来的联合作战效率低的问题。由此看出无论平时空域管理还是战场空域管制，都需要在满足规定的安全等级要求的同时，避免空中飞行或空域使用相互干扰，加快空域使用效率和空中交通效率，这就决定了它们的管理原理和方法、技术具有共用性，在适用不同对象时可通过调整有关模型方法的参数及个别特殊性之后实现互用，并保持它们的一致性。梳理总结传统空域系统理论方法面临的具体问题，针对今后的需求，我们认为应重点研究如下五个方面的基础性问题。

(1) 空域管理连续性空间复杂位置关系如何计算。从当前研究情况看，空域与交通流量自适应管理，通常建立在地理空间离散网格化空域划分基础上，利用空域离散化方法，把连续空域细分成一个个基本空域体单元。这个单元既可作为空中交通运行数据组织管理的空间索引，还可作为空中交通位置跟踪定位的基准，也可作为各类不同需求的空域组成要素。通过基本空域网格体，实现各类功能空域的动态配置与组合。由于空域离散化具有空间基准定位和计算的优势，如何构建空域网格单元、建立划分模型、定义编码及规则，则成为发展下一代空域系统的前提基础。据此将连续性的空间复杂位置关系索引建模与定义，建立适用于不同需求、平时和战时一体的空域网格单元编码规则，围绕空间位置关系的度量计算、数据组织和索引，建立同平时和战时空域管理、交通流量管理相适应的空域组织结构框架，成为我们研究的重点，也是本书首先需要解决的问题。

(2) 电磁信号空域分布及可用性、完好性如何计算。空域管理中需对保障航空运行的通信导航与雷达监视等电子信息系统的空域性能分布进行有效测算，目的是为开展空域依据性能的分级分类管理奠定基础，同时也可为有效确定空域运行的性能等级和开展结构规划设计提供支撑。但由于空域尤其低空空域中存在电磁信号的地形遮蔽、多径、干扰等，相同频段电磁信号存在交叠互扰，多站电磁信号存在联合定位与探测等问题与需求。同时航空通信导航与监视的可用性完好性指标测算等都是建立在大量累积数据分析基础上的，通过对样本数据的统计才能得出结论。因此可以利用空域网格单元编码索引的数据组织模型，在空域网格划分基础上，开展电磁信号空域分布可视化分析测算、对累积数据进行统计，建立不同于常规连续空间的电磁信号计算方法，并作为本书提出构建数字化空域系统的重要支撑方法，成为本书研究空域性能可视化的技术基础。

(3) 空中运动大规模对象战略冲突如何识别。空中交通位置定义可根据空域网格单元的编码确定，也可通过地理空间的经纬度和高度确定，两者是一致的，但是定义的空间分辨率存在差异，只要在处理问题中对位置的精度需求同研究问题的要求相适应即可。大规模对象空中运动冲突探测和解脱，实际上对应的是位置点的空间关系及随着时间变化的空间关系演化趋势。如何在空域离散化基础上，针对大规模复杂运动对象，构建飞行冲突或空域使用冲突快速识别算法，如何确保算法的有效性及鲁棒性问题，需要我们深入研究。同时对飞行冲突解脱来说，涉及对周边飞行目标的航迹调整，级联效应化解及调配算法有效性验证问题，是空中交通管理领域长期研究的一项基础性问题，但是目前仍没有较好的算法形成。当空中交通规模大到一定程度之后，该问题处理起来相当复杂，由此我们需要基于全新的空域组织架构之下，研究全新的算法。

(4)空域使用复杂性安全态势如何实时动态监测。不降低安全等级是空中交通管理和战场空域管制的核心要求，但如何动态监控大尺度空间的安全性，测度空中交通和空域复杂度，将复杂度控制在规定门限内等，仍需深入研究。目前广泛依据动态密度、管制员工作负荷、空中交通航迹混合性程度等，建立空域复杂度模型。面对战场空域管制，如何选取对应监测指标，建立相应适用的复杂度模型，成为本书研究的另一重要内容。同时由于安全性受诸多因素的影响，如何选择确定影响指标，对指标建立主次因分析等，也是当前的研究难点。

(5)空域运行控制多主体协同信息如何可靠交换。空域使用重点即为空间占用及占用之后的快速释放。其中涉及多用户主体如何计划对空域占用、使用完毕后如何快速释放空域资源，及这些信息如何在各用户主体之间进行共享，这是盘活空域资源的核心。协同决策是解决这一类问题的研究重点。由此针对当前空域运行协同控制基础研究，还需进一步对离散空域网格单元编码之后的空域信息多主体传输共享的数据格式进行设计，建立基于编码的空域空间唯一标识；研究对多主体之间高效协同决策过程(决策发起、决策生成、决策应用及动态调整跟踪、效果评估等内容)，制定有关技术标准和协同原理方法，实现按时效性的空域运行控制高效协同决策。

1.2 数字化空域理念

1.2.1 基本内涵

基于上述研究背景和需求，结合电子信息技术快速发展态势，我们需建立全新的空域系统理论体系。尤其以数字化、网络化、智能化为特征的信息化浪潮下，空域管理技术加速代际跃迁，技术路线将深刻调整，孕育出新技术体制与路线。数字化空域系统就是在这样的背景下提出的，它的形成将为高性能计算、大数据、人工智能等变革性技术在空域管理领域应用奠定重要基础。据此我们从信息物理系统(Cyber-Physical System，CPS)[4]理念出发，提出数字化空域系统概念，综合空域管理、交通管制、机场、航空器及航空单位等航空要素，围绕物理飞行空域的动态配置使用进行连接，以空域在计算机信息空间内的数字化建模与可视化为基础，建立一套计算模型方法(含机器智能等)，改善和优化空域感知、冲突识别、动态控制、信息共享的集成化和自动化水平，优化整合空域与交通流量、空域与交通管制的协同管理效能，提升空中交通与作战空域管理实时性和响应能力。

数字化空域本质就是利用数学模型，在计算机数字信息空间内完成对物理飞行空间的数字化重构，实现对空中交通空域结构、飞行路径或战场空域结构、作战空间划分的计算机建模再现，在虚拟空间中实现实际物理空域对象的映射管理，并反映航空器或用空单元相对应的空域使用全生命周期过程。数字化空域的实现中，需要构建空域数值计算理论体系，这是个跨学科的领域，具体可参考我们前期出版的《空域数值计算与优化方法》[5]。在空中交通运行场景下，空域数值计算获取、整合和分析空域管理的各类数据信息，生成大型和异构时空数据库，以解决空中交通管理面临的问题，并重点达成：①空域的可视化分析，在可视化空域使用状态基础上建立空域系统一张图，实现精准掌握全部空域实际使用分配与建设情况，为基于一致认知的空域动态管理配置提供支撑。②空域的可度量处理，通过发展空域管理时空大数据技术方法，建立全新的空域性能、状态、评估等的数值计算方法，测度全空域的交通性能，为开展交通流量、管制及作战空域使用奠定基础。③空域的可计算决策，通过发展一套基于数字化空域的计算决策模型，为开展空域与交通流量、管制的协同管理控制奠定基础，为开展基于模型算法的空域结构优化、运行控制提供支撑。

　　据此本书基于数字空域网格、空中交通数据及网格化管理思想和方法等，探讨一种新的空域系统理论方法研究与实践。其中：①数字化空域网格，它是连续空域离散单元化，是一种空域系统划分与组织形态，目的是通过将连续空域系统网格化来降低复杂性，从而实现空域管理水平的提升和空中交通管理效果的改善。建立空域数字网格是因为，从复杂系统分析方法上看，解决空中交通管理问题不太可能将空域系统看成一个整体，即使可通过整体特性概况行为模式，也不可能使用一种固定模式解决所有问题，因此只有将空域系统网格化，在相对较小的单元上解决局部交通问题，在相对高的层次上进行策略协调，解决相对广域交通问题，这是空管应对复杂性的有效方法。同时空域系统本身具有多层次性和多尺度性，它客观上为交通系统的数字空域网格划分提供了依据，实现对空中交通规模的重新组织，利用聚类、分类方法将整体空中交通管理形态降维处理，简化对复杂交通问题的描述。②空中交通数据，定义了本书主要基于数据与模型的研究方法，即利用交通大数据分析方法，将历史与现实运行相结合，从而为空域结构与管理优化提供决策支撑。之所以基于数据，因为现有空中交通管理中人、航空器、空域三个构成因素之间存在非线性关系，且彼此之间存在强耦合相互影响，并具有智能的人行为特征，这是难以检测和预测的。将数据方法应用到空中交通管理中，就可在不能完全获取内部机理、难以建立交通流精确动力学模型情况下，利用实际的离线与在线数据分析，来理解交通规律和交通模式，并在此基础上制定管理控制策略。③网格化管理思想和方法，定义了数字化空域系统的空间划分模式和数据组织管理形式。由于空域系统是复杂的大系统，随着航空器的增多和航线的扩充，空中交通管理中的人、航空器和空域的互动不断加剧，研究如何将复杂空域系统解耦，实现对空中交通管理的定量化和精确化，保障安全高效的航空运行成为了当前迫切需要解决的问题。

1.2.2 关键技术

构建数字化空域系统主要围绕"数字空域网格离散建模""数字空域网格优化配置""数字空域网格精细管理与协同控制"三个领域展开技术研究,通过建设大规模计算系统支撑数字化空域模型算法运行。

1. 数字空域网格离散建模

在空中交通由低密度走向高密度的时代,空中拥挤堵塞、危险接近与能耗不经济等成为当前世界各国面临的共同问题,我国空中交通管理基础设施建设快速发展,但速度依然赶不上空中交通量的增长速度,必须采用现代化空域管理技术,提高空域资源和空中交通管理设施的利用率,最大限度发挥空天地一体化的航空系统的效能。数字化空域系统[6]是在全新基础理论研究的前提下,将先进的电子信息技术、计算技术、自动控制技术等综合应用于空中交通管理体系,它的核心是构建数字空域网格,如图 1.1 所示,基于网格单元开展空域管理,从而可打破目前空域按照用途属性固定划分使用的模式,促进空域与交通流量、交通管制的一体化实施。

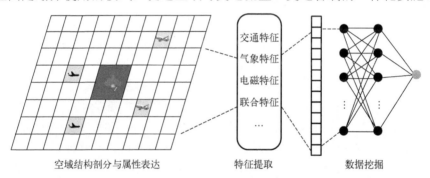

图 1.1　数字空域网格离散建模

目前面向空域管理的空间位置基准多采用平面地图,并可在平面地图上切分出规则或不规则的区域,也可根据航路航线网与飞行空域结构进行平面地图分区,按照飞行密度进行大尺度范围的空中交通流的源与目的端分析,开展交通航迹与飞行路径的数据挖掘、地图匹配、航迹模式识别等研究,为开展基于交通流量管理的空域优化与配置提供支撑。但考虑到实际空中交通都是分层在立体空间内进行的,仅以平面位置进行空间划分使用的空域管理模式,既不符合现实情况也难以针对高密度飞行进行高效空域动态管理。对此需从全空域和全球视角,开展数字空域网格离散建模,划分出网格基本空域体,针对空域管理需求特点,建立一套数字空域网格的编码体系。其中数字空域网格可静态或动态划分成具有特定大小的网格基本空域体,具有递归特性和空间位置关系隐含特性。划分网格基本空域体的难点在于所包含的空域属性多样，如高空骨干航路、中低空进离场衔接航线、支线和机场飞行程序及其他特殊使用空域、军事空域等，不同特性参数均需反映在网格中。如果网格基本空域体尺寸太大，则划分的区域可能包含了太多的空域属性和特性，同一网格中包含过多的空中交通或飞行的信息，不同的空域飞行状态可能会混淆在一起，导致网格基本空域体不能较为真实地反映网格内的空中交通与飞行的状态。如果网格尺寸太小，采样飞机航迹数据会出现连续航迹的偏移或跳跃问题，且会在一些时间段内由于多数网格内的航迹样本严重不足，从而导致计算效率快速下降。因此数字空域网格离散建模的核心，是通过理论分析确定在空域管理的不同应用中，采用的网格尺度等级、尺度大小的容限范围等，在问题分析解决效果与计算效率之间找到平衡。

数字空域网格的构建，为开展基于空中交通运行数据的分析提供了一种时空位置基准，这样就可以将海量飞机航迹数据由传统匹配到航路航线与飞行空域中，转变为基于网格的统计分析与数值计算。由此我们可以在不依赖矢量复杂航路航线与飞行空域地图的情况下利用飞行实时与历史航迹数据进行空中交通拥堵状态的高效准确识别，并可对航迹预测时间进行可信估计，还可为其他先进优化算法及人工智能算法等在空域管理中的应用提供基础。基于此，在数字空域网格模型构建的同时，需围绕空中交通管理的时空大数据研究建立数字空域网格编码体系，建立数据管理技术架构，为快速开展空域数值计算提供支撑。重点内容：①数字空域网格下的空中交通运行状态判别，以网格内特定时间段的空中交通航迹数据为对象，建立交通运行状态指标，通过聚类方法对空中交通运行状态和特性进行研究，分析不同时间、空间和航路航线与飞行空域结构下的交通拥堵网格分布。②数字空域网格下的空中交通拥堵识别，对网格包含的航迹数据进行解析提取分析，构建网格静态与动态交通特征模型，形成基于数字空域网格的空中交通时空运行场景，识别交通拥堵状态。③数字空域网格下的空中交通航迹预测，提取交通起始与终止点之间的有效路径，通过网格集合表征航路航线与飞行路径，利用交通历史大数据分析结论及可能性，在历史数据挖掘分析基础上，建立对空中交通航迹的可信预测与网格到达时间估计等。综上，通过数字空域网格的空中交通数据管理并进行数据挖掘分析，可为开展空域优化配置、动态管理、运行控制等提供决策支撑，为基于电子信息新技术的应用，构建新型数字化空域系统奠定理论基础。

2. 数字空域网格优化配置

传统空中交通管理优化问题主要包括交通流量优化、机场终端区进离场排序及空域结构与交通路径配置优化等，对这些优化问题研究，主要应用最优化理论与方法、现代优化技术、人工智能优化算法等，对单个问题或某一类问题进行研究。目前这些研究尚未建立基于完整体系并具有扩展性的一套方法，不能应对空中交通飞行全过程的优化需求。同时空中交通管理优化问题多数为 NP-Hard 问题,多数利用启发式方法在解空间内进行搜索,寻找问题的次优解。当建立数字空域网格后,可将空中交通优化问题、空域配置和交通路径设计问题等,转换为在离散数字网格空间内的搜索与组合优化问题,为最优化理论方法及智能优化算法等在空域管理中应用提供可能性,如图 1.2 所示。

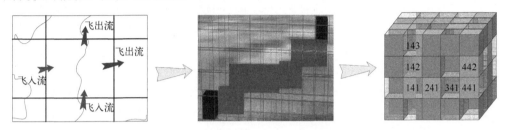

图 1.2 数字空域网格优化配置

据此可开展如下研究内容:①机场终端区航线结构设计优化问题,主要是依据机场飞行量,测算空域容量,通过流量与容量比较,优化终端区航线网络结构,减少飞机在终端区内滞留时间,缓解地面延误,减轻管制员工作负荷,提高终端区空域容量和飞行安全与效率。②基于数字空域网格的空中交通路径聚合方法,利用空域网格本身的时空基准对空中交通进行间隔处理,依据交通流的方向需求,实施路径优化分析与计算,确定高效的空中交通路径。③管制扇区结构设计优化,扇区是地面管制员开展工作的空域边界划分,每个扇区对应设置一个管制员工作的自动化系统席位,对所管辖空域提供交通管制服务,调配飞行间隔,保障空中交通安全与有序。如果扇区的空域边界划分不合理,则会导致管制员的工作负荷不均衡,降低管制效率。由此研究管制扇区优化问题具有十分重要的作用和意义,基于数字空域网格的聚合方法,将管制负荷依据空中交通运行历史数据的分析,分布于空域网格上,依据管制负荷的均衡性及航路航线结构,实施优化设计的寻优计算与分析,得出问题的优化解。④大尺度空间范围航路航线网结构优化,该问题涉及空中交通运行全局性,核心是如何综合考虑空中禁区、限制区、危险区及军事空域、航路空域之间存在的交通耦合性,围绕空中交通需求、空域容量、飞行时空分布均衡性、飞行非直线系数、经济节约与环保、航空器飞行性能等,构建优化模型并进行复杂问题求解;同时还需考虑航路航线网络结构的稳定性,随机交通流在网络上流动的通畅性及抗气象或设施故障的扰动能力等,基于数字空域网格的交通安全与效率分析方法,通过将全局空中交通运行的安全风险及流量、流率,分布于空域网格上,依据优化目标函数及优化参数,开展空中交通大尺度空间运行仿真,形成问题分析结论。⑤作战空域配置优化,不同于平时的空域管理,战时空域中存在多种非受控类导弹、火炮、电磁干扰等系统,如何根据作战需求,动态优化调配非受控类武器与受控类的航空器之间的空域冲突,则成为一项技术挑战。通过数字空域网格的时空位置基准控制,利用空域网格的离散特性,将不同种类管制对象控制在不同空域网格内,并对空域网格进行动态组合控制,实现对作战空域优化配置。

3. 数字空域网格精细管理与协同控制

当前空中交通管理面临的主要挑战是如何构建一个自适应的空域系统,来处理空中交通流由低密度走向高密度的变化及时空分布的不均衡性,同时还需要应对新型航空器,如小型喷气机和无人机等,且还需适应不断增加的商用航天发射、临机空间飞行器等。为提高空中交通管理的鲁棒性和动态特性,在天气预测存在不确定性的情况下做出合理决策,也成为一项重要需求,不再按照传统做法进行空中交通流的简单限流控量处理。这些需求的到来,预示着空中交通管理需要向更为精细的管理转型,采用协同的控制方法实现将航空参与者集成为一体化的运行,并需要建立更为先进的模型算法进行决策支撑。而数字空域网格的建立,我们可以将空域冲突控制从连续航迹方程组求解问题,转换为离散数字网格空间的概率预测控制计算问题,为大规模对象的协同控制提供可能性;实现微观空域体的航迹预测与宏观交通流量分布的一体化管理,构建基于网格的交通流量管理方法,为空域的精细控制提供先决条件,为改变空域固定划设管理提供支撑,实现基于网格基准的管制引导、空域告警与目标指示,如图1.3所示。

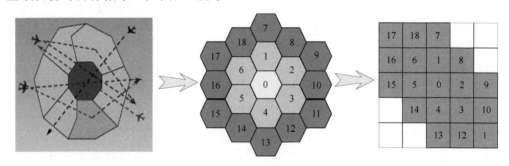

图1.3 数字空域网格精细管理与协同控制

开发基于数字空域网格下的空中交通管理模型,离不开运筹学、制导和控制、人因工程、天气预测和软件工程等学科的支撑,涉及新算法的构建以及计算机仿真技术的应用等。传统研究中对交通流量管理,集中于开发飞机运行的开环调度策略,由于典型开环交通流量管理策略需要在运行开始前5~6小时才能确定,该策略下系统中每一架飞机在所有时刻的位置都需要通过求解大规模整数规划模型获得,很难应用于每天超过万架次的飞机调度问题,且往往无法处理系统中存在的不确定性。以天气影响为例,它是导致调度计划需持续调整的最大干扰源,更重要的是开环交通流量管理需要提前几个小时对天气进行预报,而这已超出了天气预报技术现有的发展水平。针对开环控制的问题，目前国际上重点发展反馈控制理论方法，其干扰抑制能力使反馈控制策略对空域系统应用极具吸引力，通过反馈控制优化每一架飞机航迹，建立聚合流量模型(也称为欧拉模型)，可用于机场到达率的计算和交通流量管理协同决策框架的制定。欧拉模型表明空中交通管理方法与随机网络控制之间具有很强的相似性，通过对空域系统的离散化，实现将连续交通流模型(也称为流体模型)转变为离散的状态方程模型，无需采用偏微分方程描述空中交通流的流动状态，在不失去问题本质特性基础上，建立简化的问题求解策略。基于该思路进行空域精细管理与协同控制方法研究：①基于网格的交通流量模型，通过引入数字网格的空域关系解耦方法，对大规模交通流量管理优化问题进行降维处理，通过网格的链接关系建立交通路径，优化空域资源使用。②基于网格的空域动态管理，数字网格既是空域系统数据的管理依托和组织基础，也是空域管理与配置的物理空间基本单元，通过模型优化计算实现对数字网格的组织，映射到物理飞行空域，实现对空域的动态网格化管理与资源调配。③基于网格的空域运行控制，数字网格相对航空器飞行来说，既是飞行的基本空域体，也是飞行空间位置的参考基准，因此可作为飞行控制的空域边界，通过模型优化计算实现数字空域网格与航空器交通航迹的协同处理，开展空域与交通管制的协同。④基于网格的作战空域协同控制，类似于平时空中交通管理，战时在增加非受控类对象的空域使用管理基础上，通过模型优化计算实现对作战空域高效运行决策提供支撑，为防止空中相撞、误击误伤、提升空域资源使用效率等奠定基础。

1.3 国内外研究进展

空中交通运行环境及大规模群体与个体因素，存在快速离散的时变性、随机性、扰动性及跨尺度不可预测性，受复杂天气影响、系统设备故障、飞机故障与紧急情况等影响，飞机延误的发生及发展总是不固定的，并随着空中交通网格传播，波及到各个相关联的管制扇区，造成十分可观的资源浪费。为了有效管理国家空域系统内的飞行，提升空中交通运行效率和降低航空碳排放量，需研究建立空中交通运行全局结构优化模型，文献[7]首次提出交通流量管理的拉格朗日模型(Lagrangian Model)，基于每架飞机从源机场起飞通过航路网飞行到目的机场的过程，建立0-1整数规划模型进行空中交通流全局优化控制，但针对单架飞机航迹进行交通流建模时，描述一架飞机的航迹至少需要三个微分方程，模型的维度随着空域中飞机数的增加而线性增长，同时为预测未来空域中的飞机数，通常需对微分方程沿时间向后传播来计算飞机的位置，其计算量较大；但实际上交通流量管理更关注于空域中一群飞机的整体特性(流率、密度、平均速度等)，而不是单架飞机动态行为，对此文献[8]提出了交通流量管理的欧拉模型(Eulerian Model)，其将空域分为相互联结的独立单元,通过利用空域单元的空中交通平均状态,来表述该部分交通流整体特性,建立空域单元交通流的整合模型,计算阶数仅依赖于控制单元数量,而与运行于空域中航空器的数量无关,实现用一种更简单方法描述交通流量管理特性。沿着交通流量管理的这两类模型发展,对空域系统及运行管理建模应用,形成两种主流的拉格朗日方法和欧拉方法及模型,如线性动态系统模型、偏微分方程模型、大容量元胞传递模型(Large Capacity Cell Transmission Model,CTM(L))[9]等。

1.3.1 进展综述

1. 拉格朗日模型

图 1.4 为基于拉格朗日模型的空域系统抽象结构。

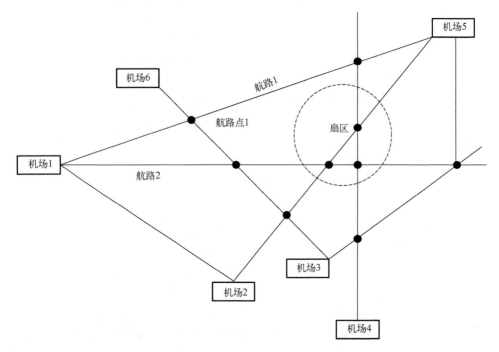

图 1.4　基于拉格朗日模型的空域系统抽象结构

"机场"是空中交通流起始源与终止区;"航路"抽象成网络的边;"航路点"抽象成网络中的点,该点是空中交通流的交叉、汇聚和分离的点;"扇区"是航路点及连续航路段的集合。文献[10]建立了一种基于拉格朗日模型的空中交通流优化方法。该方法通过建立一种 0-1 整数规划模型,实现对空中交通流的整体优化及运行控制。具体的模型参数,如表 1.1 所示。

表 1.1　基于拉格朗日模型的空中交通流优化参数

参数符号	参数定义
K	机场集合
S	扇区集合
$S^f \subseteq S$	飞机 f 飞行经过的扇区集合
F	飞机集合
T	离散时间集合
C	连续紧接飞行的飞机对集合
P_i^f	飞机 f 飞行经过的所有管制扇区中，P_i^f 表示飞机 f 飞行经过的第 i 个扇区之后的扇区集合
L_i^f	飞机 f 飞行经过的所有管制扇区中，L_i^f 表示飞机 f 飞行经过的第 i 个扇区之前的扇区集合
$D_k(t)$	时刻 t 机场 k 的离场容量
$A_k(t)$	时刻 t 机场 k 的进场容量
$S_k(t)$	时刻 t 扇区 j 的空域容量
d_f	飞机 f 计划离场时刻
a_f	飞机 f 计划进场时刻
s_f	飞机 f 之后一架飞机的转向时间
orig_f	飞机 f 的起飞机场
dest_f	飞机 f 的到达机场
l_{fj}	飞机 f 飞行在扇区 j 的离散时间周期数
$T_j^f = [\underline{T}_j^f, \overline{T}_j^f]$	飞机 f 飞行预计到达扇区 j 的可能时间区间
$\underline{T}_j^f$	时间区间 T_j^f 的起始时刻
$\overline{T}_j^f$	时间区间 T_j^f 的最后时刻

定义决策变量 $w_{j,t}^f$，对应时刻 t 飞机 f 到达扇区 j，则取值为 1，并且之后的时间内仍取值为 1。

$$w_{j,t}^f = \begin{cases} 1, & \text{时刻} t \text{飞机} f \text{到达扇区} j \\ 0, & \text{其他} \end{cases} \quad (1.1)$$

$$w_{j,\tau}^f = 1, \quad \forall \tau \geq t \quad (1.2)$$

定义交通流量优化目标函数，解决流量管理效率问题首先需减少不必要的资源环境损耗，这同两类飞机飞行延误有关，一是飞机在空中盘旋等待的延误时间 AH，二是飞机在机场地面等待的延误时间 GH。设定 $\propto > 1$ 为调节因子，交通流量管理目标是使得 $\propto \text{AH} + \text{GH}$ 最小。变换一种形式，设定 TD = AH + GH，则上述目标要求可转换为 $\propto \cdot \text{TD} - (\propto - 1) \cdot \text{GH}$。为了确保每架飞机的飞行公平性，我们可将目标函数转换成为一个非线性函数形式，这样可确保对每架飞机的飞行可以指派一定的延误，而不是将总延误集中在一些飞机上,而其他飞机则没有延误。对于飞机 f 在每一个时间周期 t 内,我们定义如下的目标函数系数:

$$c_{td}^f(t) = (t-a_f)^{1+\varepsilon} \equiv 飞机 f 延误 (t-a_f) 个单位时间的实际成本 \quad (1.3)$$

$$c_g^f(t) = (\propto -1)(t-d_f)^{1+\varepsilon} \equiv 飞机 f 在地面停留 (t-d_f) 个单位时间的成本降低,$$
$$\varepsilon 接近于 0 \quad (1.4)$$

据此,形成如下的目标函数:

$$\min \sum_{f \in F} \left(\sum_{t \in T_{\text{dest}_f}^f} c_{td}^f(t) \cdot (w_{\text{dest}_f,t}^f - w_{\text{dest}_f,t-1}^f) - \sum_{t \in T_{\text{orig}_f}^f} c_g^f(t) \cdot (w_{\text{orig}_f,t}^f - w_{\text{orig}_f,t-1}^f) \right) \quad (1.5)$$

满足如下的约束条件:

$$\sum_{f \in F: \text{orig}_f = k} (w_{k,t}^f - w_{k,t-1}^f) \leq D_k(t), \quad \forall k \in K, t \in T \quad (1.6)$$

$$\sum_{f \in F: \text{dest}_f = k} (w_{k,t}^f - w_{k,t-1}^f) \leq A_k(t), \quad \forall k \in K, t \in T \quad (1.7)$$

$$\sum_{f \in F: j \in S_f} \left(w_{j,t}^f - \sum_{j \in L_j^f} w_{j,t}^f \right) \leq S_j(t), \quad \forall j \in S, t \in T \quad (1.8)$$

$$w_{j,t}^f \leq \sum_{j \in P_j^f} w_{j,t-l_{fj}}^f, \quad \forall f \in F, t \in T_j^f, j \in S^f : j \neq \text{orig}_f \quad (1.9)$$

$$w_{j,\overline{T}_j^f}^f \leq \sum_{j \in L_j^f} w_{j,\overline{T}_j^f}^f, \quad \forall f \in F, j \in S^f : j \neq \text{dest}_f \quad (1.10)$$

$$\sum_{j \in L_j^f} w_{j,\overline{T}_j^f}^f \leq 1, \quad \forall f \in F, j \in S^f : j \neq \text{dest}_f \quad (1.11)$$

$$w_{\text{orig}_f,t}^f - w_{\text{dest}_f,t-s_f}^{\dot{f}} \leq 0, \quad \forall (f,\dot{f}) \in C, \forall t \in T_k^f \quad (1.12)$$

$$w_{j,t-1}^f - w_{j,t}^f \leq 0, \quad \forall f \in F, j \in S^f, t \in T_j^f \quad (1.13)$$

$$w_{j,t}^f \in \{0,1\}, \quad \forall f \in F, j \in S^f, t \in T_j^f \quad (1.14)$$

2. 欧拉模型

当前,交通流量预测一般是通过对单个飞机航迹的分布估计,来测算各个管制扇区的流量大小及时间变化特性,实际上准确的交通流量预测还需要考虑机场的飞机起飞放行和天气对空中交通路径改变的影响等。以飞机航迹为基础的交通流量预测,一般适用于小尺度时间战术预测,预测时限一般在 20 分钟之内。战略交通流量预测,则是一个非常复杂的分层结构问题,包含了系列空中交通航路管制中心、大量机场和管制扇区,预测时限从几小时之内到超过 24 小时,以及包含空中交通路径改变、天气影响等复杂情况。战略交通流量管理侧重于管理空中交通流整体运行性能,它不关注单个飞机的飞行运动情况,因此建立战略交通流量管理模型,一般不采用基于单个飞机航迹建立相关模型,否则描述每个飞机航迹需要 3 个微分方程,则大规模飞机群体运动形成的微分方程组将是不可解的。因此针对战略流量管理,我们常开发计算机仿真模型进行问题分析和空中交通流整体性能控制决策[11]。自 21 世纪初以来,主要发展出两种交通流量战略管理建模方法,第一种是空中交通聚合模型(Aggregate Traffic Model Approach)[12],它对管制中心的空域边界建立模型,计量该空域边界进出空中交通流,建立线性离散差分模型,分析交通流量管理问题;第二种是欧拉模型,相比空中交通聚合模型,它首先对全空域进行地理划分成网格,再通过建立交通流量的线性动态系统模型的方法(Linear Dynamic System Model,LDSM),进行空中交通流战略管理的稳定性、动态性及控制策略研究分析,在系统分析精度与问题求解规模上取得平衡。文献[13]比较了这两种方法特点及适用性。基于欧拉模型发展的交通流量管理建模方法,已成功应用到美国联邦航空局研制的终端区自动流量管理系统(The Center Terminal Radar Approach Control Automation System,CTAS)和未来空中交通管理运行概念评估工具(The Future Automation Concepts Evaluation Tool,FACET)中。

空中交通管理中的冲突探测与解脱状态分析,一般是在飞机运动层面上建立空域模型。但由于大规模的群体运动,上述基于飞机运动建立的模型在处理交通流量管理问题过程中无法有效求解,此时需要发展描述空域运行的低阶动力学模型。目前基于流体力学,发展出诸多的交通流建模应用。在地面交通中,研究车流密度高的情况下交通流规律时,可将交通流比拟为一种流体,即将流量、速度和密度等整合变量视为时间和空间的连续函数,这种描述交通流的一阶连续介质模型被称为 LWR(Lighthill-Whitham-Richards)方程。LWR 方程假定交通流率和运动的线性密度存在一定的关系,设 q 为交通流率,ρ 为交通流线性密度,x 为交通流位置,则有关定义和关系为:

$$\rho(x,t) = f(q(x,t), x); \quad q(x,t) = g(\rho(x,t), x) \tag{1.15}$$

$$\frac{\partial q(x,t)}{\partial x} = -\frac{\partial \rho(x,t)}{\partial t} \tag{1.16}$$

改变交流控制单元的交通密度,可通过调节进出控制单元的交通流率实现。上述偏微分方程求解十分复杂的。所以在上述偏微分方程基础上,通过离散化的方法,建立基于网格单元的交通流传递模型(Cell Transmission Model,CTM),如图 1.5 所示，飞机在网格单元内的行为特征建立，可综合考虑管制员的指挥调配策略，利用该模型可研究分析空中交通流控制策略方法。

设网格单元 j 在离散时刻 i 内的飞机数量为 p_j，则离散时间步进的网格单元内飞机数量变化，可表示成如下的离散方程：

$$p_j(i+1) = p_j(i) + \tau_j(q_{j-1}(i) - q_j(i)) \tag{1.17}$$

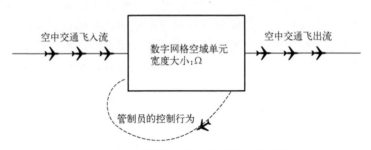

图 1.5 基于网格单元的空中交通流传递模型

在单位时间 τ_j 内，从邻接网格单元 $j-1$ 中进入到网格单元 j 的飞机数为 $q_{j-1}(i)$，与此同时从网格单元 j 中离开的飞机数为 $q_j(i)$。这里单位时间 τ_j，可用飞机在网格单元内的平均飞行速度 v_j 和网格单元的宽度大小 Ω 进行计算，即 $\tau_j = \Omega_j / v_j$，这样 τ_j 表示为飞机飞越网格单元的时间。网格单元内空中交通密度为 $\rho_j = p_j / \Omega_j$，网格单元内飞机的平均间隔为 $d_j = \Omega_j / p_j = 1 / \rho_j$。

空中交通流率、速度和密度之间的关系为：$q_j = \rho_j v_j = v_j / d_j$。

通常情况下，对一个网格单元 j 来说，其空中交通流出率同该网格单元的平均线密度及飞机的平均飞行速度呈一定比例关系：

$$q_j = \propto_j \frac{v_j p_j}{\Omega_j} \tag{1.18}$$

其中，$\propto_j$ 为一个给定的比例因子。设置不同的比例因子，可描述不同的网格空域单元空中交通流饱和状态。为了控制网格单元的不同空中交通流率，管制员会采用改变交通速度、延展交通路径甚至让飞机实施空中盘旋等待等方式。基于网格单元的模型既然不考虑空中每架飞机的个体行为特性，因此我们可以将管制员施加的影响作用，看作是对空中交通流率的修正，即：

$$q_j = \propto_j \frac{v_j p_j}{\Omega_j} - q_j^{\text{ATC}} \tag{1.19}$$

其中，q_j^{ATC} 为管制员的影响作用下对空中交通流率的修正值。为了满足交通流量守恒，式(1.19)中对网格单元的空中交通流出率的修正降低，相当于对网格单元的空中交通流进率的修正增加，且必须满足：$0 \leq \tau_j q_j^{\text{ATC}} \leq x_j$，$x_j$ 为网格单元的飞机总数量，即在一个单位时间内，从一个网格单元飞出的飞机数不可能超过网格单元内的飞机总数量。根据式(1.17)则第 j 个网格单元的差分方程为：

$$p_j(i+1) = \left[1 - \frac{\alpha_j v_j \tau_j}{\Omega_j}\right]_j p_j(i) + \tau_j q_j^{\text{ATC}}(i) + \tau_j q_{j-1}(i) \tag{1.20}$$

如果网格单元中飞机速度近似恒定，则上述差分方程在不同比例因子 α_j 下可认为始终稳定。如果飞机处于从巡航阶段下降的减速阶段，或爬升到巡航阶段的加速阶段，则可以通过划分更为精细的网格单元，描述不同飞行阶段的运动特性。因为我们研究的是空中交通流的整体管理控制，因此对于每一架飞机来说，其具体个体运动细节可忽略，从而形成对空中交通流的整体抽象建模。为使差分方程同控制系统相类似，将网格系统定义为控制单元，则定义网格单元 j 在离散时刻 i 内飞机数量 p_j 为控制单元的状态变量 x_j；网格单元 j 的空中交通流出率 q_j 为控制单元输出变量 y_j；管制员对网格单元施加影响作用 q_j^{ATC} 为控制单元的控制变量 u_j。我们可以得到欧拉模型是一个线性、离散动力学系统：

$$\begin{aligned} x_j(i+1) &= a_j x_j(i) + \tau_j u_j(i) + \tau_j y_{j-1}(i) \\ y_j(i) &= b_j x_j(i) - u_j(i) \end{aligned} \tag{1.21}$$

上述线性模型中，管制员施加影响作用的控制变量 u_j 必须满足给定的边界条件：

$$0 \leq \tau_j u_j(i) \leq x_j(i) \tag{1.22}$$

模型中的有关系统，同网格单元（控制单元）的宽度和飞机的平均飞行速度有一定的关系：

$$a_j = (1 - \alpha_j v_j \tau_j / \Omega_j), \quad b_j = \alpha_j v_j / \Omega_j, \quad \tau_j = \Omega_j / v_j \tag{1.23}$$

上述线性、离散动力学系统中根据香农采样定理，系统的时间分辨率通常为交通流模式变化率的 2 倍以上，假如一个空中交通管理之中的流量数据周期明显超过了 30 分钟以上，则一个控制单元的时间分辨率至少 15 分钟或更小时间间隔，如果飞机平均飞行速度 400 海里/小时(741 公里/小时)，则控制单元的宽度最大为 100 海里(400 海里/小时×0.25 小时)，实际上的空域建模中，控制单元越小则系统运动分析越精确，但是考虑到现实的交通管制间隔必须保持在 5 海里以上，控制单元大小不能小于交通管制间隔要求。此外随着控制单元的变小，空中交通管理之中包含的控制单元数量会快速增多，这将会增加系统的计算复杂度。所以一般会根据问题分析的需要，确定适用的控制单元的大小。

文献[14]首次提出了空中交通流整体建模方法,将 LWR 方程在空间和时间上进行离散化后建立第一个空中交通流的欧拉模型(也称为 Menon 模型),并引入现代控制理论对交通流模型可控性、响应特性和稳定性进行分析,提出了交通流量控制的整体框架,开创了利用现代控制理论进行交通流量优化的先河。该方法根据交通流分布将空域划分成多个相互联结的区域,然后用流体力学特性来描述区域之间的交通流动态,如一个区域中飞机数的变化可用流入和流出该区域的交通来表示,区域之间飞机数保持动态守恒等,文中通过空间整合将整个空域中的交通流转化成特定长度的线状单元,由于流量控制往往施加在线状单元上,因此它也被称为控制单元。划分后的多个相互联结区域可表示成线状单元以及分叉或合并结点,如图 1.6 所示。

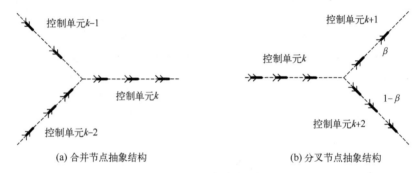

图 1.6 节点抽象结构

分叉和合并节点处的交通流模型可表示为:

$$q_k = q_{k-1} + q_{k-2} \tag{1.24}$$

$$q_{k+1} = \beta q_k, \quad q_{k+2} = (1-\beta) q_k \tag{1.25}$$

分叉系数 $\beta(0 \leq \beta \leq 1)$ 为分叉节点交通流的分配比例。交通流模型的精度依赖于交通流率变化和空域离散化的精细程度(即控制单元的尺寸),控制单元尺寸由交通流平均速度和理想的时间分辨率决定。基于一维线状单元建模方法的交通流模型,是直接根据航路航线上的交通流通过空间整合而推导出来的,实际中并不是所有的航空器都严格遵循航路和航线飞行,尤其是将来越来越多的航空器为保持风向最优而偏离预定的空中航线。

为包含全部的交通流实现更精确的建模,需要一个更加灵活的空域建模框架。文献[15]提出基于二维面元(Surface Element,SEL)的建模方法,该方法将空域按照经纬度离散为 1°×1° 的二维控制单元或面元,并假设面元为正方形。在面元中飞机被整合成 8 个不同方向的飞行流,每一个面元被连接到它的 8 个相邻的空域单元,连接强度由实际的交通流模式确定,如图 1.7 所示。

根据一维结构的欧拉模型,二维面元的欧拉模型可采用 2 个参数描述。单位采样周期内，二维面元的每个交通流方向上，飞机继续停留在控制单元内的比例因子为 $a_{ijmm}(k)$，其中下标 (i,j) 表示对应的二维面元编号，m 表示对应的空中交通流方向编号，k 表示对应的采样周期。根据定义，对任意一个交通流 m 方向上，单位采样周期内离开二维面元的比例因子为 $[1-a_{ijmm}(k)]$。定义第二个参数 $\beta_{ijmn}(k)$ 为一个采样周期 k 内，二维面元 SEL(i,j) 中，飞机数量从交通流 m 方向切换到交通流 n 方向的比例因子。对于二维面元的一个交通流方向来说，在一个采样周期内，有的飞机仍保持在该方向上飞行，有的飞机切换到其他方向上飞行，有的飞机则可能降落到相关的机场，这样描述二

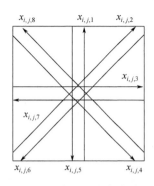

图 1.7 二维面元的空中交通流抽象结构

维面元的飞机飞行方向切换参数为包含 $9\times8=72$ 个元素的矩阵。根据二维面元的飞机数量的守恒要求，对于第 n 方向空中交通流，其满足：

$$\sum_{m=1}^{9}\beta_{ijmn}(k)=1 \tag{1.26}$$

$$\beta_{ijnn}(k)=1-\sum_{m=1,m\neq n}^{9}\beta_{ijmn}(k) \tag{1.27}$$

通常情况下，一个交通流方向的飞机主要保持在该方向上飞行，这样我们可得到：

$$\beta_{ijmn}(k)=\begin{cases}1, & m=n\\0, & m\neq n\end{cases} \tag{1.28}$$

如图 1.8 所示，对应 p 方向上的空中交通流控制结构，基于该结构，对二维面元来说，其内部的飞机数量可以用一个线性、离散差分方程进行描述。

根据一维线性欧拉模型的差分方程，我们构造二维面元第 m 个交通流的欧拉模型可表示为：

$$\begin{aligned}x_{(i,j,m)}(k+1)=&a_{ijmm}(k)\sum_{n=1}^{8}\beta_{ijmn}(k)x_{(i,j,n)}(k)+\tau u_{(i,j,m)}(k)\\&+\tau y_{(i,j-1,m)}(k)+\tau q_{(i,j,m)}^{\text{depart}}(k)+\tau q_{(i,j,m)}^{\text{exo}}(k)\end{aligned} \tag{1.29}$$

上述差分方程中 $x(k)$ 表示为一个空中交通流方向上，在采样周期 k 内的飞机数量；$u(k)$ 为该空中交通流方向上，通过管制员施加的影响作用后，仍保持在该方向上飞机流率；$y(k)$ 为从相邻二维面元从该方向上进入飞机的流率；q^{depart} 为从该二

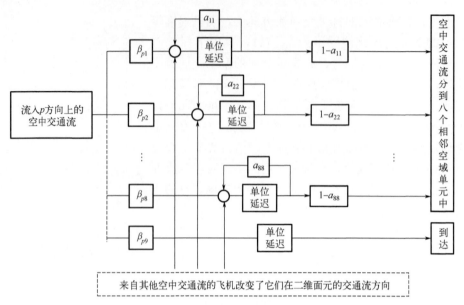

图 1.8 二维面元的空中交通流控制结构

维面元内相关机场起飞的飞机进入该方向飞行的飞机流率；q^{exo} 为从该二维面元内的相关空域内的飞机进入该方向飞行的飞机流率，这个飞机流率不包含机场起飞的飞机流率。一般来说，q^{exo} 的飞机流率是不受控的，而 q^{depart} 飞机流率是受控的。该差分方程的控制变量主要是 $u(k)$ 和机场起飞的飞机流率 q^{depart}。τ 对应一个采样周期的时长。整个方程要求满足飞出的飞机数量要小于二维面元内飞机总数量，流率 q 和控制变量 u 一般为正实数。二维面元在第 m 个交通流方向上的输出状态变量 $y(k)$ 可表示为：

$$y_{(i,j,m)}(k) = \left[\frac{1-a_{ijmm}(k)}{\tau}\right]\sum_{n=1}^{8}\beta_{ijmn}(k)x_{(i,j,n)}(k) - u_{(i,j,m)}(k), \quad m=1,2,\cdots,8 \quad (1.30)$$

此外该二维面元内，第 m 个交通流方向上到二维面元内相关机场降落的飞机流率为：

$$y_{(i,j,m)}(k) = \frac{1}{\tau}\sum_{n=1}^{8}\beta_{ijmn}(k)x_{(i,j,n)}(k), \quad m=9 \quad (1.31)$$

对于全空域来说，其划分为多个二维面元 SELLs(i,j)，其中标号 j 按照地理上从左到右的方向增加，标号 i 按照地理上从下到上的方向增加。当多个二维面元联合在一起，其欧拉模型可表示为：

$$x(k+1) = A(k)x(k) + Bu(k) + B_d q^{\text{depart}}(k) + B_e q^{\text{exo}}(k) \quad (1.32)$$

如果我们将二维面元内的机场起飞飞机进一步划分为受地面延误等待程度控制的飞机和不受该程序控制的飞机,将外部 q^{exo} 飞机直接认为是不受该程序控制的,则式(1.32)方程可以进一步进行整合,将受控飞机变量整合成 $v(k)$,其他不受控变量整合成 $w(k)$,则形成全空域的交通流量战略管理的线性离散动态系统为:

$$x(k+1) = A(k)x(k) + B_1 v(k) + B_2 w(k) \tag{1.33}$$

$$y(k) = C(k)x(k) + D_1 v(k) \tag{1.34}$$

如图 1.9 所示,对应欧拉模型求解过程。求解开始时,首先明确全空域的边界,二维面元的尺寸和离散采样时间周期,且模型第一步处理需确定起始时飞机在各个二维面元内的分布。根据飞机的飞行流向,还需将二维面元内的飞机归类到对应的 8 个方向上。

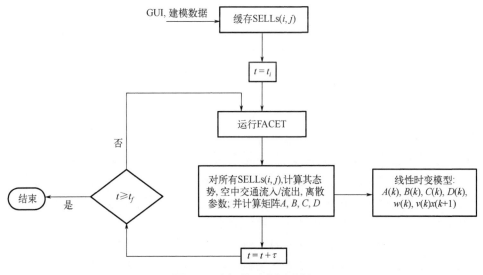

图 1.9 欧拉模型求解过程

其次,通过欧拉模型建立的线性离散动力学系统,确定每个采样周期内,飞机在各个二维面元内的分布,结合飞机的飞行计划,则可以得出飞机的航迹宏观分布情况。

基于欧拉模型的全空域建模后,可建立全空域交通流量战略控制结构,如图 1.10 所示。

3. 数字空域网格模型

从欧拉模型构建上看出,交通管制和流量管理技术都是基于特定空域结构开展的,利用空域与空中交通流协同,建立基于网络结构的空中交通流率、密度及状态

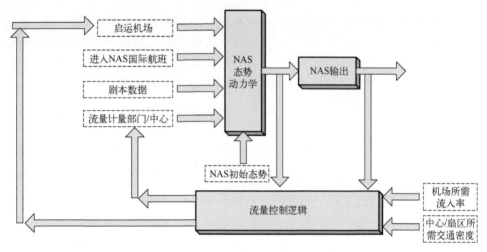

图 1.10　全空域战略流量控制结构

转移控制方法，可屏蔽具体的空中交通运行细节，侧重于更为高层次的宏观运行上，从而可以为空域与交通流量战略管理提供全新的方法。美国 NASA(US National Aeronautics & Space Administration)在开发 ACES(Airspace Concept Evaluation System)中，就提出一种基于地理网格的快速仿真方法(网格单元尺寸 0.05°)[16]，以减少战略层面飞行冲突探测计算复杂性问题，建立规则的地理网格单元作为扇区的组成模块，利用网格单元高保真地组合成各类空域结构，实现基于网格单元定义和管理空域系统的位置要素关系。在空域管理中发展过程中采用有限元法(Finite Element Method, FEM)，如文献[17]总结了利用有限元法与基于遗传算法的扇区配置方法，提出了基于网格单元构建管制扇区的一种配置方法，实现根据空中交通密度进行扇区划分。从上述研究出发，我们看出对空中交通流管理，需建立两种空域结构，第一种是空中交通管理分区的结构，对应于从空中交通航路管制中心区域、终端管制区域及其内在划分的交通管制扇区，基于欧拉模型的交通流量管理方法，则主要对这种空域结构建模，按照面元进行交通流量分布计算控制，实现状态转移控制策略分析；第二种是对空中交通流的路径建立结构，按照空中交通路径分配空中交通流，制定控制策略及模型，形成问题分析的另一种思路方法，即拉格朗日模型方法。这两种空域结构建模，实际是从问题分析不同角度出发，建立的控制策略方法，具有不同的适用性。随着研究的深入，尤其是空中交通运行积累了大量的数据之后，从数据中抽象模型参数及问题特征，逐渐对第一种基于空中交通管理分区的欧拉模型进行拓展应用，从而形成了对空域数字化建模的系列进展。基于欧拉模型思路，文献[18]给出一种基于地理网格的空域结构建模方法，其在研究增强型交通流量管理平台(The Enhanced Traffic Management System, ETMS)并开发 ACES 系统时，存在对全美空中交通管理的空域结构建模和计算机内表征描述的问题。全美空域组织结构，在 ACES 系统中划分成 20 个航路管制中心，包含 1000 个管制扇区及 3000 个管制子扇区，这些扇区还按高度划分成低空管制、中高空管制和高高空管制扇区，它们之间结构关系建模十分复杂。为建立空域组织结构的统一描述方法，其通过对地球表面划分为一个标准的 0.05°的经纬网格系统，基于这些网格单元在水平面上描述空域组织结构，如图 1.11 所示。

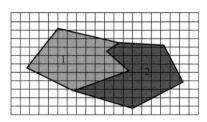

图 1.11 基于经纬网格的空域组织结构描述

对空域组织结构建模可基于圆柱等距投影坐标系建立的地理网格单元集合进行描述和表征。网格系统覆盖全美空域，网格单元大小根据研究问题所需要的精度确定，如图 1.12 和图 1.13 所示。不同网格单元大小，所描述的空域结构边界一致性不一样，网格单元尺度越小描述越精准，但是网格单元元素就越多，计算量就越大。因此确定网格单元大小是空域组织结构建模首要解决的问题。

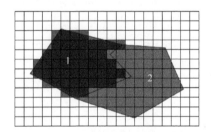 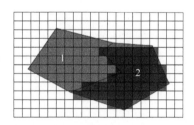

图 1.12 基于精细网格的空域组织结构描述

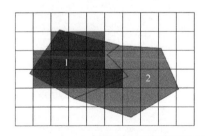 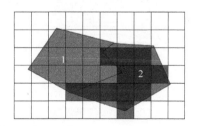

图 1.13 基于粗略网格的空域组织结构描述

我们可建立网格单元四元组 $\mathrm{SELL}(i,j,A_b,A_t)$，$i$ 为网格单元行编码号，j 为网格单元列编码号，A_b 为空域高度下限，A_t 为空域高度上限。对空域组织结构进行了平面方向描述后，需要进行高度的定义和表征。一般来说，一个空域可通过若干个地理网格单元组成的集合进行表征。有时候一个平面网格单元可能包含于多个管制扇区，但它们的区分可通过高度范围的不同进行明确，如图 1.14 所示。

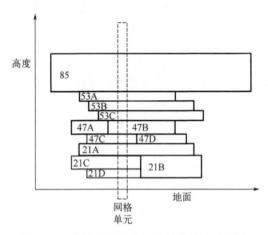

图 1.14　空域组织结构网格描述的高度区分

文献[19]提出一种基于网格的空中交通战略飞行冲突探测方法，该方法建立四维时空网格来表征空域结构，飞机的航迹计算和存储管理都是基于四维时空网格，利用网格单元的占用来统计测算飞行冲突，该方法通过提高算法的空间复杂度来降低计算时间复杂度，如图 1.15 所示。图中绿色网格单元标注上"1"，表示该网格单元被特殊使用空域占用，按照离散时间片，飞机在不同采样时刻，将占用不同的网格单元空间，对应红色网格单元标注"1"，未被占用的网格单元标注为"0"。

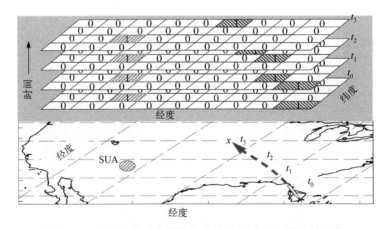

图 1.15　基于四维时空网格的战略飞行冲突探测计算示意

冲突探测网格 CG 可通过三维空间矩阵进行描述，对于每个飞行高度 FL_p 来说，其可表示为：

$$CG_{FL_p} = CG(i, j, k), \begin{cases} 0 \leq i \leq \left\lceil \dfrac{\tau_{\max} - \tau_{\min}}{\Delta \tau} \right\rceil \\ 0 \leq j \leq \left\lceil \dfrac{\lambda_{\max} - \lambda_{\min}}{\Delta \lambda} \right\rceil \\ 0 \leq k \leq \left\lceil \dfrac{t_{\max} - t_{\min}}{\Delta t} \right\rceil \end{cases} \quad (1.35)$$

$$\Delta \tau \equiv \frac{K_x \cdot \Delta x}{\cos(\max(\lambda))} \quad (1.36)$$

$$\Delta \lambda \equiv K_x \cdot \Delta x \quad (1.37)$$

$$\Delta t \equiv \frac{(t_{\max} - t_{\min})}{\left(\left\lceil \dfrac{(t_{\max} - t_{\min}) \cdot V_{g_{\max}}}{\Delta x} \right\rceil + 1\right)} \quad (1.38)$$

其中，τ 是地理坐标的经度，λ 是地理坐标的纬度，t 是时间。Δx 是网格单元的空间尺寸，K_x 是单位转换系数，$V_{g_{\max}}$ 是飞机的最大地速。$\lceil \cdot \rceil$ 是飞机的向上取整函数。根据上式，我们构建的 CG 是一个相对为正方形的网格单元，且该网格单元可按照飞机运动可能的空间概率分布，建立战略飞行冲突探测概率模型，如图 1.16 所示。

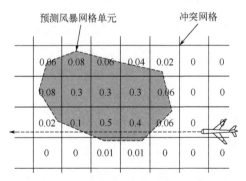

图 1.16 基于四维时空网格的战略飞行冲突探测概率分布

文献[11]介绍了一种基于网格的飞行冲突探测方法。一般来说传统的飞行冲突探测，考虑到 n 架飞机，对未来一段时间内飞行进行战略冲突探测，假定每架飞机未来航迹离散为 M 个时间片，飞机之间的欧拉距离计算需要 D_e 次数学操作，则全空域内的飞行一次战略冲突探测计算量 C_d 为：

$$C_d = D_e M \frac{n(n-1)}{2} \tag{1.39}$$

根据上述传统方法的计算量估计公式，战略飞行冲突探测规模，将受制于离散时间片、预测时长及飞机总数据量。由此需要发展更为优化的计算方法。由此，该文献给出的一种基于分类算法的战略飞行冲突探测算法。一般来说，飞行冲突的发生总是存在在两架飞机之间处于相邻的区域。基于这一事实，我们在水平面上将全空域进行离散为网格单元，如图1.17所示。对每个网格单元进行编号，建立有关的冲突探测算法。

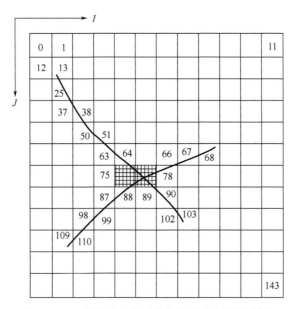

图1.17 一种战略飞行冲突探测的空间网格划分

假设网格单元的每行共计12个网格单元，则网格单元的编号K，可通过全空域的行号J和列号I进行表征：

$$K = I + 12J, \quad 0 \leq I \leq 11, 0 \leq J \leq 11 \tag{1.40}$$

预测未来一段时间内两架飞机航迹分布情况，通过网格单元编号的集合进行描述。如飞机1的预测航迹在全空域网格内覆盖的编号集合{13, 25, 37, 38, 50, 51, 63, 64, 76, 77, 89, 90, 102, 103}，飞机2预测航迹在全空域网格内覆盖的编号集合{109, 110, 98, 99, 87, 88, 76, 77, 78, 66, 67, 68}。两架飞机编号集合{13, 25, 37, 38, 50, 51, 63, 64, 76, 77, 89, 90, 102, 103, 109, 110, 98, 99, 87, 88, 76, 77, 78, 66, 67, 68}。通过对集合元素进行分类排序，可得到{13, 25, …, 76, 76, 77, 77, …, 110}，则我们很容易观测出编号为第76、77的网格单元是两架飞机的预测航迹冲突点，进一步根据时间进行判断，两架飞机是否在同一时刻到达该网格单元，就可以得出结论。由此我们可以得到利于分类排序的飞行冲突探测算法：

步骤 1：假定空域内 n 架飞机，每一架飞机的计划航迹包含 M 个离散时间分段，这样我们可以分配包含 $M \times n$ 个元素的一维数组 S 及辅助数组 A；

步骤 2：将全空域的水平区域为 $L \times L$ 的范围，离散成为网格，则共计包含 $(I_{\max}+1)(J_{\max}+1)$ 个正方形网格，每个网格单元的大小根据问题研究需要设定，如精细到 5 英里的大小；

步骤 3：将每一架飞机的水平面地理坐标 x 和 y 转换到网格单元编号上，则对应的网格单元行和列号为：

$$I = \left\lceil \frac{x}{L} I_{\max} + \frac{1}{2} \right\rceil, \quad J = \left\lceil \frac{y}{L} J_{\max} + \frac{1}{2} \right\rceil \tag{1.41}$$

步骤 4：计算出飞机预测航迹对应于全空域网格单元的编号为：

$$K = I + (I_{\max}+1) \times J \tag{1.42}$$

步骤 5：将各架飞机的未来预测航迹点对应的网格单元编号存入数组 S 中，并在对应位置的辅助数组 A 中存入飞机的编号；

步骤 6：对数组 S 按照升序进行元素排序，排序过程中调整数组 S 的元素位置时，对应调整数组数组 A 的相应元素位置；

步骤 7：扫描数组 S 中的各个元素，如果发现存在相同值的元素，则将其取出来，该值对应网格单元的编号；

步骤 8：对于取出来的存在重复的网格单元编号数组 K，则可以求出其对应的行列号：

$$J = \left\lceil \frac{K}{(I_{\max}+1)} \right\rceil, \quad I = K - (I_{\max}+1) \times J \tag{1.43}$$

步骤 9：从辅助数组 A 中对应位置，取出两架飞机的编号，则可以得出这两架飞机之间存在可能飞行冲突，再根据划分的时间片做进一步的判断，可以得出结论。

对于 n 架飞机，每架飞机的预测航迹分为 M 段，如果我们使用堆排序法（Heapsort），则平均计算操作次数为 $C_h = 16Mn \log_2(Mn)$；如果我们使用快速排序法（Quicksort），则平均计算操作次数为 $C_q = 8(Mn+1) \log_2(Mn)$。为了进一步降低计算操作次数，我们参照图 1.17 可建立如图 1.18 所示的网格单元填充样式。考虑一个包含 144 个元素的大数组，如同前面算法，网格单元编号见式(1.40)，这样两架飞机的预测航迹可以标注成阴影样式。

首先初始化这个大数据的元素为"0"；针对不同飞机预测航迹点所处的网格，则增加相应网格单元对应的元素值+"1"；同前面一样的两架飞机预测航迹，则对应编号第 76、77 网格单元值 "2",则这两个网格单元内飞机 1 和 2 之间存在可能的飞行冲突。据此我们建立基于增量法的飞行冲突探测算法。

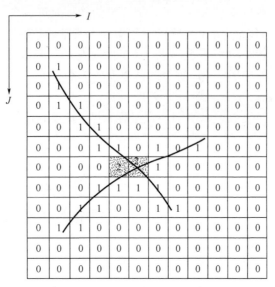

图 1.18　一种战略飞行冲突探测的空间网格填充

步骤 1：将全空域的水平区域为 $L \times L$ 的范围,离散成为网格,则共计包含 $(I_{max}+1)(J_{max}+1)$ 个正方形网格,每个网格单元的大小根据问题研究需要设定,如精细到 5 英里的大小。

步骤 2：分配 $(I_{max}+1)(J_{max}+1)$ 个元素的一维列样式的大数组,并初始化其元素为 "0"。

步骤 3：将每一架飞机的水平面地理坐标 x 和 y 转换到网格单元编号上,则对应的网格单元行和列号为：

$$I = \left\lceil \frac{x}{L}I_{max} + \frac{1}{2} \right\rceil, \quad J = \left\lceil \frac{y}{L}J_{max} + \frac{1}{2} \right\rceil \tag{1.44}$$

步骤 4：计算出飞机预测航迹对应于全空域网格单元的编号为：

$$K = I + (I_{max}+1) \times J \tag{1.45}$$

步骤 5：对于大数组的行号为 K 处,对其参数值增加 "1",同时对该大数组该位置,增加 1 个行存储空间,用于记录飞机的编号。

步骤 6：对于所有的飞机预测航迹进行完上述操作后,则进行统计大数组的第 1 列的元素值。

步骤 7：对于存在大于等于 "2" 的元素,取出对应的行号 K,则可计算出对应网格单元的行列号为：

$$J = \left\lceil \frac{K}{(I_{\max}+1)} \right\rceil, \quad I = K - (I_{\max}+1) \times J \tag{1.46}$$

步骤 8：从大数组的对应行号处，取出增加的列的记录飞机编号，则这些飞机在对应网格单元位置的 J 和 I 处存在可能的飞行冲突，通过时间进一步做出判断，可以得出结论。

该算法时间复杂度的具体测算如下，假设每架飞机的预测航迹分为 M 个片段，则 n 架飞机对大数组的元素+"1"操作，共计有 $M \times n$ 次；从大数组中找出元素值大于等于"2"的操作，共计需要 $(I_{\max}+1)(J_{\max}+1)$ 次，则可以得到基于增量法的飞行冲突探测算法复杂度为：

$$C_a = Mn + (I_{\max}+1)(J_{\max}+1) \tag{1.47}$$

文献[20]针对美国 GPS (Global Positioning System) 导航性能评估需求，提出一种空中交通大数据时空管理方法，其采用基于六边形 (HexGrid) 的地理划分方法，建立飞行计划、航路结构、空中交通雷达监视等数据集，这些数据集的组织采用了基于六边形的地理网格管理法，设置不同的高度范围，对这些数据建立基于时空框架的大数据集。

文献[21]研究一种动态空域配置方法 (Dynamic Airspace Configuration，DAC)，通过重组管制扇区边界来满足空中交通运行需求，提升空中交通容量和效率。首先，按照飞行高度层和经纬网线，将空域进行按照垂直高度和平面区域进行等间距划分，如图 1.19 所示。

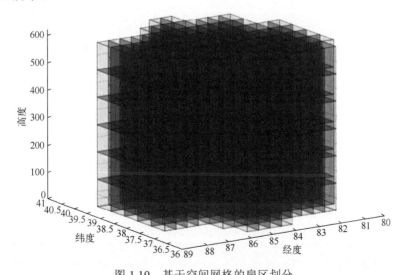

图 1.19 基于空间网格的扇区划分

一般来说，管制扇区的划分依照管制工作负荷均等的原则进行，假定网格单元 i

关联的空中交通负载能力或管制员的工作为 W_i，这个值可以由 24 小时周期的空中交通历史运行数据或仿真运行数据测定，则这个空域内 N 个网格单元的空中交通负载或管制负荷为：

$$W = \sum_{i=1}^{N} W_i \tag{1.48}$$

假定给定空域内目标期望的管制扇区数为 S，这个值为动态空域配置的输入参数，计算出每个管制扇区的平均空中交通负载或管制负荷为：

$$\mu = \frac{W}{S} = \frac{\sum_{i=1}^{N} W_i}{S} \tag{1.49}$$

对于目标期望中的一个管制扇区来说，其对应的空中交通负载或管制负荷 CW_s 为：

$$CW_s = \sum_{i \in SC_s} W_i \tag{1.50}$$

其中，SC 表示属于管制扇区 s 的网格单元集合。这里我们假定管制负荷具有累加特性，这样一个管制扇区的总负荷可以由其组成的网格单元负荷进行累加。我们可以使用历史雷达数据点密度及其流动强度，描述网格单元的管制负荷。为保证管制扇区负荷的均衡性，可建立如下的约束条件：

$$(1-\varepsilon_W)\mu \leq CW_s \leq (1+\varepsilon_W)\mu \tag{1.51}$$

这里 ε_W 是一个调节系数，其取值一般是从"0"到"1"之间，典型取值为 0.05 到 0.20 之间。

扇区划分的另一个要求是，其构型必须满足空中交通流的连续性运行，我们可以根据网格单元之间的连接关系，计算管制扇区的累积负载能力 CC_s 为：

$$CC_s = \sum_{i,j \in SC_s;\, j \in N_i} c_{i,j} \tag{1.52}$$

这里网格单元 i 和网格单元 j 属于管制扇区 s，其中网格单元 j 邻接网格单元 i；$c_{i,j}$ 为网格单元 i 与网格单元 j 之间的交通流量强度，即 $c_{i,j|j \in N_i, j \neq i} = tr_{i,j}$，$N_i$ 是网格单元 i 的邻接网格单元的集合，$tr_{i,j}$ 定义为在给定采样时间周内，从网格单元 i 到网格单元 j 的飞机数量，它的计算一般参照空中交通运行的历史数据或仿真数据。

此外管制扇区空间几何构型，还需满足凸多面体的要求，这样从管制员工作站的雷达监视二维投影屏幕上，从空域的顶端看下去，能够将该扇区内的飞行都包含在投影的二维平面区域之内，这样就可以大大方便管制员开展交通管制与飞行实时调配。由此，我们可以得到空域网格单元的组合规则，如图1.20所示。

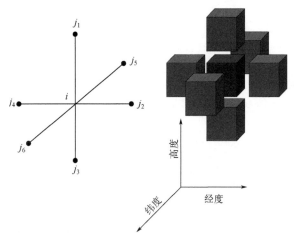

图1.20 基于空间网格的扇区动态重构

根据管制扇区的凸多面体要求，如果网格单元j_1和网格单元j_2分配给扇区s，则网格单元i必须也配置给该扇区，这样才能保持扇区的凸形状。类似地，网格单元j_2和网格单元j_3分配给扇区s，则网格单元i必须也配置给该扇区。这样网格单元i和其邻接的两个网格单元，在水平方向和垂直方向，组成3元组，对于没有固定边界的网格单元区域，共有8个这样的3元组配置模式，其中4个横向方向3元组加上顶端的网格单元组合及4个横向方向3元组加上底端的网格单元组合。基于上述规则建立配置算法流程，如图1.21所示。

该算法将空域网格进行遗传算法编码之后，通过交换和基因突变进行多次迭代，由基本空域体动态组合成所需要的管制扇区，并实现各个扇区的空中交通负载和管制员工作负荷的基本均衡。

文献[22]研究了基于地理空间网格的飞机尾流云的影响及调度算法。飞机尾流云的产生，主要是飞机排放尾气遇到空中非常湿润大气产生的云，尤其在温度低的情况下，还容易结冰。同结冰相关的空气湿度因子(Relative Humidity with Respect to Ice，RHi)，要使得湿度要大于100%，该因子同空气相对湿度因子(Relative Humidity with Respect to Water，RHw)和温度有关：

$$\text{RHi} = \text{RHw} \times \frac{6.0612 e^{18.102T/(249.52+T)}}{6.1162 e^{22.577T/(237.78+T)}} \tag{1.53}$$

这里的温度值T采用摄氏度。根据全美的数值天气预报系统给出的循环更新数据(Updated Cycle Data，RUC)，其将全美空域分为337×451个地理空域网格单元，按照高度分成 11 个层，其对应的高度层标号 $l=1,2,\cdots,11$。根据地理空域网格单元划分情况，则在时刻 t 可能持久形成的飞机尾流云的矩阵为：

$$R_t^l = \begin{pmatrix} r_{1,1,l} & \cdots & r_{1,451,l} \\ \vdots & \ddots & \vdots \\ r_{337,1,l} & \cdots & r_{337,451,l} \end{pmatrix} \quad (1.54)$$

其中，$r_{i,j,l}$ 表示在高度层 l 对应地理网格单元 (i,j) 的可能结冰值。如果 $\mathrm{RHi} \geq 100\%$ 则该网格单元 (i,j) 的对应参数值 $r_{i,j,l}=1$；如果 $\mathrm{RHi} < 100\%$ 则该网格单元 (i,j) 的对应参数值 $r_{i,j,l}=0$。

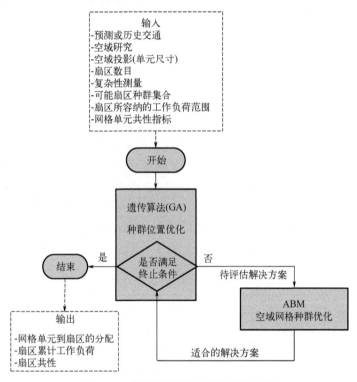

图 1.21 管制扇区动态配置算法流程

飞机尾流云的形成中，气象因素是必要条件，还需要有飞机飞行经过该区域。计算飞机位于空中位置的数据，可基于上述的气象地理空域网格单元，形成对应不同高度层 l 的矩阵：

$$A_t^l = \begin{pmatrix} a_{1,1,l} & \cdots & a_{1,451,l} \\ \vdots & \ddots & \vdots \\ a_{337,1,l} & \cdots & a_{337,451,l} \end{pmatrix} \quad (1.55)$$

这里 $a_{i,j,l}$ 表示在时刻 t 对应高度层 l 的网格单元 (i,j) 内飞机数量。这个参数值可看成飞行密度。

这样我们可以定义飞机尾流云的频率指数 (Contrail Frequency Index, CFI)，为在给定的时间周期内，在尾流云的可能形成区域内飞行的飞机数量。假设区域 C_n，时刻 t 的尾流云指数：

$$\text{CFI}_{C_n,t} = \sum_{i,j,l}^{C_n} r_{i,j,l} \times a_{i,j,l} \tag{1.56}$$

如果采用未来天气和飞行计划预测数据，则使用预测的尾流云的形成参数和预测的空域内飞行数进行计算相应的指数。由于空中交通呈现动态变化，在网格单元 (i,j,l) 内飞行的飞机数量，对应三种变化趋势，$x_{i,j}^{l,l}$ 表示在当前采样周期内仍在当前网格单元内飞行的量；$x_{i,j}^{l,l-1}$ 表示在当前采样周期内从当前网格单元下降到下一高度层网格单元飞行的量；$x_{i,j}^{l,l+1}$ 表示在当前采样周期内从当前网格单元爬升到上一高度层网格单元飞行的量。值得注意的是，在第 1 高度层内，只有向上爬升；第 11 高度层内，只有下降飞行。

$$a_{i,j,l} = \begin{cases} x_{i,j}^{l,l} + x_{i,j}^{l,l+1}, & l=1 \\ x_{i,j}^{l,l} + x_{i,j}^{l,l-1}, & l=11 \\ x_{i,j}^{l,l} + x_{i,j}^{l,l-1} + x_{i,j}^{l,l+1}, & \text{其他} \end{cases} \tag{1.57}$$

从交通管制情况看，每一个管制扇区具有一定的空域容量，其内飞行的飞机数量不能超过扇区容量，据此我们对管制扇区进行网格单元离散化，形成对应的矩阵：

$$S_m^l = \begin{pmatrix} s_{1,1,l} & \cdots & s_{1,451,l} \\ \vdots & \ddots & \vdots \\ s_{337,1,l} & \cdots & s_{337,451,l} \end{pmatrix} \tag{1.58}$$

对于管制扇区 S_m 来说，如果网格单元 (i,j,l) 在该扇区内，则 $s_{i,j,l}=1$；如果不在，则 $s_{i,j,l}=0$。根据管制扇区的容量（MAP_m）限制约束，可得：

$$\sum_{i,j,l}^{337,451,11} s_{i,j,l} \times a_{i,j,l} \leqslant \text{MAP}_m \tag{1.59}$$

类似地，如果我们定义了一个区域 C_n，如果网格单元 (i,j,l) 在该扇区内，则 $c_{i,j,l}=1$；如果不在该区域内，则 $c_{i,j,l}=0$。这样可建立一个目标函数，要求给定区域内的飞机尾流云的指数最小：

$$\min_{C_n} \sum_{i,j,l}^{337,451,11} c_{i,j,l} \times r_{i,j,l} \times a_{i,j,l} \tag{1.60}$$

这样，我们可以建立如下的优化模型方程：

$$\min \sum_{i,j,l}^{C_n} r_{i,j,l} \times a_{i,j,l} = \min \sum_{i,j,l}^{C_n} \mathrm{CFI}_{i,j,l} \quad (1.61)$$

$$a_{i,j,l} = \begin{cases} x_{i,j}^{l,l} + x_{i,j}^{l,l+1}, & l=1 \\ x_{i,j}^{l,l} + x_{i,j}^{l,l-1}, & l=11 \\ x_{i,j}^{l,l} + x_{i,j}^{l,l-1} + x_{i,j}^{l,l+1}, & \text{其他} \end{cases} \quad (1.62)$$

$$\sum_{i,j,l}^{S_m} a_{i,j,l} \leqslant \mathrm{MAP}_m, \quad \forall S_m \in C_n \quad (1.63)$$

文献[23]介绍了一种将空域划分为更小区域进行管理的方法，因为管制员的监视和提供间隔保持服务的能力是有限度的，对空服务的通信频率点也是有限度的，这样一个空域内的飞行总量必须控制在一定限制以内，才能保持空域容量和交通流量的匹配。为了满足空中交通需要，提出动态空域配置方法（Dynamic Airspace Configuration，DAC），根据交通流量变化调整空域边界及构型，满足空中交通运行需求。这样的方法，一是通过分配和再分配军事空域或特殊使用空域，二是建立高密度飞行走廊空域，三是改变空域边界实现空域复杂度均衡，四是根据航空器性能实施空域进入调节控制等。动态空域配置中，一般来说将空域划分为更小的区域，其目的是确保管制能够安全地保持飞机的空中间隔，这个更小的区域称为管制扇区，它是一个具有三维空间范围的地理区域。该文献提出了一种算法，如图 1.22 所示。该算法由初始设置和递归划分两部分组成。空中交通总是在一定的地理结构下运行，如空中交通航路航线和空中交通流通样式，我们可以把这个结构或样式抽象为一个"图"，图的网络流用飞机的飞行量进行度量，图的各个顶点的连接具有一定的权重，并且权重值随着时间进行变化。空域划分问题，就可以转换成无方向权重图的划分问题，即如何在满足规定的约束条件，把

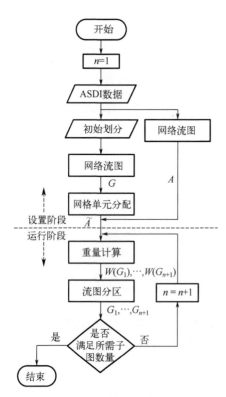

图 1.22 管制扇区全局配置流程方法

一个大图划分成多个子图。整个问题的求解,可分为网络流图和空域网格单元构建、网格单元分配、网络图权重计算、网络流图划分等步骤。

1. 网络流图构建

网络流图构建中,必须知道空中交通流样式,该样式可以从飞行计划数据或历史飞机航迹数据中提取。一种十分方便的方法,就是将整个空域的投影区域划分成网格单元,并通过矩阵进行描述。矩阵的每一个元素由矩阵的行和列号表征,且该矩阵元素对应着空间上的地理区域,由此在地理网格单元与矩阵之间建立了一一对应的映射关系。这样该矩阵可以在计算机中创建生成空中交通网络图,基于航路结构在对应的空域网格单元对应的矩阵中进行搜索生成。目前有多种方法可在飞行密度分布图的基础上直接生成空中交通网络流图,如可以设置一个飞机数量门限,将网格单元对应矩阵中超过这个门限的网格单元提取出来,再根据空中航路航线结构或飞机计划路径,基于无回路加权图生成法进行构建。这里给出了一种基于当前管制扇区的聚类方法,如图 1.23 所示,典型管制扇区的交通流量分布图。根据空中航路航线结构及扇区的管制移交点情况,我们将一个管制扇区的空中交通流样式抽象成标准形式。

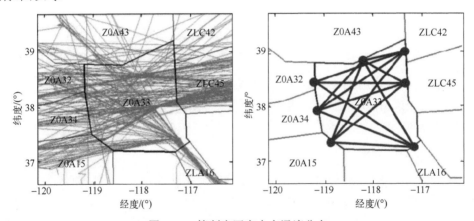

图 1.23 管制扇区空中交通流分布

2. 空域网格单元构建

为能够在离散的空间区域统计飞机的数量,我们需进行空域网格单元的划分。对全美空域,可建立 5 海里长和宽的地理网格单元。网格单元划分之后,我们建立从顶向下、从左到右的平面笛卡儿坐标系(原点:纬度 46.78°、精度−134.17°;最底端和右端的网格单元角:纬度 17.19°、经度−63.27°)。这样可建立 361 行、851 列,共计 307211 个网格单元。根据空中交通航迹数据,每个飞机的位置点由纬度、经度和高度参数组成,我们可将飞机位置数据按照网格单元进行归类。假定地球的

半径为 R_E（单位海里），参考基准原点的网格单元的地理纬度经度坐标 (λ_T, τ_T)，如果飞机的空中位置投影坐标 (λ, τ)，则可转换成笛卡儿坐标系的位置 (X_P, Y_P)，转换公式为：

$$X_P = 2R_E \times \frac{\cos\lambda \cdot \sin(\tau - \tau_T)}{1 + \sin\lambda_T \cdot \sin\lambda + \cos\lambda_T \cdot \cos\lambda \cdot \cos(\tau - \tau_T)} \quad (1.64)$$

$$Y_P = 2R_E \times \frac{\cos\lambda_T \cdot \sin\lambda - \sin\lambda_T \cdot \cos\lambda \cdot \cos(\tau - \tau_T)}{1 + \sin\lambda_T \cdot \sin\lambda + \cos\lambda_T \cdot \cos\lambda \cdot \cos(\tau - \tau_T)} \quad (1.65)$$

由于地球水平面呈现曲面形状，这样大区域空间范围存在较大的误差，这样我们可以将基准原点网格单元 (λ_T, τ_T) 选择在全空域地理空间的中间区域，这里选择在纬度 37.98°、经度-98.35°。对于网格单元的顶端最左边的顶点，其纬度 46.78°、经度-134.17°，计算出该点在平面笛卡儿坐标系中的位置 $U_X = -2149$、$U_Y = 854$，这样我们得到飞机航迹点的笛卡儿坐标相对于顶端最左边的网格单元的距离为：

$$X_T = X_P - U_X, \quad Y_T = Y_P - U_Y \quad (1.66)$$

对应 361 行和 851 列的空间矩阵 A，假定网格单元的尺寸为 l，则对应的行 i 和列 j 号为：

$$i = \left\lceil \frac{-Y_T}{l} \right\rceil + 1, \quad j = \left\lceil \frac{X_T}{l} \right\rceil + 1 \quad (1.67)$$

针对 1 天 24 小时的飞机运动航迹数据，我们可以构建出网格单元矩阵，元素为飞机数量值，该值随着飞机运动航迹更新采样周期进行动态变化，$A(k)$ 矩阵可反映飞行密度分布。

3. 网格单元分配

构建了空中交通网络流图和网格系统后，下面就需将网格单元同空中交通网络流图的节点关联起来，如图 1.24 所示，假定有 54 个网格单元，包含 7 个节点、6 个连接的网络流图。最简单网格单元分配，我们可以计算网格单元中心点与网络流

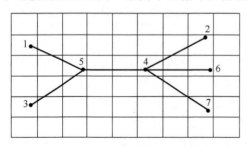 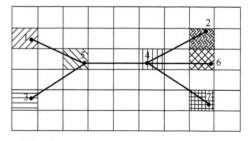

图 1.24 网格同网络流图示例

图节点间的欧氏距离,根据该距离值,将距离节点近的网格单元分配到该节点上,但是这种方法在应对具有大量网格单元情况时的计算次数将会很多。

这里提出区域增加的简单方法,首先将网络流图节点所在网格单元进行分配,再依次将该节点所在网格单元的周边网格单元分配给该节点,依次进行,形成最终分配,如图 1.25 所示。

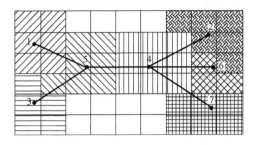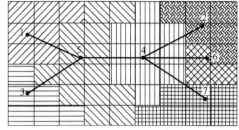

图 1.25 区域增加的网格分配

通过区域增加的方法处理之后,我们可以建立网格单元分配矩阵 $\tilde{A}$,它同空中交通密度矩阵 A 的维度一样,起始时,矩阵 $\tilde{A}$ 的每个元素可以设置为一个负数,当一个网格单元分配给相关的节点,则对应的矩阵 $\tilde{A}$ 相关位置元素的负数值由节点编号给替代。网格单元分配形成的矩阵,起始时设置矩阵 $\tilde{A}$ 的元素为负数,是为能快速检测到还有网格单元没有被分配,如果元素都为正数,则网格单元被分配完毕。

$$\tilde{A} = \begin{bmatrix} 1 & 1 & 1 & 5 & 5 & 4 & 2 & 2 & 2 \\ 1 & 1 & 5 & 5 & 4 & 4 & 4 & 2 & 2 \\ 1 & 1 & 5 & 5 & 4 & 4 & 4 & 2 & 2 \\ 3 & 5 & 5 & 5 & 4 & 4 & 4 & 6 & 6 \\ 3 & 3 & 5 & 5 & 5 & 7 & 7 & 7 & 7 \\ 3 & 3 & 3 & 5 & 5 & 7 & 7 & 7 & 7 \end{bmatrix} \tag{1.68}$$

4. 节点权重计算

矩阵 A 存储着网格单元相关时间段内的飞机数,矩阵 $\tilde{A}$ 存储着节点对应分配的网格单元编号。假设飞机航迹数据的采样周期总数为 N,则可计算出空中交通平均密度矩阵 $\overline{A}$ 为:

$$\overline{A} = \frac{\sum_{1 \leq k \leq N} A(k)}{N} \tag{1.69}$$

根据矩阵 $\overline{A}$ 和 $\tilde{A}$ 可计算网络流图节点权重,该权重是飞机密度数,则编号 m 节点权重 $W(m)$:

$$W(m) = \sum_{1 \leq i \leq I, 1 \leq j \leq J} \bar{A}(i,j) \times m, \text{ 其中 } m = \tilde{A}(i,j) \tag{1.70}$$

其中 I 和 J 为矩阵对应最大行与列值。

对于一个给定子图 G 来说，它包含了 M 个节点，则该子图的权重 $W_k(G)$ 为：

$$W_k(G) = \sum_{1 \leq m \leq M} \sum_{1 \leq i \leq I, 1 \leq j \leq J} A(i,j,k) \times m, \text{ 其中 } m = \tilde{A}(i,j) \tag{1.71}$$

则该网络流子图的峰值权重为：

$$W(G) = \max_{1 \leq k \leq N} W_k(G) \tag{1.72}$$

5. 网络流图划分

根据网络流图的峰值权重或平均权重的限制要求决定是否需要进行划分。如果超出了规定的门限值，则需要进行划分，划分方法，如对应图 1.28 所示的子图，可以构建相应的拉普拉斯矩阵 $L(G)$，该矩阵描述了节点之间的连接关系，矩阵的第 i 行，表示第 i 节点与其他节点是否存在连接关系，如果存在连接关系，取值为 "–1"，如果没有取值为 "0"，矩阵对角线上的元素取值为对应节点的共计连接数。具体为：

$$L(G) = \begin{bmatrix} 1 & 0 & 0 & 0 & -1 & 0 & 0 \\ 0 & 1 & 0 & -1 & 0 & 0 & 0 \\ 0 & 0 & 1 & 0 & -1 & 0 & 0 \\ 0 & -1 & 0 & 4 & -1 & -1 & -1 \\ -1 & 0 & -1 & -1 & 3 & 0 & 0 \\ 0 & 0 & 0 & -1 & 0 & 1 & 0 \\ 0 & 0 & 0 & -1 & 0 & 0 & 1 \end{bmatrix} \tag{1.73}$$

矩阵 $L(G)$ 的行或列的元素相加总是等于 "0"。计算该矩阵的特征值，如果特征值之中有几个值等于 "0"，则表明该网络流图可以分成几个子图。对于式(1.73)来说，其特征值为：

$$\lambda = (0, 0.3983, 1.0000, 1.0000, 1.0000, 3.3399, 5.2618) \tag{1.74}$$

则表明该网络流图分为一个子图，对应的特征值 λ_2 的特征向量为：

$$q_2 = (0.4929, -0.3560, 0.4929, -0.2142, 0.2966, -0.3560, -0.3560) \tag{1.75}$$

根据特征值 λ_2 的特征向量 q_2 的取值，可以看出对应取值为负的节点、取值为正的节点，它们之间是相互连接的。

文献[10]提出了一种基于动态密度（Dynamic Density，DD）建立管制扇区切分的方法，其中采用了基于网格单元增加的扇区生成算法，如图 1.26 所示。文献中，将全美空域划分成 1 海里尺寸的正方形网格单元，由于网格单元数据巨大，进行增量计算复杂，由此可以在不同网格单元划分层次上进行初次计算优化，再映射到更为精细的网格单元层次上，得出问题的求解结论。

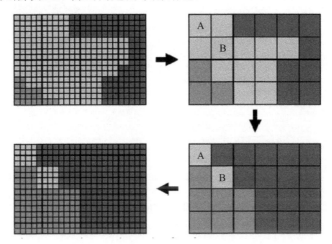

图 1.26　递归网格增加的扇区生成法

文献[24]总结当前动态空域配置研究的 4 种主要方法：交通航迹聚类法、Voronoi 图的遗传算法、混合整数规划算法、基于网络流图的扇区分割法等。但是目前研究多是针对航路空域的扇区划分，其空中交通运行模式和环境同终端区差异较大，从而使得上述方法难以有效处理终端区的管制扇区划分。对于终端区空域来说，明确存在三种类型的管制扇区，高高度扇区、低高度扇区和中间转换扇区，由此我们需要根据进场和离场的飞机航迹，在垂直高度上进行航迹区分，建立管制扇区的垂直划分模式，之后再进行管制扇区的水平划分，如图 1.27 所示。

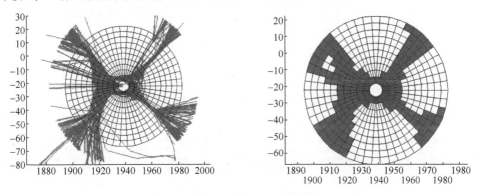

图 1.27　终端区水平面网格划分

在平面二维网格单元基础，聚类确定出交通航迹的垂直分布，如图 1.28 所示。对飞机航迹的聚类确定出网格单元的垂直高度下限和上限。

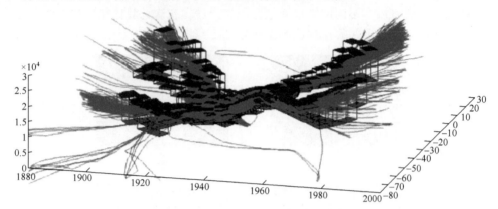

图 1.28　终端区垂直划分网格划分

针对终端区网格单元空域结构，建立相应的混合整数规划算法，进行水平面网格单元分配。终端区空域网格单元采用了极坐标系的方式建立，按照圆周 360° 进行角度离散等分、按照径向进行半径离散等分，假定 m 为半径等分的份数、n 为圆周等分的份数；根据历史交通航迹的统计数据，定义参数 y 为网格单元是否只用于进近或离场等，具体为：

$$x(i,j) = \begin{cases} 1, & \text{当飞行器通过空域网格单元}(i,j) \\ 0, & \text{其他} \end{cases} \quad (1.76)$$

这里 $i=1,2,\cdots,m$；$j=1,2,\cdots,n$。这些网格单元用于进近、离场或两者都可用，或者不允许任何飞行使用。管制扇区设计问题，在网格化基础上就转变成了网格单元聚类与分配问题。由此定义决策变量 x 为：

$$x(i,j) = \begin{cases} 1, & \text{当空域网格单元}(i,j)\text{被分配给进场飞机} \\ 0, & \text{其他} \end{cases} \quad (1.77)$$

对于管制扇区优化设计的目标函数，根据进离场分离的原则，理想情况下希望进场扇区和离场扇区不存在重叠，这样可以使得进场飞机和离场飞机之间保持规定的安全间隔，确保不发生飞机下降与爬升之间的飞行冲突。

进场扇区、离场扇区内部不要存在缝隙，同时还需要满足终端区内的空域使用限制需求。在实践中，考虑到管制员能够快速引导飞机直接上航路飞行，这样对应的离场扇区应尽可能实现空域资源最大化利用。据此，我们设计这样的目标函数：

$$z = \sum_{j=1}^{n} \sum_{i=1}^{m} \beta x(i,j) + \gamma |x(i,j) - y(i,j)| \quad (1.78)$$

其中，β 和 γ 是比例因子，满足 $\beta+\gamma=1$，且 $\beta,\gamma \in [0,1]$。为了使扇区优化设计结果，符合实际运行情况，机场的进场航线、离场航线上的网格单元分配给对应的进场和离场扇区；从给管制员提供更大的空域进行灵活调配飞行角度，还需尽可能地将偏离标准航线飞行的航迹纳入到相关管制扇区中；此外还存在满足了混合整数规划的目标要求，但是出现了较小的离场扇区紧邻较大的进场扇区的结构情况，此种结构一般来说不符合现实要求；对于多跑道机场来说，平行跑道的中心线常常作为管制扇区的分界线。据此，我们建立如下的优化模型：

$$\min z = \sum_{j=1}^{n}\sum_{i=1}^{m}\beta x(i,j) + \gamma |x(i,j) - y(i,j)| \tag{1.79}$$

$$x(x,j) = 1, \quad \forall (x,j) \in S_{\mathrm{arr}} \tag{1.80}$$

$$y(x,j) = 0, \quad \forall (x,j) \in S_{\mathrm{dept}} \tag{1.81}$$

$$\begin{gathered} x(x,j) = 1, \quad \text{if } x(i_1,j) = x(i_2,j) = 1 \\ \forall i_1 < i < i_2, \ \forall \frac{(k-1)n}{4} < j < \frac{kn}{4}, \quad k=1,2,3,4 \end{gathered} \tag{1.82}$$

$$\begin{gathered} x(x,j) = 1, \quad \text{if } x(i,j_1) = x(i,j_2) = 1, \quad i=1,2,\cdots,m \\ \forall \frac{(k-1)n}{4} < j_1 < j < j_2 < \frac{kn}{4}, \quad k=1,2,3,4 \end{gathered} \tag{1.83}$$

文献[25]针对当前空域分割碎片化严重问题，提出一种将空域离散成大小一致的正方形区域，形成空域网格化系统，管理空中交通运行数据，开展空中交通运行性能及空域组合分析，重点是对跨国家区域的空域建立网格化管理模式。文献[26]提出了一种空中交通运行和管理仿真系统概念（Air Traffic Operations and Management Simulator，ATOMS），仿真系统架构如图 1.29 所示。

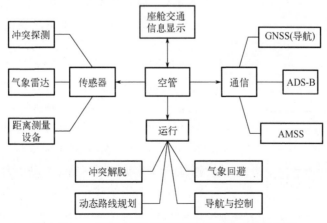

图 1.29 一种空中交通运行和管理仿真系统的架构

考虑到空域灵活使用概念需求，采用一种基于正方形网格单元的空域离散化建模方法，根据当前的飞行间隔标准确定三维空域网格单元的大小，如图 1.30 所示。空中交通交通航迹产生了一系列离散的点，这些点可以采用空域网格单元进行索引和组织。空域网格单元还可以管理天气、大气参数及飞行意图信息等，还可针对网格单元建立飞机预计到达（Estimated Time of Arrive，ETA）的时间参数。离散的空域网格单元标识为 (i,j,k)，1 号网格单元对应 $(1,1,1)$，64 号网格单元对应 $(4,4,4)$。

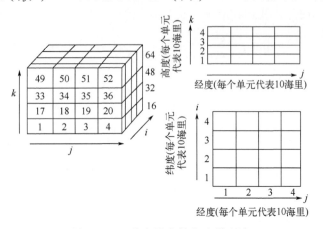

图 1.30　一种空域离散化建模方法

文献[27]总结了当前了空中交通管理的空域组织结构建模与研究分析方法，不同的研究方法具有不同的特点及适用性。如对空域结构建模时，按照空中交通航路网络的构型建立网络图，空域结构的划分转变成了图的划分问题。考虑到实际情况中，大部分空中交通均沿着航路航线网飞行，该方法是比较常见的或比较通用的，并可在实现管制员工作负荷和管制协调工作量最小化的情况下，对空域进行高效划分组织。但是在优化空中交通飞行时，出现了部分空中交通没有完全按照既定的空中交通航路航线飞行，这时建立网络图进行空域组织划分，就难以满足现实需求了，此时有的研究者提出了基于原先的航路航线网结构，建立空中交通流的无方向权重图，并对空域进行网格单元离散划分，并将网格单元同空中交通流无方向权重图的节点进行关联，实现基于网格单元的空中交通数据处理和分析，用网格单元进行组合分配，实现空域结构的组织建模和分析。据此逐渐发展出基于空域网格单元或地理网格单元的管制扇区设计方法，基本原理如图 1.31 所示。

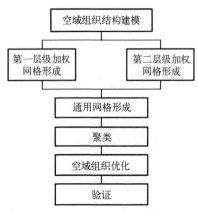

图 1.31　基于网格的空域结构组织分析方法

1.3.2 发展趋势

总结现有文献,结合当前研究热点,我们认为当前空域与交通流量管理的基础性原理方法,建立基于空域离散数字化模型的一套方法系统已取得系列进展和应用效果,如表 1.2 所示。

表 1.2 空域离散数字化建模及典型应用

序号	典型应用案例	主要特点
1	ACES(The Airspace Concept Evaluation System) 空域运行概念评估系统	美国联邦航空管理局研制,用于研究空域组织结构优化、管制扇区优化的工具
2	FACET(The Future Air Traffic Management Concepts Evaluation Tool) 未来空中交通管理概念评估系统	美国联邦航空管理局研制,用于研究下一代航空运输系统的空中交通管理新概念的工具
3	ETMS(The Enhanced Traffic Management System) 增强型交通流量管理系统	美国联邦航空管理局研制,用于管理空中交通流,预测交通流量分布,记录管理运行数据的工具
4	TAAM(Total Airport and Airspace Modeler) 机场和全空域运行仿真系统	美国联邦航空管理局研制,用于研究机场和空域运行、管制员负荷及空域扇区优化、空中交通优化、空域容量、管制员负荷的工具
5	HAAT(Hexgrid Airspace Analysis Tool) 基于正六面体的空域性能分析工具	美国国家航空航天局研制,用于研究航空基础设施空间性能覆盖及可用性、完好性分析的工具
6	CARAT(Configurable Airspace Research and Analysis Tool) 空域配置研究分析工具	美国国家航空航天局研制,用于研究航天发射及飞行器再入空域配置问题
7	DAC(Dynamic Airspace Configuration) 动态空域配置方法	美国科研机构发展出的一种根据空中交通流的演变进行动态配置管制扇区的技术方法
8	FAB(The Functional Airspace Block) 功能空域组块配置方法	欧洲科研机构发展出的一种空域配置及管理的技术方法
9	ACM(Airspace Complexity Measurement) 空域复杂度测量方法	美国科研机构发展出的一种度量空中交通管理复杂性及空域运行管理难度的方法

表格中所列的不是全部,还有其他的一些研究,如气象领域基于的地理空域网格单元管理各类数据,划分天气影响区域及计算演化趋势概率等。总体上看,目前空域离散数字化建模及应用呈现出如下三个方面的研究趋势及重点。

(1)空域数字化建模技术,作为把物理飞行空间映射到信息空间中的一种方法,它为各类优化计算方法在空域与交通流量管理、交通管制中的应用奠定了基础,已成为现代空域管理技术研究的核心内容。从欧美国家科研机构发展的各类空域与交通流量管理工具、系统平台及新技术构想等情况看,已建立了以拉格朗日网格单元(The Air Traffic Monotonic Lagrangian Grid,ATMLG)[28]、地理空域网格单元(如基于地理坐标系的经纬度划分网格单元、基于空间笛卡儿直角坐标系的正方形网格单元、基于局部极坐标系的圆周网格单元等),这些网格单元依照研究空域与交通流量协同管理的不同视角，建立起应用概念、范围及模式，其基本思想都是将连续空域进行离散化成组分单元或基本空域体。在此基础上，第一，形成了空间索引标识，该标识同地理空间位置和定位关联，成为空中运动对象的空间地理坐标表征的一种替代，如果我们对基本空域体进行编码，则这个编码同地理位置坐标建立起了一一对应的关系，为简化对空域结构对象的描述、交通流量的宏观抽象表征等提供了全新的思路，尤其是利用空域网格单元编码索引，进行空中交通历史数据、仿真数据的组织管理，成为开展空域复杂度监测、空中交通密度分布、空中交通拥堵演化、空中交通安全性评估等的重要基础数据组织架构，并逐渐发展成为空中交通管理的时空大数据分析架构。第二，空域网格单元既是对空中运动对象位置的一种描述，更是一种全域空间离散成局域，为开展空中交通飞行战略冲突探测和解脱、空域协商使用及控制提供了一种全新的基础时空架构，据此利用空域网格单元的位置表征，开展空中交通位置计算及飞行冲突探测，并可以建立一种简化计算方法，提高计算效率，实现对大尺度空间高密集飞行活动的冲突管理。第三，空域网格单元为优化空域组织结构提供了一种途径，这种途径源于利用基本空域体可以动态配置与重构现实所需的空中交通结构，实现空域动态配置，目前其核心研究方法，则是根据空域配置目标要求，建立混合整数规划模型，研究传统的最优化方法或现代优化方法，如遗传算法、粒子群算法、模拟退火算法等进行模型求解，或者研究一种启发式算法，按照既定规则进行空域网格单元动态配置，实现管制扇区的重组优化、空中交通航路网的结构优化、飞行空域或限制性空域的结构优化等。第四，空域网格单元的离散化同气象网格单元的离散化存在共通性，尤其是气象网格单元已成为处理大范围天气对空中交通影响的基础性架构，由此当前需要研究这两类网格单元的相互转换和兼容问题，实现两者的统一，从而在空中交通管理领域建立全新的底层时空组织架构，据此发展一套全新的计算空域理论方法，即空域数值计算理论方法、数字空中交通理论方法。

(2) 从空中交通管理技术发展重点趋势看，空域管理一直以静态划分方式，围绕建立空中交通优化结构的目的，开展理论方法与关键技术研究。随着空中交通高密度时代到来，以及航空器的性能不断提升，飞行具有相当程度的自动化和自主性时，空域就可以作为一种空中交通管理要素，通过对空域网格单元的关闭与激活启用等方法，将异构复杂的空中交通活动间隔开，管理其复杂性；对空中交通路径进行变更，避开气象因素；分流空中交通流，提升空中交通流量管理效率等。由此利用数字空域网格的新型时空位置框架，围绕空中交通规律性分析，理解高度复杂交通特性，基于数据规律研究空中交通结构和空域使用优化配置，解决当前日益凸显的航空能耗、交通拥堵、空气污染等问题。但空中交通数据和空域数据往往基于多元异构数据源，这些数据的规格化处理涉及多项挑战，因为现有的数据挖掘和机器学习技术通常只用来处理单一数据类型，如计算机视觉图像、自然语音处理等，而在海量异构数据中学习相互增强的知识，会出现一个高维空间，并会增加数据的稀疏性，如果处理不当则多源异构数据会影响模型性能，这就需要研究更为通用的多源异构数据处理模型并整合机器学习算法，建立新型计算框架来提供更高效的知识发现能力。此外在数据挖掘分析基础上，需构建空域可视化模型来展示和分析空中交通运行状态及空域使用情况。而交通可视化技术中，发展数字空域网格的时空数据库成为重要趋势。因为传统的空间数据库适用于描述和表达某一时刻空间实体的分布与状态的静态信息，难以有效管理具有时间维度的时空动态信息；而时空数据库则具备处理时间维度信息，它是预测预报和决策分析的重要支撑，但时空数据库存储的数据随时间不断更新累积，数据量不断增大，从而造成存储管理、查询检索和应用分析的困难。对此需要在数字化空域理论与方法构建中，加以研究和解决，构建适应空中交通管理的新型数据系统。

(3) 从当前新一轮信息技术发展重点趋势看，人工智能技术将被广泛应用，今后发展智能空中交通管理(Intelligent Air Traffic Management, IATM)[29]成为一种主流趋势，实现空中交通数字化、信息化和智能化已成为一种得到广泛共识的思路。空域离散数字化建模，则是一种对空域和交通流量的系统划分和组织形式，目的是通过系统的网格化来降低空中交通运行的复杂度，从而提高空域容量、空中交通运行效率和安全性，改善当前空中交通抗扰动能力。因为不管是空中交通，还是战场空域系统，其本身就是一个复杂的大系统，空中交通飞行众多、航空器类型异构、航空基础设施复杂，且各组分系统之间联系紧密，构成了一种网络；航空器飞行具有智能性，能够对周围环境做出反应，具有自组织、自适应、自驱动能力；空中交通飞行和航路航线网络、管制扇区之间存在非线性相互作用，同时空中交通还存在层次性和整体性特性，处理不好容易出现容流失衡状况，系统整体处于动态非平衡状态；再者空中交通需求和空域使用要求往往存在随机性，此外还有参与空中交通管理的多主体之间的信息不对称性。这些都迫切需将复杂的空中交通管理进行网络解耦，实现管理定量化和精确化，成为一项重大迫切要求。由此从当前技术发展看，研究基于空域网格单元的空中交通划分与多层次、多尺度级联控制方法，成为今后一个重要研究领域，体现在我们不太可能将大尺度空中交通或战场空域系统看作一个整体，不可能采用一种模式解决所有空域飞行问题，如何在相对较小单元内去解决局部空中交通问题，在相对较高层次进行策略协同，解决广域空中交通问题，成为空域网格单元管理控制的重要内容；如何在复杂的空中交通中进行合理聚类分类，并以一种新的整体形态存在于全局系统之中，从而实现对复杂关联的空中交通或战场空域管控，实现降维计算处理也成为一个重要的研究点。此外随着大数据技术飞速发展，空中交通海量历史航迹数据采集、传输、分析技术逐步成熟，将飞机航迹数据与划分空域网格单元进行匹配，提取网格单元交通运行指数，通过挖掘数据对终端区、航路空中交通运行状态进行判别,以及基于数据驱动训练学习人工智能算法等,这样可以为智能交通处理计算方法的研究奠定基础。

1.4 本书的主要内容

本书将从空域离散数字化建模研究入手,结合当前地理信息网格划分方法,提出一种适用于平时空中交通管理的数字空域网格模型,制定网格编码规则和数学描述方法,分析网格单元的空间形状及大小尺寸等,为开展全新的空域与交通流量、交通管制协同管理奠定基础的时空组织框架,发展出一种新的空中交通四维时空框架。以此为基础重点研究探讨空中交通飞行冲突探测与解脱的技术方法、动态空域配置及功能空域构建技术方法。其中第 1 章概述,介绍数字化空域研究背景与需求,定义数字化空域概念及支持的空域数值计算理论方法研究重点,总结梳理国际当前该领域研究热点及发展趋势,提出本书研究的主要内容。第 2 章空域网格单元建模,根据空中交通空域管理特性及要求,借鉴数字地球及地理信息网格划分思路,研究三维立体空间内的空域网格单元建模方法,构建基于空域网格单元索引的空中交通数据管理模型,为开展空域数值计算与交通特性挖掘分析奠定基础。第 3 章空域描述测度法则,在传统空中交通数据统计分析基础上,重点研究交通航迹数据处理与基于时间维度的交通态势演化趋势,并在高维空间内对多源异构的交通航迹数据进行聚类与特征提取,开展基于机器学习的航迹数据挖掘计算。第 4 章交通航迹运行控制,围绕空域与交通流量、交通管制协同一体化管理,开展航迹预测模型、预战术阶段航迹规划、战术阶段间隔控制等问题研究,为开展基于航迹运行控制的新一代航行系统体系构建奠定理论基础。利用数据挖掘的先验知识,利用空域网格单元和基本空域体的组合优化方法,对机场终端区、管制扇区及航路空域等进行交通路径优化,建立优化模型算法及求解策略,为开展高密度多交通路径耦合交叉的空域结构优化提供理论方法。第 5 章安全风险评估模型,利用航空器间隔标准和空域网格尺寸之间的关联关系,结合飞机尾流模型、位置误差模型等构建不同飞机型号的安全包络,并根据安全包络大小选定合适层级的网格划分目标空域,为空域管制人员调配飞机运行间隔、识别安全风险提供参考,促进飞机安全、高效运行。

参 考 文 献

[1] ICAO. Global Air Traffic Management Operational Concept[R]. International Civil Aviation Oraganization DOC9854, 2005.

[2] ICAO. PBN manual[S]. Fifth Edition. 2006: 1-7.

[3] Brenman H. Global navigation satellite system(GNSS) and area navigation(RNAV) benefiting general aviation[C]. 24th Digital Abionics Systems Conference, Washington, DC, 2005.

[4] Ellwein C. Cyber-Physical System: US20170139763A1[P]. 2017.

[5] 朱永文, 谢华, 王长春. 空域数值计算与优化方法[M]. 北京: 科学出版社, 2020.

[6] 朱永文, 陈志杰, 蒲钒, 等. 数字化空域系统发展研究[J]. 中国工程科学, 2021, 23(3): 135-143.

[7] Bertsimas D, Patterson S S. The air traffic flow management problem with enroute capacities [J]. Operations Research, 1998, 46(3): 293-432.

[8] Menon P K, Sweriduk G D, Bilimoria K D. New approach for modeling, analysis, and control of air traffic flow [J]. Journal of Guidance, Control, and Dynamics, 2004, 27(5): 737-744.

[9] Daganzo C. The cell transmission model[J]. Acta Polymerica, 1993, 40(8): 553-554.

[10] Brinton C R, Leiden K. Airspace sectorization by dynamic density[C]. 9th Aviation Technology, Integration, and Operations Conference (ATIO), Hilton Head, CA, 2009. https://doi.org/10.2514/6.2009-7102.

[11] Bertsimas D, Lulli G, Odoni A. The air traffic flow management problem: An integer optimization approach[C]. Proceedings of the 13th International Conference on Integer Programming and Combinatorial Optimization. Berlin: Springer, 2008: 36-46.

[12] Sridhar B, Soni T, Sheth K S, et al. An aggregate flow model for air traffic management[C]. AIAA Guidance, Navigation and Control Conference, Providence, RI, 2004: 16-19.

[13] Sridhar B, Menon P K. Comparison of linear dynamic models for air traffic flow managemen[C]. International Federation of Automatic Control, World Congress, 2005: 1962.

[14] Menon P K, Sweriduk G D, Lam T, et al. Computer-aided Eulerian air traffic flow modeling and predictive control[J]. Journal of Guidance, Control, and Dynamics, 2006, 29(1): 12-19.

[15] Holger D H. Exposing workpiece by electron beam lithography - Separating structure elements into surface elements in predetermined window area of pattern[P]. DE3939456. 1991.

[16] Sahlman S E. Description and analysis of a high fidelity airspace model for the airspace concept evaluation system [C]. Modeling and Simulation Technologies Conference, Hilton Head, 2007: 1113-1125.

[17] Pawlak W S, Goel G, Rothenberg D B, et al. Comparison of algorithms for the dynamic resectorization of airspace[C]. Guidance, Navigation, and Control Conference and Exhibit, Boston, MA, 1998: 67-74.

[18] Wright R D. Evolution of dual use applications in the enhanced traffic management system (ETMS) [J]. Department of Transportation, 2004: 13-26.

[19] Jardin M R. Grid-based strategic air traffic conflict detection [C]. Guidance, Navigation, and Control Conference, San Francisco, 2005: 15-18.

[20] Wambganss M, Casas P. GPS outage impacts on the national airspace system [EB/OL]. 2013. https://doi.org/10.2514/6.2013-4246.

[21] Kicinger R, Yousefi A. Heuristic method for 3D airspace partitioning: genetic algorithm and agent-based approach[C]. 9th Aviation Technology, Integration, and Operations Conference (ATIO), Hilton Head, 2009: 21-23.

[22] Wei P, Sridhar B N, Chen Y, et al. Vertical grid shifting spproach to the development of contrail reduction strategies with sector capacity constraints[C]. Guidance, Navigation, and Control and Co-located Conferences, Boston, 2013: 1-12.

[23] Stephane A M, Gano B C, Sun D F, et al. A weighted-graph approach for dynamic airspace configuration[C]. Guidance, Navigation and Control Conference and Exhibit, Hilton Head, CA 2007: 1-16.

[24] Wei J, Sciandray V, Hwang I. An integer programming based sector design algorithm for terminal dynamic airspace conguration[C]. Aviation Technology, Integration, and Operations Conference, Los Angeles, CA, 2013: 1-17.

[25] Jonas S, Vaidotas K. Formation of methodology to model regional airspace with reference to traffic flows [J]. Aviation, 2012, 16(3): 69-75.

[26] Sameer A, Hussein A A. Air traffic operations and management simulator [J]. IEEE Transations on Intelligent Transportation Systems, 2008, 9(2): 209-225.

[27] Vaidotas K, Jonas S. Analysis of airspace organization considering air traffic flows[J]. Transport, 2012, 27(3): 219-228.

[28] Dellantonio G, Donofrrio B, Ekeland I. Stability from index estimates for periodic solutions of lagrangian systems[J]. Journal of Differential Equations, 1994, 108(1): 170-189.

[29] 石文先, 朱新平. 智慧空中交通管理系统及其应用[J]. 南京航空航天大学学报(社会科学版), 2013, 15(3): 51-55.

第 2 章 空域网格单元建模

空中交通管理属于空间位置转换、运行控制并同现实出行需求密切相关的领域，由此随着空间位置定义及其描述方法的改变，必将产生新的空中交通管理方法。国际民航组织空中导航研究指出"交通系统各部门在未来可能使用专用的交通地理信息系统(基于数字地球的新型系统)，将像现在使用字处理软件那样普遍"，对此发展适用于空中交通管理的新型空间位置坐标系统、构建符合新一代信息技术应用的数字化空域系统成为研究重点，即建立相应的空中数字交通系统，从数字地球的战略高度规划交通飞行的信息采集、处理和综合应用，建立基于四维时空框架的数据组织管理方法，结合空间、时间坐标记录与空中飞行相关信息，挖掘分析获取空中交通运行的特征、模式和规律，从而为空中交通的实时运行与管理控制提供支撑。本章将重点围绕如何从数字地球技术视角，建立空域网格单元的递归划分方法，构建基于网络索引的空中交通大数据分析框架，创新发展出一套空域性能度量测量的技术方法。

2.1 基本概念定义

传统空中交通在信息技术推动下，目前处于数字化时代即数字空中交通；随着人工智能技术的兴起，未来向着智慧空中交通发展。传统空中交通主要通过人工调查和模型推断，构建空中交通各机场之间源端-目的端需求矩阵，获取空中交通静态需求分析矩阵，制定相应大尺度空间的空中交通管理策略，规划空中交通航路网，按照航路网实施空中交通组织与管理控制。数字空中交通建立在空地一体化通信网络、星基与地基综合高精度航空导航、融合增强的空地协同监视和高性能计算技术基础上，实现动态、实时、全面的空中交通位置感知识别、冲突探测和解脱、空域动态管理与控制。未来智慧空中交通强调对空中交通数据的深层次挖掘和知识获取，实现具有自学习、联想、推断等智能化特征的空中交通路径设计与选择，形成智能化的空中交通状态预测预估告警、基于复杂度的空域管理与控制，围绕空中交通流需求动态供给空域资源使用，实现空域与交通流量自适应协同。不管是目前正在深化发展的数字空中交通，还是今后的智慧空中交通，构建离散空域网格单元并建立数字化空域模型是基础。对此我们需要研究的重点：

(1) 空域网格单元划分原则和方法。即解决如何实现连续空域离散成网格单元的问题，空域网格单元作为空域管理的基本空域体单元，决定了不能简单地采用一般的地理网格单元划分方法，否则基于空域网格单元组织的数据将不能保留空中交通特性。由此需要我们研究空域网格单元划分的原则方法，解决网格单元分类、划分依据及信息空间内的建模问题。

(2) 空中交通大数据的空域网格单元索引管理。即如何通过空域网格单元建立空中交通大数据的时空索引，这样可以高效利用空中交通历史大数据，开展数据分析和挖掘工作。由此需要我们研究采用什么样的方法来组织管理、调用数据，这是网络化空中交通数据组织研究的核心内容。

(3) 空中交通历史数据挖掘分析技术。即如何从网络化管理的空中交通数据样本中，提取有用的空中交通管理信息，实现以提供准确的交通演化态势为目标的数据挖掘、搜索与快速决策。

定义 2.1 空域网格单元。根据空中交通特性将空中交通管理区域递归划分成若干大小一致、相互链接的基本空域体单元，每个单元在空中交通数据组织管理之中相对独立，我们称这些单元为空域网格单元。

该定义说明，空域网格单元不仅仅是一个几何空间体，它还是一个空中交通数据组织索引空间体，其不同于空中交通航路网络形态，强调的是在空中交通航路网络空间划分的基础上，实现几何空间体与空中交通数据一体集成，实现信息物理空间的组织管理。空域网格单元具有如下特性：一是动态性，空域网格单元的动态性不是指动态空域网格单元，而是指静态空域网格单元具有的动态性，即在一定的时间周期内是相对稳定和固定的，但随着空中交通态势的发展，如空中交通密度、航路网结构变化等，其尺寸大小可不断精细化，其对数据的组织管理呈现动态性。二是虚拟性，空域网格单元并不是在空域内明确划分出的网格单元，而是作为一种数据处理、优化配置和调度管理的基本单位，是一种在信息空间内建立的虚拟结构，是一种空域管理的后台支撑单元。三是自治性，划分空域网格单元的一个重要目的就是降低空中交通的复杂程度，将空中交通网格单元内的飞行，管理控制在一定范围内，能够充分自治，并以一个相对整体的连续变化，统一于空中交通之中。四是精确性，通过空域网格单元可以将空中交通控制域进行具体的定量化、单元化，有助于动态配置和管理空域。五是协同性，空中交通的强耦合性特点，决定了不存在可以完全独立存在的空域网格单元，这样不同层次空域网格单元之间就存在协同的问题。

2.2 网格划分编码

空域网格单元划分，其核心是分析空中交通管理结构、交通流量结构、空域配置结构及空中交通运行数据集等时间属性特征和空间属性特征，包括空中交通的空间尺度、时间范围、运动特性及飞行冲突、空域容量、安全等级、航空效率、管制负荷、空域复杂度等,根据此情况开展空中交通管理的空域网格单元划分,确定网格单元的空间和时间精度,分析网格单元对应的索引性能、空中交通演化态势计算等,从而实现把连续空中交通空域离散成为多级网格单元系统,形成统一的时空描述方法,即空中交通管理的四维时空框架。对应的研究主体,如图 2.1 所示。

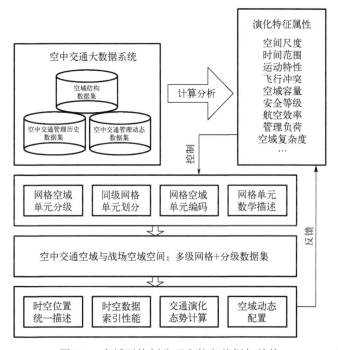

图 2.1 空域网格划分研究的主体框架结构

空域网格划分实际上是要建立一种全新的空中交通管理与战场空域空间的四维时空框架,具体如图 2.2 所示,核心实现将物理空间通过空域规则划分后,利用空域网格体及信息空间的映射矩阵空间,管理空中交通的空间几何结构和空域结构;利用空域划分建立的全球唯一位置码,建立空中交通和战场空域的时空大数据库,管理和监视空中安全态势、容量态势及空中运动演化态势,为管理控制空中交通提供决策的数据计算方法等。

2.2.1 相关研究概述

空域网格划分实际上是对航空器飞行的地理空间划分,传统的地理空间信息组织多采用平面投影模型,即通过地图投影把地球的球面变换到平面上进行分析,从而建立起球面空间与平面空间的一一对应关系。从球面到平面的投影过程不可避免地产生变形,但空中交通是大尺度空间的飞行,全球化的今天,跨国和跨洲际飞行已成为航空的重要组成,当空中交通区域拓展到了全球空间范围,投影产生的变形

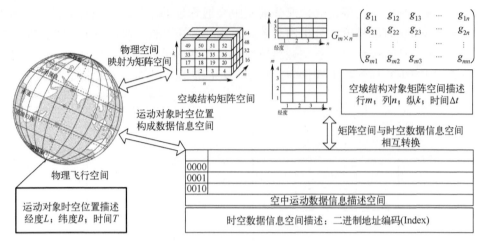

图 2.2　空域网格划分基本原理框架

就不可忽视，甚至直接影响后续的建模及空间分析精度。为此美欧国家科研机构提出了全球离散网格系统（Discrete Global Grid System，DGGS）[1,2]，它是基于球面连续递归划分的一种全球网格，通过对球面进行无限递归细分拟合地球表面、具有全球无缝性和层次性的一种网格框架，避免平面投影产生各种变形及数据裂缝问题。不同层次的网格单元在记录位置信息时，还同时携带了比例尺和精度信息，每一个网格单元又具有全球唯一的地址编码，采用每个网格单元的地址编码代替地理坐标在球面上进行操作，可很好地解决传统投影模型无法适用全球范围空间组织建模的问题。目前构建全球网格主要方法：经纬网格[3]、正多面体网格[4-6]和自适应网格[7]三类。

(1) 经纬网格。球面经纬网格是最为简单的一种球面网格，也是研究应用比较多的，它通过对地球表面按一定经纬线间隔交叉划分，包括等经纬网格和变经纬网格。等经纬网格就是指经线、纬线按照固定间隔在地球上相互交织构成的网格单元，它是地理学界最早也是目前应用最为广泛的一种全球离散网格系统，如美国国家航空航天局发布的开源软件（World Wind），就采用等经纬全球划分网格系统，但是该网格单元的变形从赤道向两极越来越大，在两极网格将退化为三角形而非四边形。为了控制使每个网格单元的面积近似相等或控制在可接受范围内，在等经纬网格基础上发展变经纬网格，如目前 SkyLine、GoogleEarth 等软件，采用等圆柱投影面，按一定经纬度间距对地理数据进行分割，以网格单元的四个角点经纬度坐标作为地理索引。如经差不变、纬差变化，或者纬差固定、经差变化的变经纬度全球划分的椭球四叉树（Ellipsoid Quad Tree，EQT）网格系统。

(2) 正多面体网格。为满足不同用户对全球多尺度空间的应用需求，欧美科研机构发展基于正多面体的全球网格模型，其中有 5 种正多面体投影到球面上能产生形状相同的球面多边形,这 5 种多面体也被称为理想多面体(Platonism Solids)。递归划分主要目的是构建多分辨率网格,一般采用三角形、菱形或六边形划分。正八面体、正十二面体都是由三角网格单元组成,常采用四分的方法和九分的方法进行球面三角划分。由于三角四分法能产生均匀的四个子球面形,并可以应用三角四叉树,因而形成了基于八面体的三角划分法,以正八面体为内接正多面体,建立球面四元三角网格等。与经纬网格相比正多面体具有多层次性、多分辨率和网格大小的近似均等性,使全球空间数据能忽略投影的影响,适合于球面空间数据的组织与建模。目前基于多面体离散网格系统在矢量数据结构、空间数据索引、制图综合、全球动态数据结构、全球土地监测、全球海洋分析、全球气候模型等诸多领域得到了广泛应用。

(3) 自适应网格。经纬网格、正多面体网格都是基于经纬度按照一定规则划分球面,而自适应网格以球面实体要素为基础,按实体的某种特征进行球面划分,基于 Voronoi 划分的自适应网格,比规则或半规则的划分网格具有更大灵活性,但是 Voronoi 网格的递归划分相当困难,难以建立多分辨率的层次金字塔结构,这对需要不同分辨率数据的应用是非常不利的。

2.2.2 球面划分模型

网格划分模型的基本思路是利用地理空间网格递归划分建模方法,将连续空间离散为基本空域体,针对不同划分层级的基本空域体建立全球统一尺度的位置编码,并用基本空域体编码取代传统的空间位置经纬度,标识空间方位;依据空间位置描述精度要求,选择相应划分层级的基本空域体,通过组合描述方法,建立任意形状空域近似标准结构;以空域体编码为索引,建立描述空域管理状态的数据结构,实时动态表述基本空域体承载空中交通的关联态势;建立空域数值计算方法,管理各类空域活动和智能调度与控制空域结构。基于此需求和目的,空域网格划分基本原则:

(1) 统一基准、全球覆盖。对地球表面垂直至邻近空间范围内的空域,建立统一的基本空域网格高度位置基准;对全球尺度范围内空域,建立统一的基本空域网格水平位置基准;采用等纬度球面退化网格划分方法进行合幅处理,解决地球南北两极高纬度区域的网格变形问题。

(2) 兼容并包、相互转换。兼容地理位置网格码及北斗网格位置码等既有国家标准,并入或包含航空领域相关的地理位置编码规范,并实现与相关网格位置码的相互转换。

(3) 简单实用、精准高效。以地理经纬网格为原型,遵循国际民航组织公约推荐航图地理信息要求,划分不同层级的基本空域体并基于空域管理需求,在不同层级网格上建立相应的应用规范。

1. 划分方法选取

随着信息技术的发展,空中交通管理概念的发展正在推动引入新型的空域结构,以提供所需的安全性和灵活性,特别是适应机场终端区的高密度交通运行。同时需要建立新空域模型来满足空域与空中交通流量、交通管制的协同运行控制。据此我们在兼容国际民用航空公约附件 4《航图》[8]的相关要求,基于航空导航和监视性能,对空域进行划分并提出一种空域划分方法,它为管理空中交通复杂性、管制员工作负荷及实现需求与容量的平衡,及为大尺度空间空域管理、飞行冲突识别与消减、交通航迹一致性监视等提供了新型时空框架。据此,空域网格采用世界大地测量系统−1984(WGS-84)的参考基准,按照 1:100 万分幅情况进行首次全球分区划分,如图 2.3 所示。赤道和纬度 80 度之间使用兰勃特正形圆锥投影,每一列图为单独的投影带,每 4 度投影带的标准纬线应在北纬线以南 40 分和南纬线以北 40 分;在纬度 80 度和 90 度之间使用极球面投影,比例尺与兰勃特正形圆锥投影在 80 度的比例尺相匹配。但在北半球纬度 80 度和 84 度之间可使用兰勃特正形圆锥投影,而在纬度 84 度至 90 度之间使用极球面投影,比例尺与北纬 84 度相匹配。每幅图的纬差 4 度,纬度 60 度以下经度差 6 度;纬度 60 度至 76 度之间经度差 12 度;纬度 76 度至 84 度之间经度差 24 度;纬度 84 度至 88 度之间经度差 36 度;纬度 88 度以上不再分幅。

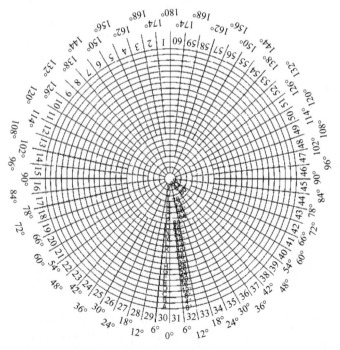

图 2.3　全球 1:100 万航空图分幅

设定分幅区域内的位置点经纬度 (L,B)，其中 $L \in [-180°,+180°]$，$B \in [-90°,+90°]$，其在全球 1∶100 万航空图上的对应分幅编号 (a,b)：

$$a = \left\lceil \frac{|B|}{4°} \right\rceil + 1, \text{对应字母序 } A, B, C, \cdots, W \tag{2.1}$$

$$b = \left\lceil \frac{L+180°}{6°} \right\rceil + 1, \text{取值范围从 01 至 60} \tag{2.2}$$

其中，⌈·⌉为取整函数。在 1∶100 万航空图分幅基础，建立 1∶50 万、1∶25 万和 1∶10 万的航空图分幅，如图 2.4 所示。

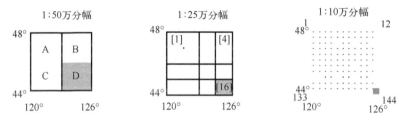

图 2.4　小比例尺航空图分幅

兼容航图分幅的基础上，我们提出一种适用于空域管理的网格坐标系统，如图 2.5 所示。它采用球面分区递归划分+高度垂直划分组合应用的模式，建立起立体空间的数字空域网格模型。在一级球面划分(全球 1∶100 万航图分幅)基础上，对划分出的分区进行球面均等划分模式，如此递归直到满足所需的位置表达尺度为止。考虑到球面南北两极分区存在空间压缩的情况，我们可在一级球面划分时进行针对性的合幅处理，从而建立一种纬度差固定、经差变化的变经纬度网格。这种划分模式具有经纬网格优势，便于网格单元编码与经纬度的转换，符合人们对坐标的表达习惯。这样采用经纬度划分实现全球无缝无重叠划分，同时纬向的球面高斯距离也是固定的，通过在不同纬度区域改变经向划分的次数，实现划分单元经向间隔近似相等，从而有效改善网格单元的形变问题。

定义 2.2　全局网格位置编码。我们将标识地球的球面网格空间位置的一串字符码 P_code 为网格位置编码，如图 2.6 所示，该编码字符串用于整体表达网格区域在地球表面空间方位。

定义 2.3　空域空间几何结构管理网格相对位置编码。我们用一串字符码 M_code 描述子网格在全局第一级划分网格内的位置，称为空域空间几何结构管理网格相对位置编码，如图 2.7 所示。

该编码字符串，通常简称为空域管理局部网格位置编码，其整体表达子网格区域在选取的1∶100万航图的图幅内的地理空间方位。相对位置编码网格在全局位置编码网格系统中的描述,可由全局划分第一级网格位置编码"a-bc-d"+网格相对位置编码"M_code"构成,即 (M_code)$_{a-bc-d}$。

图 2.5　网格系统划分层级划分

定义 2.4　空域活动对象空间位置控制网格相对位置编码。我们用一串字符码 C_code 描述子网格在全局第四级划分网格内的位置,称为空域活动对象空间位置控制网格相对位置编码,如图 2.8 所示。

该编码字符串,通常简称为空域控制局部网格位置编码,其整体表达子网格区域在选取的1∶5万航图的图幅内的地理空间方位。相对位置编码网格在全局位置编码网格系统中的描述，可由全局划分第一级网格位置编码"*a-bc-d-e-fg-h*"+网格相对位置编码"C_code"构成，即 (C_code)$_{a-bc-d-e-fg-h}$。

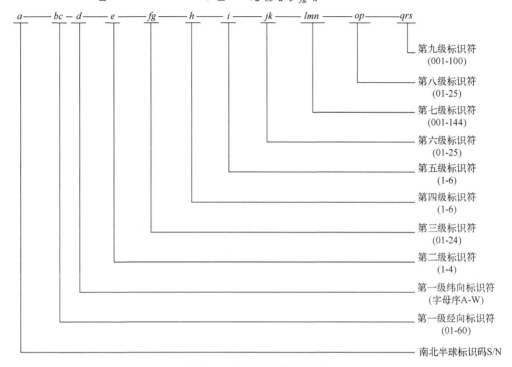

图 2.6 网格位置编码定义

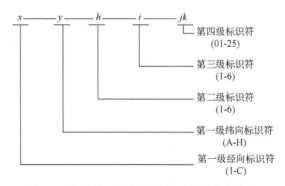

图 2.7 空域管理局部网格相对位置编码定义

定义 2.5 网格赋值函数。针对一个区域的划分网格，定义一个函数 $f(x)$ 或 $f(x,t)$，该函数以地理空间为自变量，其中 x 为网格位置编码，t 为时间变量；函数值为网格地理空间关联数值，从而为每个网格赋予一个参数值。网格赋值参数主要根据空中交通管理或战场空域管制的需求，确定具体内容，如我们可赋予函数 $f(x)$

或 $f(x,t)$ 为网格内航空器数量、飞行冲突次数、气象雷达回波强度、航空通信导航监视等设施性能参数等。

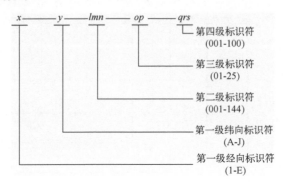

图 2.8 空域控制局部网格相对位置编码定义

定义 2.6 网格坐标原点。 将网格左下角的位置"点"定义为该网格的坐标原点,该点经纬度 (L,B) 值与标识该网格的位置编码,可建立算法进行相互转换,如图 2.9 所示。

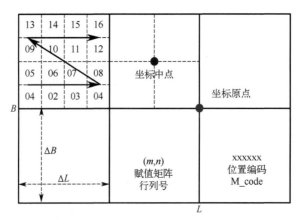

图 2.9 网格相关元素定义

定义 2.7 网格坐标中点。 将网格中心的位置"点"定义为该网格的坐标中点。网格坐标中点的经纬值 (L_m, B_m) 与坐标原点经纬度值 (L_o, B_o) 之间,可建立如下的关系式,其中 $(\Delta L, \Delta B)$ 为网格的经度与纬度划分间隔,具体如图 2.9 所示。

$$L_m = L_o + \Delta L / 2, \quad B_m = B_o + \Delta B / 2 \tag{2.3}$$

定义 2.8 反"Z"序网格编码。 对网格等经纬度划分后形成多个子网格,为定位子网格的球面位置,采用反向"Z"序,即从网格坐标原点开始,先按照经度增大、再纬度增大的方向,依次对子网格进行数值编码,具体示意如图 2.9 所示。这种编码序与航图分幅编码不一致,但是便于进行网格坐标原点的经纬度值解码。

定义 2.9 网格赋值矩阵。网格递归划分后形成 M 行和 N 列的均匀分布的子网格系统,给每个子网格赋予一个参数值 g_{mn} 或 $g_{mn}(t)$,其中 $m=1,2,\cdots,M$;$n=1,2,\cdots,N$;t 为时间变量,则针对该子网格系统的整体网格赋值建立一个矩阵 $G_{M\times N}$,该矩阵称为网格赋值矩阵。在网格赋值矩阵中,根据应用需要,以某网格坐标原点为基准,建立该网格赋值矩阵的子矩阵。网格赋值矩阵具体元素的行 m 与列 n,同其对应位置网格的编码存在一定的映射关系,可建立算法进行相互转换。

$$G_{M\times N} = \begin{bmatrix} g_{11} & \cdots & g_{1N} \\ \vdots & \ddots & \vdots \\ g_{M1} & \cdots & g_{MN} \end{bmatrix}_{M\times N}, \quad G_{M\times N}(t) = \begin{bmatrix} g_{11}(t) & \cdots & g_{1N}(t) \\ \vdots & \ddots & \vdots \\ g_{M1}(t) & \cdots & g_{MN}(t) \end{bmatrix}_{M\times N} \quad (2.4)$$

$$\text{P\_code} \quad \overset{\text{通过算法相互转换}}{\Leftrightarrow} \quad (m,n) \quad (2.5)$$

$$\text{M\_code} \quad \overset{\text{通过算法相互转换}}{\Leftrightarrow} \quad (m,n) \quad (2.6)$$

$$\text{C\_code} \quad \overset{\text{通过算法相互转换}}{\Leftrightarrow} \quad (m,n) \quad (2.7)$$

$$f(\text{P\_code}) = g_{mn}, \quad f(\text{P\_code},t) = g_{mn}(t) \quad (2.8)$$

定义 2.10 网格高度编码。由"字母+数字"组成的一串代码,称为网格高度编码,用于标识该网格所处的指定基准面以上高度位置。

定义 2.11 网格编码。我们将全局网格位置编码、空域管理相对位置编码、空域控制相对位置编码及高度编码,位置与高度组合编码,统称为网格编码。

2. 球面划分建模

空域管理涉及空间是三维的,我们将空域按空间投影成二维球面,投影坐标系采用我国大地 2000 坐标系(Z 轴指向 BIH1984.0 定义的协议极地方向,X 轴指向 BIH1984.0 定义的零子午面与协议赤道的交点,Y 轴按右手坐标系确定),基本参数长半轴 $a=6378137\text{m}$;扁率 $f=1/298.257222101$;短半轴 $b=6356752.31414\text{m}$,其与 WS-84 坐标系基本保持一致,相互可在误差满足空域管理要求下进行通用。我们把纬向划分排列成行(Row),经向划分排列成列(Col)。根据上述划分方法及原则,经过第 $r(1\leq r\leq 9)$ 级划分之后,在不合幅情况下产生的纬向与经向域,如表 2.1 所示。

表 2.1 空域全局网格球面划分间隔

划分层级	球面划分间隔(度、分、秒)与递归模式		纬向与经向域
第一级	$(\Delta L=6°, \Delta B=4°)$	直接划分	46(南北纬各 23 行)×60(经向)
第二级	$(\Delta L=3°, \Delta B=2°)$	2×2 模式	90(南北纬各 45 行)×120(经向)
第三级	$(\Delta L=30', \Delta B=30')$	6×4 模式	360(南北纬各 180 行)×720(经向)
第四级	$(\Delta L=15', \Delta B=10')$	2×3 模式	1,080(南北纬各 540 行)×1,440(经向)
第五级	$(\Delta L=5', \Delta B=5')$	3×2 模式	2,160(南北纬各 1,080 行)×4,320(经向)
第六级	$(\Delta L=1', \Delta B=1')$	5×5 模式	10,800(南北纬各 5,400 行)×21,600(经向)
第七级	$(\Delta L=5'', \Delta B=5'')$	12×12 模式	129,600(南北纬各 64,800 行)×259,200(经向)
第八级	$(\Delta L=1'', \Delta B=1'')$	5×5 模式	648,000(南北纬各 324,000 行)×1,296,000(经向)
第九级	$(\Delta L=0.1'', \Delta B=0.1'')$	10×10 模式	6,480,000(南北纬各 3,240,000 行)×12,960,000(经向)

网格划分中假定的任意点不包含地球北极的极点,即任意点经度取值范围 $[-180°,+180°]$;纬度取值范围 $[-90°,+90°]$。具体地球球面网格递归划分框架,如图 2.10 所示。依据表 2.1 的纬向和经向域的划分数量,不考虑合幅情况下建立网格赋值矩阵,其中北半球网格赋值矩阵为 G_N^r,其行列号 (m_N^r, n_N^r);南半球网格赋值矩阵 G_S^r,其行列号 (m_S^r, n_S^r);r 为划分层级;全球范围网格赋值矩阵为:

$$G^r = \begin{pmatrix} G_N^r \\ G_S^r \end{pmatrix}, \text{全局网格赋值矩阵的行与列号} (m^r, n^r) \quad (2.9)$$

依据 1:100 万航图合幅原则对表 2.1 中的球面划分间隔进行处理,可得新划分间隔 $(\widehat{\Delta L}, \widehat{\Delta B})$ 为:

①在纬向 $[-76°,-60°)$ 或 $[+60°,+76°)$ 区间,$\widehat{\Delta L} = 2 \times \Delta L, \widehat{\Delta B} = \Delta B$。

②在纬向 $[-88°,-76°)$ 或 $[+76°,+88°)$ 区间,$\widehat{\Delta L} = 4 \times \Delta L, \widehat{\Delta B} = \Delta B$。

③在纬向 $[-90°,-88°)$ 或 $[+88°,+90°)$ 区间,第一级网格的划分间隔 $\widehat{\Delta L} = 360°$,$\widehat{\Delta B} = 2°$;其他各级网格的划分间隔 $\widehat{\Delta L} = 60 \times \Delta L, \widehat{\Delta B} = \Delta B$。

定义 2.12 全局合幅基准网格赋值矩阵。以合幅处理后的第一级网格为基准,每个第一级网格对应一个网格赋值矩阵,我们称之为全局合幅基准网格赋值矩阵 $G_{a,d \times bc}^r$,全局合幅基准网格赋值矩阵行与列号 $(m_{a,d \times bc}^r, n_{a,d \times bc}^r)$。其中 a 为地球的南北半球标识码 S/N;d 为第一级纬向标识符(字母序 A~W);bc 为第一级经向表示符(01~60);r 为网格划分层级(1~9)。

(1)第一级网格位置编码与不合幅情况下的赋值矩阵行列号计算。

第一级网格划分采用全球 1:100 万航图分幅方法,编码采用航图分幅编码,即南北半球标识码取值为 S(南半球)和 N(北半球),经向域用 01~60 从左至右依次编码,纬向域从赤道分别向南北两极按 $A, B, \cdots, W$ 编码即字母序 1~23。以下计算中 $\text{floor}(x)$ 为下取整函数;$\text{mod}(x, y)$ 取余函数。

第 2 章 空域网格单元建模

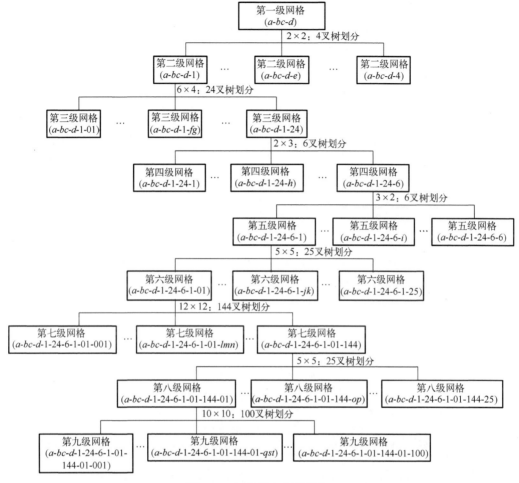

图 2.10 网格递归划分框架

① 已知任意点经纬 (L, B) 值，建立算法 A-2.1 计算其所在第一级网格位置编码 a-bc-d。

算法 A-2.1

Set $\Delta B^1 = 4°$
If $|B| < 60°$ or $B = -60°$ Then $\Delta L^1 = 6°$
  Else If $B = 60°$ or $60° < |B| < 76°$ or $B = -76°$ Then $\Delta L^1 = 12°$
    Else If $B = 76°$ or $76° < |B| < 88°$ or $B = -88°$ Then $\Delta L^1 = 24°$
      Else $\Delta L^1 = 360°$
End If

```
If  B < 0°  Then a = S
    Else    a = N
End If
bc = floor((L + 180°) / ΔL¹) + 1
d = floor(|B| / ΔB¹) + 1
```

②已知第一级网格位置编码 $a\text{-}bc\text{-}d$，建立算法 A-2.2 计算其坐标原点经纬 (L_0^1, B_0^1) 值。

算法 A-2.2

```
If a = S then B₀¹ = -d × ΔB¹
    Else    B₀¹ = (d - 1) × ΔB¹
End If
If B₀¹ < -90° Then  B₀¹ = -90°
End If
If |B| < 60° or B = -60°  Then  ΔL¹ = 6°
    Else If  B = 60° or 60° < |B| < 76° or B = -76° Then ΔL¹ = 12°
        Else If  B = 76° or 76° < |B| < 88° or B = -88° Then ΔL¹ = 24°
Else  ΔL¹ = 360°
End If
L₀¹ = (bc - 1) × ΔL¹ - 180°
```

③已知任意点经纬 (L, B) 值，算法 A-2.3 计算其所在第一级网格赋值矩阵 $G_{S/N}^1$ 的行列号 $(m_{S/N}^1, n_{S/N}^1)$。

算法 A-2.3

```
Set ΔB¹ = 4°,  ΔL¹ = 6°
If B < 0°   Then G = G_S¹,   m_s¹ = floor(|B| / ΔB¹) + 1
    Else G = G_N¹,   m_N¹ = 23 - floor(B / ΔB¹)
End If
n_{S/N}¹ = floor((L + 180°) / ΔL¹) + 1
```

④已知第一级网格赋值矩阵 $G_{S/N}^1$ 的行列号 $(m_{S/N}^1, n_{S/N}^1)$ 计算其坐标原点经纬 (L_0^1, B_0^1) 值，见算法 A-2.4。

算法 A-2.4

Set $\Delta B^1 = 4°$, $\Delta L^1 = 6°$
If $G = G_S^1$ Then $B_0^1 = -m_s^1 \times \Delta B^1$
   Else $B_0^1 = (23 - m_N^1) \times \Delta B^1$
End If
If $B_0^1 < -90°$ Then $B_0^1 = -90°$
$L_0^1 = (n_{s/N}^1 - 1) \times \Delta L^1 - 180°$

(2) 第 r 级网格位置编码与不合幅情况下的赋值矩阵行列号计算。

第二级到第九级网格采用递归划分方法，在上一级网格基础上进行均等划分子网格，位置编码从网格坐标原点开始，采用反"Z"序网格编码方法。

① 已知任意点经纬度 (L^r, B^r) 值，建立算法 A-2.5 计算其所在第 r 级划分网格的位置编码，该计算在第 $r-1$ 级划分网格位置编码基础上附加上第 r 级标识码 ID^r 得出。

算法 A-2.5

根据表 2.1 来设置 ΔL^r 和 ΔB^r
If $|B^r| < 60°$ or $B^r = -60°$ Then $\widehat{\Delta L^r} = \Delta L^r$
   Else If $B = 60°$ or $60° < |B| < 76°$ or $B = -76°$ Then $\widehat{\Delta L^r} = 2\Delta L^r$
   Else If $B = 76°$ or $76° < |B| < 88°$ or $B = -88°$ Then $\widehat{\Delta L^r} = 4\Delta L^r$
      Else $\widehat{\Delta L^r} = 60\Delta L^r$
End If
根据表 2.1 来设置 M^r 和 N^r　　　　// 第 r 级网格按照 $M^r \times N^r$ 模式递归
$x = \mathrm{floor}((L^r - L_0^{r-1}) / \widehat{\Delta L^r}) + 1$　　// L_0^{r-1} 为 $r-1$ 级位置编码确定的网格坐标原点经度
$y = \mathrm{floor}((B^r - B_0^{r-1}) / \widehat{\Delta B^r}) + 1$　　// B_0^{r-1} 为 $r-1$ 级位置编码确定的网格坐标原点纬度
$\mathrm{ID}^r = x + (y-1) \times M^r$

② 已知第 r 级网格位置编码，其第 r 级标识码用 ID^r 表示，计算该网格的坐标原点经纬 (L_0^r, B_0^r) 值。

算法 A-2.6

根据表 2.1 来设置 ΔL^r 和 ΔB^r
根据表 2.1 来设置 M^r 和 N^r　　　　// 第 r 级网格按照 $M^r \times N^r$ 模式递归
$B_0^r = B_0^{r-1} + \mathrm{floor}((\mathrm{ID}^r - 1) / M^r) \times \Delta B^r$　　// B_0^{r-1} 为第 $r-1$ 级位置编码确定的网格坐标原点纬度

If $\left|B_0^r\right| < 60°$ or $B_0^r = -60°$ Then $\widehat{\Delta L^r} = \Delta L^r$

 Else If $B_0^r = 60°$ or $60° < \left|B_0^r\right| < 76°$ or $B_0^r = -76°$ Then $\widehat{\Delta L^r} = 2\Delta L^r$

  Else If $B = 76°$ or $76° < \left|B_0^r\right| < 88°$ or $B_0^r = -88°$ Then $\widehat{\Delta L^r} = 4\Delta L^r$

   Else $\widehat{\Delta L^r} = 60\Delta L^r$

End If

$L_0^r = L_0^{r-1} + \mathrm{mod}((ID^r - 1), M^r) \times \Delta L^r$ // L_0^{r-1} 为第 $r-1$ 级位置编码确定的网格坐标原点
                // 经度

③已知任意点经纬 (L, B) 值，计算其所在第 r 级网格赋值矩阵 $G_{S/N}^r$ 的行列号 $(m_{S/N}^r, n_{S/N}^r)$。

算法 A-2.7

根据表 2.1 来设置 ΔL^r 和 ΔB^r

If $B < 0°$ Then $G = G_S^1$，$m_S^r = \mathrm{floor}(|B| / \Delta B^r) + 1$

 Else $G = G_N^1$，$m_N^r = \mathrm{floor}(90° / \Delta B^r) - \mathrm{floor}(B / \Delta B^r)$

End If

If $m_{S/N}^r > \mathrm{floor}(90° / \Delta B^r)$ Then $m_{S/N}^r = \mathrm{floor}(90° / \Delta B^r)$

End If

$n_{S/N}^r = \mathrm{floor}((L + 180°) / \Delta L^r) + 1$

④已知第 r 级网格赋值矩阵 $G_{S/N}^r$ 的行列号 $(m_{S/N}^r, n_{S/N}^r)$，计算其坐标原点经纬 (L_0^r, B_0^r) 值。

算法 A-2.8

根据表 2.1 来设置 ΔL^r 和 ΔB^r

If $G = G_S^1$ Then $B_0^r = -m_S^r \times \Delta B^r$

 Else $B_0^r = (\mathrm{floor}(90° / \Delta B^r) - m_N^r) \times \Delta B^r$

End If

$L_0^r = (n_{S/N}^r - 1) \times \Delta L^r - 180°$

算例 2.1 球面给定位置点的地理经纬值 ($L = 116°20'12.7'', B = 31°13'16.8''$)，其所在各划分层级网格的位置编码及对应层级上的网格赋值矩阵行列号，如表 2.2 所示。

表 2.2 空域全局网格编码算例

划分层级	所在全局网格的位置编码	对应赋值矩阵行列号	对应网格坐标原点经纬值
1	N-50-H	(16, 50)	(114°, 28°)
2	N-50-H-3	(30, 99)	(114°, 30°)
3	N-50-H-3-17	(118, 593)	(116°, 31°)
4	N-50-H-3-17-4	(353, 1186)	(116°15′, 31°10′)
5	N-50-H-3-17-4-2	(706, 3557)	(116°20′, 31°10′)
6	N-50-H-3-17-4-2-16	(3527, 17781)	(116°20′, 31°13′)
7	N-50-H-3-17-4-2-16-039	(42321, 213363)	(116°20′10″, 31°13′15″)
8	N-50-H-3-17-4-2-16-039-08	(211604, 1066813)	(116°20′12″, 31°13′16″)
9	N-50-H-3-17-4-2-16-039-08-078	(2116033, 10668127)	(116°20′12.7″, 31°13′16.7″)

3. 局部划分模型

1) 空域管理局部网格编码模型

上述划分方法是建立在全球尺度空间内的，但实际研究空域管理问题时，需要建立局部坐标系进行空间划分。据此我们根据工作应用便利，基于 1∶100 万航图开展局部划分建模，简化全球网格划分情况下的编码字符长和赋值矩阵行列多的复杂性，依照 1∶100 万航图分幅，在纬度 [−88°, +88°) 区间内基于单张 1∶100 万航图进行均等网格划分，建立局部网格坐标系，如图 2.11 所示。

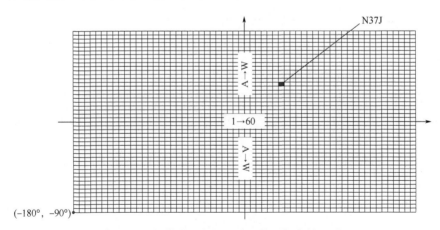

图 2.11 全球地理空间下选取的局部坐标区域

该局部坐标系的坐标原点为指定 1∶100 万航图所对应的第一级网格坐标原点，如我们可对位置编码"N-37-J"的第一级网格，建立如图 2.12 所示的局部坐标系。该局部坐标系在纬向 [−60°, +60°) 的地理范围内为 6°×4°，其他纬度范围内按照 1∶100 万航图合幅进行处理。据此我们得出在局部坐标系下的网格递归划分与编码方法，同球面全局网格划分类似，但通常只进行到第四级划分，具体如下：

（1）局部坐标系第一级网格划分，按全局球面划分第三级间隔 $(\widehat{\Delta L}, \widehat{\Delta B})$ 进行，如纬向 [−60°,+60°] 区间内 $(\widehat{\Delta L}=30', \widehat{\Delta B}=30')$，编码方法为"行号+列号"，其中"列号"从 1 到 C（对应 1 到 12）、"行号"从 A 到 H 编码（对应 1 到 8）。

（2）局部坐标系第二级网格划分，按全局球面划分第四级间隔 $(\widehat{\Delta L}, \widehat{\Delta B})$ 进行，如纬向 [−60°,+60°] 区间内 $(\widehat{\Delta L}=15', \widehat{\Delta B}=10')$ 进行，编码规则同全局球面划分第四级。

（3）局部坐标系第三级网格划分，按全局球面划分第五级间隔 $(\widehat{\Delta L}, \widehat{\Delta B})$ 进行，如纬向 [−60°,+60°] 区间内 $(\widehat{\Delta L}=5', \widehat{\Delta B}=5')$ 进行，编码规则同全局球面划分第五级。

（4）局部坐标系第四级网格划分，按全局球面划分第六级间隔 $(\widehat{\Delta L}, \widehat{\Delta B})$ 进行，如纬向 [−60°,+60°] 区间内 $(\widehat{\Delta L}=1', \widehat{\Delta B}=1')$ 进行，编码规则同全局球面划分第六级。

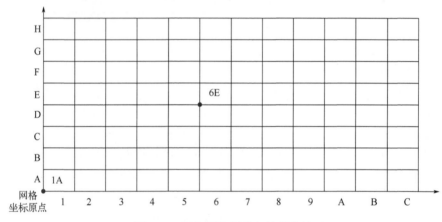

图 2.12　局部网格划分与编码方法

定义 2.13　空域管理局部网格赋值矩阵。以全局第一层级网格为基准建立空域管理局部网格，并设定一个网格赋值矩阵，我们称之为空域管理局部网格赋值矩阵 $G_{a\text{-}bc\text{-}d}^{r}$，网格赋值矩阵行与列号 $(m_{a\text{-}bc\text{-}d}^{r}, n_{a\text{-}bc\text{-}d}^{r})$。其中 $a\text{-}bc\text{-}d$ 为全局第一层级网格位置编码；r 为网格划分层级（1-4）。

根据全局合幅基准网格赋值矩阵和空域管理局部网格赋值矩阵的定义，则存在如下关系：

$$G_{a\text{-}bc\text{-}d}^{1} \equiv G_{a,d\times bc}^{3},\quad G_{a\text{-}bc\text{-}d}^{2} \equiv G_{a,d\times bc}^{4},\quad G_{a\text{-}bc\text{-}d}^{3} \equiv G_{a,d\times bc}^{5},\quad G_{a\text{-}bc\text{-}d}^{4} \equiv G_{a,d\times bc}^{6}$$

2）空域控制局部网格编码模型

为了分割空中运动对象空间位置、控制空域使用边界、管理运动对象可达位置，我们在纬度 [−88°,+88°] 区间内，基于 1∶5 万航图开展局部划分建模，基于单张 1∶5 万航图进行均等网格划分，建立局部网格坐标系。该局部坐标系坐标原点为指定

1∶5万航图所对应的第四级网格坐标原点,如我们可对位置编码"N-07-J-3-09-5"的第四级网格建立局部坐标系,该局部坐标系在纬向[−60°,+60°)的地理范围内为15′×10′,其他纬度范围内按照1∶100万航图合幅进行处理。在局部坐标系下的网格递归划分与编码方法,同球面全局网格其他层级划分类似,具体情况如下:

(1) 局部坐标系第一级网格划分,按全局球面划分第六级间隔$(\widehat{\Delta L}, \widehat{\Delta B})$进行,如纬向[−60°,+60°)区间内$(\Delta L = 1', \Delta B = 1')$进行,编码方法为"行号+列号",其中"列号"从1到E(对应1到15);"行号"从A到J编码(对应1到10)。

(2) 局部坐标系第二级网格划分,按全局球面划分第七级间隔$(\widehat{\Delta L}, \widehat{\Delta B})$进行,如纬向[−60°,+60°)区间内$(\Delta L = 5'', \Delta B = 5'')$进行,编码规则同全局球面划分第七级。

(3) 局部坐标系第三级网格划分,按全局球面划分第八级间隔$(\widehat{\Delta L}, \widehat{\Delta B})$进行,如纬向[−60°,+60°)区间内$(\Delta L = 1'', \Delta B = 1'')$进行,编码规则同全局球面划分第八级。

(4) 局部坐标系第四级网格划分,按全局球面划分第九级间隔$(\widehat{\Delta L}, \widehat{\Delta B})$进行,如纬向[−60°,+60°)区间内$(\Delta L = 0.1'', \Delta B = 0.1'')$进行,编码规则同全局球面划分第九级。

定义 2.14 空域控制局部网格赋值矩阵。以全局第四层级网格为基准建立空域控制局部网格,并设定一个网格赋值矩阵,我们称之为空域控制局部网格赋值矩阵$G_{a\text{-}bc\text{-}d\text{-}e\text{-}fg\text{-}h}^{r}$,网格赋值矩阵行与列号为$(m_{a\text{-}bc\text{-}d\text{-}e\text{-}fg\text{-}h}^{r}, n_{a\text{-}bc\text{-}d\text{-}e\text{-}fg\text{-}h}^{r})$。其中$a\text{-}bc\text{-}d\text{-}e\text{-}fg\text{-}h$为全局第四层级的网格位置编码;$r$为网格划分层级(1-4)。

根据全局合幅基准网格赋值矩阵和空域控制局部网格赋值矩阵的定义,则存在如下关系:

$$G_{a\text{-}bc\text{-}d\text{-}e\text{-}fg\text{-}h}^{1} \subset G_{a,d \times bc}^{6}, \quad G_{a\text{-}bc\text{-}d\text{-}e\text{-}fg\text{-}h}^{2} \subset G_{a,d \times bc}^{7}$$

$$G_{a\text{-}bc\text{-}d\text{-}e\text{-}fg\text{-}h}^{3} \subset G_{a,d \times bc}^{8}, \quad G_{a\text{-}bc\text{-}d\text{-}e\text{-}fg\text{-}h}^{4} \subset G_{a,d \times bc}^{9}$$

4. 划分形变分析

全局第一级网格划分以1∶100万航图分幅及合幅为基础情况下,从赤道向地球南北两极均等划分纬向域时,对应经向域的宽度存在压缩情况,具体如图2.13所示。

根据大地2000坐标系,地球椭球的第一偏心率为$e_1^2 = (a^2 - b^2)/a^2$,其中a为地球长轴、b为地球短轴[9],对球面上纬度值为B的任意点,子午圈曲率半径M:

$$M = \frac{a(1-e_1^2)}{(1-e_1^2 \sin^2 B)^{3/2}} \tag{2.10}$$

卯酉圈曲率半径N:

$$N = \frac{a}{(1-e_1^2 \sin^2 B)^{1/2}} \tag{2.11}$$

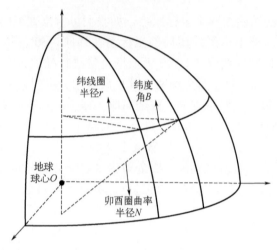

图 2.13 球面划分形变分析

所在纬线圈半径 r 和周长 C 为：

$$r = N\cos B, \quad C = 2\pi N\cos B \tag{2.12}$$

全局第一级网格经度 ΔL 对应的球面长度 $\widetilde{\Delta L}$ 为：

$$\widetilde{\Delta L} = \begin{cases} 2\pi N\cos B / 60, & B \in [-60°, +60°] \\ 2\pi N\cos B / 30, & B \in [-76°, -60°) \text{或} [+60°, +76°] \\ 2\pi N\cos B / 15, & B \in [-88°, -76°) \text{或} [+76°, +88°] \end{cases} \tag{2.13}$$

全局第一级网格纬度 $\Delta B = 4°$ 对应的球面长度 $\widetilde{\Delta B}$ 为：

$$\widetilde{\Delta B} = \int_{B_1}^{B_2} M \mathrm{d}B \tag{2.14}$$

全局第一级网格中，对纬度进行微分对应的纬向微分距离 $\mathrm{d}\widetilde{\Delta B}$，其对应球面面积 $\mathrm{d}\tilde{S}$ 为：

$$\mathrm{d}\tilde{S} = \widetilde{\Delta L} \times \mathrm{d}\widetilde{\Delta B} = \widetilde{\Delta L} \times M \times \mathrm{d}B \tag{2.15}$$

全局第一级网格 $\Delta L \times \Delta B$ 对应的球面面积 $\tilde{S}$ 为：

$$\tilde{S} = \int_{B_1}^{B_2} \mathrm{d}\tilde{S} = \begin{cases} \int_{B_1}^{B_2} [2\pi N\cos B / 60] \times M \times \mathrm{d}B, & B \in [-60°, +60°] \\ \int_{B_1}^{B_2} [2\pi N\cos B / 30] \times M \times \mathrm{d}B, & B \in [-76°, -60°) \text{或} [+60°, +76°] \\ \int_{B_1}^{B_2} [2\pi N\cos B / 15] \times M \times \mathrm{d}B, & B \in [-88°, -76°) \text{或} [+76°, +88°] \end{cases} \tag{2.16}$$

式(2.16)中的 B_1、B_2 为第一级网格上下边线的纬度值，其中 B_1 起始值为 $-88°$，且 $B_2 - B_1 = 4°$。

此外随着高度增加,第一级网格对应经向域与纬向域宽度还存在拉伸情况,如图 2.14 所示。

在不同高度上 h 的球面划分,等效于地球对应椭球面长半径由 a 增大为 $a+h$,椭球面短半径由 b 增大为 $b+h$,第一偏心率由 e_1^2 增大为 $e_h^2 = [(a+h)^2 - (b+h)^2]/(a+h)^2$,对应的子午圈曲率半径由 M 增大为 $M_h = [(a+h)(1-e_h^2)]/(1-e_h^2\sin^2 B)^{\frac{3}{2}}$,对应的卯酉圈曲率半径由 N 增大为 $N_h = (a+h)/(1-e_h^2\sin^2 B)^{\frac{1}{2}}$,由此得出高度维上的形变分析结果为:

全局第一级网格经度 ΔL 对应在高度 h 上的球面长度 $\widetilde{\Delta L}$ 为:

$$\widetilde{\Delta L} = \begin{cases} 2\pi N\cos B/60, & B \in [-60°, +60°) \\ 2\pi N\cos B/30, & B \in [-76°, -60°)\text{或}[+60°, +76°) \\ 2\pi N\cos B/15, & B \in [-88°, -76°)\text{或}[+76°, +88°) \end{cases} \quad (2.17)$$

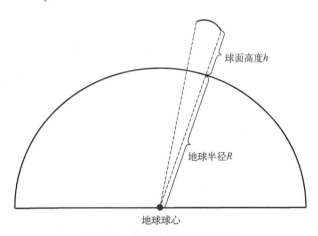

图 2.14 高度上网格拉伸分析

全局第一级网格纬度 $\Delta B = 4°$ 对应在高度 h 上的球面长度 $\widetilde{\Delta B}$ 为:

$$\widetilde{\Delta B} = \int_{B_1}^{B_2} M_h \mathrm{d}B \quad (2.18)$$

全局第一级网格 $\Delta L \times \Delta B$ 对应在高度 h 上的球面面积 $\tilde{S}$ 为:

$$\tilde{S} = \int_{B_1}^{B_2} \mathrm{d}\tilde{S} = \begin{cases} \int_{B_1}^{B_2} [2\pi N\cos B/60] \times M \times \mathrm{d}B, & B \in [-60°, +60°) \\ \int_{B_1}^{B_2} [2\pi N\cos B/30] \times M \times \mathrm{d}B, & B \in [-76°, -60°)\text{或}[+60°, +76°) \\ \int_{B_1}^{B_2} [2\pi N\cos B/15] \times M \times \mathrm{d}B, & B \in [-88°, -76°)\text{或}[+76°, +88°) \end{cases} \quad (2.19)$$

算例 2.2 根据上述形变分析方法,我们对北半球全局第一级网格计算分析从赤道到北极的网格径向域、纬向域和球面面积的形变情况,如表 2.3 所示。

表 2.3 第一级网格球面参数

位置编码	径向域宽度×纬向域宽度/ km		网格球面面积/ km^2
N01A	667.9026	445.2547	297146.9457
N01B	666.2868	445.2994	295738.7566
N01C	661.4467	445.3878	292927.5367
N01D	653.4046	445.5183	288723.6486
N01E	642.1972	445..6884	283142.7497
N01F	627.8761	445.8949	276205.9197
N01G	610.5073	446..1338	267939.8167
N01H	590.1711	446.4006	258376.8514
N01I	566.9620	446.6901	247555.3656
N01J	540.9885	446.9968	235519.8006
N01K	512.3726	447.3148	222320.8399
N01L	481.2492	447.6379	208015.5090
N01M	447.7664	447.9598	192267.2191
N01N	412.0840	448.2742	176345.7378
N01O	374.3735	448.5750	159127.0748
N01P	669.6342	448.8562	282186.5463
N01Q	587.2142	449.1124	244664.19741
N01R	501.8893	449.3384	205873.2462
N01S	414.0782	449.5298	166009.4069
N01T	648.4266	449.6828	250553.4444
N01U	465.4774	449.7942	167772.2805
N01V	280.2153	449.8620	84107.8687

算例 2.3 以全局第一级网格(如位置编码 N01A)计算分析从地球球面到离地 100km 的网格径向域、纬向域和球面面积的形变情况,如表 2.4 所示。

表 2.4 第一级网格高度参数

离地高度/ km	径向域宽度×纬向域宽度/ km		网格球面面积/ km^2
0	667.9026	445.2547	297146.9457
1	668.0073	445.3246	297240.1351
3	668.2168	445.4642	297426.5577
6	668.5309	445.6736	297706.3012
9	668.8451	445.8831	297986.1762

续表

离地高度/ km	径向域宽度×纬向域宽度/ km		网格球面面积/ km²
10	668.9498	445.9529	298079.4971
20	669.9970	446.6511	299013.5095
30	671.0442	447.3492	299948.9829
50	673.1386	448.7456	301824.3126
60	674.1558	449.4437	302764.1690
80	676.2802	450.8401	304648.2645
100	678.3746	452.236	306538.2040

2.2.3 高度划分模型

空域管理高度使用基准，如图 2.15 所示。飞机到某一基准面的垂直距离，称为飞行高度(Flight Altitude)，常用米(m)或英尺(ft)作计量单位。飞行高度作为飞行调配、空域使用安排的重要参考依据，正确安排各类飞行的高度可有效解决飞行冲突，防止航空器空中相撞。实际中，根据不同区域的飞行需要，常选择不同的基准面作为测量高度的基准。根据基准面的不同，飞行高度可以分成两大类，即几何高度和气压高度。

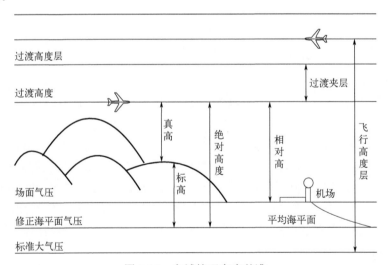

图 2.15 空域管理高度基准

空中交通巡航飞行高度基准采用等压面[10]，大气压力有两种：静压和全压。静压为流体流过物体时，垂直于流体流动表面的流体压力，对飞机来说就是飞机飞行面上的大气压力。全压是静压和冲压的总和，冲压是飞机向前飞行时的速度产生的。虽然静压每天都在变化，但是在任何时候或地点静压随着高度的减小一般都是连续的。因而静压测量可以作为压力高度的指示量。大气压强与高度的变化关系，受很多因素影响如大气温度、纬度、季节等都会导致变化关系发生变化。

国际上统一采用了一种假想大气"国际标准大气"，国际标准大气满足理想气体方式，以平均海平面作为零高度，国际标准大气常数有：平均海平面标准大气压：$P_n = 101.325 \times 10^3 \text{Pa}$；平均海平面标准大气温度：$T_n = 288.15\text{K}$；平均海平面标准大气密度：$\rho_n = 1.225 \text{kg/m}^3$；空气专用气体常数：$R = 287.05287 \text{J/(K·kg)}$；自由落体加速度：$g_n = 9.80665 \text{m/s}^2$；大气温度垂直梯度 β，如表 2.5 所示，高度越高温度越低，不同高度对应不同的温度梯度。

表 2.5 大气温度、温度梯度与高度的分层

标准气压高度 H/km	温度 T/K	温度梯度 β/(K/km)
−2.00	301.15	−6.50
0.00	288.15	−6.50
11.00	216.65	0.00
20.00	216.65	+1.00
32.00	228.65	+2.80
47.00	270.65	0.00
51.00	270.65	−2.80
71.00	214.65	−2.00

每一层温度均取为标准气压高度的线性函数即：

$$T_H = T_b + \beta(H - H_b) \tag{2.20}$$

式中，H_b 和 T_b 分别是相应层的标准气压高度和大气温度下限值，β 为温度垂直变化率，其基本定义为 $\beta = dT/dH$。在标准气压高度基础上，加上不同基准面之间的高度差，就可得到满足不同需要的飞行高度，但在实际应用中对于 20000m 以上的大高度及进近着陆时的小高度，由于测量原理的限制，气压高度表的测量精度达不到要求，因此一般这两种应用场合不用气压高度表进行测高。在 0～20000m 之间有两个分层，即对流层和同温层。对流层的下界海拔高度为 0m，同温层的下界海拔高度为 11000m，根据经验统计，在测得气压 P_s，可得对流层和同温层的标准气压高度近似式：

当 $0 \leq H \leq 11000$ 时：

$$H = 44330.8\left[1 - \left(\frac{P_S}{101325}\right)^{0.19026}\right] \tag{2.21}$$

当 $11000 \leq H \leq 20000$ 时：

$$H = 11000 + 6341.61\ln(22632.0/P_s) \tag{2.22}$$

由于标准大气模型中的温度参数,在实际中存在较大差异,这样我们需要根据不同高度的温度值进行误差校正,可以用近似计算实际较为准确的高度 H'。下式中 H 和 T_H 分别为气压高度表的指示数和大气环境温度。这两个值可以较为容易地获得,从而方便地进行误差修正:

$$H' \approx H \cdot \frac{T_H + \beta H}{T_0} \tag{2.23}$$

综合考虑了空中交通飞行的高度测量基准及垂直飞行间隔设定后,我们研究认为在空域网格模型构建中,高度将独立于球面进行划分。其主要考虑原因:一是从空中交通的巡航阶段看,其垂直飞行高度基于飞行高度层进行安排,并在这个高度上进行长距离的飞行,从而使得空域网格在垂直方向上与平面方向上难以建立统一的划分基准。二是空中交通飞行的巡航高度基准使用标准大气压基准(在标准大气条件下海平面的气压值为 101325 帕或 760 毫米汞柱或 29.92 英寸汞柱)的高度;机场周边低空飞行一般采用修正海平面气压基准(将观测到的场面气压按标准大气压条件修正到平均海平面的气压)的高度;军事飞行有时在机场周边低空飞行采用场面气压基准,即航空器着陆区域最高点的气压。随着卫星导航技术的发展,高度定位的精确度和完好性越来越好,其测量高度基准是海平面。这样多种气压高度基准的存在,难以在空域网格模型的垂直方向上进行统一。三是实际空域管理使用中,主要通过设置空域高度上下限,来建立空域的垂直方向界面划分和使用控制,并且这种划分具有大空间尺度的一致性应用要求,从而不需要进行精细高度等分划分。

1)对空域高度基准面进行编码,如表 2.6 所示。

表 2.6 高度基准面编码

序号	高度类型	编码
1	真高	T
2	场面气压高度	C
3	修正海平面气压高度	X
4	标准大气压高度	B

2)建立网格高度编码,其编码结构如图 2.16 所示。如真高 100m,可编码为"T-100"。

图 2.16 网格高度编码结构

2.3 编码转换关系

我们可采用地理经纬度、网格编码、网格赋值矩阵行列号及局部参考坐标系下的编码等方式描述空域空间位置。不同描述方式具有同一地理方位指向性，本节重点介绍它们之间的转换关系。

2.3.1 全局与局部转换

1. 全局网格与空域管理局部网格的位置编码之间相互转换

（1）已知指定网格全局第 r 级划分的位置编码 $a\text{-}bc\text{-}d\text{-}\cdots\text{-}\text{ID}^r$，建立算法 A-2.9 计算其在第一级网格下的局部网格相对位置编码 $(x\text{-}y\text{-}\hat{h}\text{-}\hat{i}\text{-}\widehat{jk})_{a\text{-}bc\text{-}d}$

算法 A-2.9

$x = \mod(e-1, 2) \times 6 + \mod(fg-1, 6) + 1$，$y = \text{floor}[(e-1)/2] \times 4 + \text{floor}[(fg-1)/6] + 1$

$\hat{h} = h$，$\hat{i} = i$，$\widehat{jk} = jk$

（2）已知指定网格在局部坐标系相对位置编码 $(x\text{-}y\text{-}\hat{h}\text{-}\hat{i}\text{-}\widehat{jk})_{a\text{-}bc\text{-}d}$，建立算法 A-2.10 计算其在全局坐标系下的网格位置编码 $a\text{-}bc\text{-}d\text{-}e\text{-}fg\text{-}h\text{-}i\text{-}jk$

算法 A-2.10

$e = \text{floor}[(y-1)/4] \times 2 + \text{floor}[(x-1)/6] + 1$，$fg = \mod(y-1, 4) \times 6 + \mod(x-1, 6) + 1$

$h = \hat{h}$，$i = \hat{i}$，$jk = \widehat{jk}$

2. 全局网格与空域控制局部网格的位置编码之间相互转换

（1）已知指定网格全局第 r 级划分的位置编码 $a\text{-}bc\text{-}d\text{-}\cdots\text{-}\text{ID}^r$，建立算法 A-2.11 计算其在第四级网格下的局部网格相对位置编码 $(x\text{-}y\text{-}\widehat{lmn}\text{-}\widehat{op}\text{-}\widehat{qrs})_{a\text{-}bc\text{-}d\text{-}e\text{-}fg\text{-}h}$

算法 A-2.11

$x = \mod(i-1, 3) \times 5 + \mod(jk-1, 5) + 1$，$y = \text{floor}[(i-1)/3] \times 5 + \text{floor}[(jk-1)/5] + 1$

$\widehat{lmn} = lmn$，$\widehat{op} = op$，$\widehat{qrs} = qrs$

（2）已知指定网格在局部坐标系相对位置编码 $(x\text{-}y\text{-}\widehat{lmn}\text{-}\widehat{op}\text{-}\widehat{qrs})_{a\text{-}bc\text{-}d\text{-}e\text{-}fg\text{-}h}$，建立算法 A-2.12 计算其在全局坐标系下的网格位置编码 $a\text{-}bc\text{-}d\text{-}e\text{-}fg\text{-}h\text{-}i\text{-}jk\text{-}lmn\text{-}op\text{-}qrs$

算法 A-2.12

$i = \text{floor}[(y-1)/5] \times 3 + \text{floor}[(x-1)/5]+1$，$jk = \text{mod}(y-1,5) \times 5 + \text{mod}(x-1,5)+1$

$lmn = \widehat{lmn}$，$op = \widehat{op}$，$qrs = \widehat{qrs}$

2.3.2 编码与矩阵转换

1. 全局网格位置编码与其对应的不合幅赋值矩阵行列号转换

将网格坐标原点作为中间转换媒介，设网格坐标原点经纬值 (L_0^r, B_0^r)，具体转换方法：

（1）已知指定网格在第 r 级的位置编码 $a\text{-}bc\text{-}d\text{-}\cdots\text{-}\text{ID}^r$，建立算法 A-2.13 计算其对应同级网格赋值矩阵 $G_{S/N}^r$ 的行列号 $(m_{S/N}^r, n_{S/N}^r)$

算法 A-2.13

根据表 2.1 及相应合幅处理来设置 ΔL^r 和 ΔB^r

根据算法 2.2 或算法 2.6 将 $a\text{-}bc\text{-}d\text{-}\cdots\text{-}\text{ID}^r$ 转换为 (L_0^r, B_0^r)

根据算法 2.3 或算法 2.7 将 (L_0^r, B_0^r) 转换为 (m^r, n^r)

（2）已知指定网格的第 r 级赋值矩阵 $G_{S/N}^r$ 的行列号 $(m_{S/N}^r, n_{S/N}^r)$，建立算法 A-2.14 计算其对应同级网格的位置编码 $a\text{-}bc\text{-}d\text{-}\cdots\text{-}\text{ID}^r$

算法 A-2.14

根据表 2.1 及相应合幅处理来设置 ΔL^r 和 ΔB^r

根据算法 2.4 或算法 2.8 将 (m^r, n^r) 转换为 (L_0^r, B_0^r)；并参考网格第一划分层级的合幅处理，实现赋值矩阵行列号与网格编码的一一对应转换

根据算法 2.1 或算法 2.5 将 (L_0^r, B_0^r) 转换为 $a\text{-}bc\text{-}d\text{-}\cdots\text{-}\text{ID}^r$

2. 全局网格位置编码与全局合幅基准网格赋值矩阵行列号转换

（1）已知指定网格在第 r 级的位置编码 $a\text{-}bc\text{-}d\text{-}\cdots\text{-}\text{ID}^r$，建立算法 A-2.15 计算其对应全局合幅基准网格赋值矩阵 $G_{a,d \times bc}^r$，矩阵行列号 $(m_{a,d \times bc}^r, n_{a,d \times bc}^r)$

算法 A-2.15

根据表 2.1 及相应合幅处理来设置 ΔL^r 和 ΔB^r

根据算法 2.2 将 $a\text{-}bc\text{-}d$ 转换为 (L_0^1, B_0^1)

根据算法 2.6 将 $a\text{-}bc\text{-}d\text{-}\cdots\text{-}\text{ID}^r$ 转换为 (L_0^r, B_0^r)

$\widehat{\Delta L} = L_0^r - L_0^1$， $\widehat{\Delta B} = B_0^r - B_0^1$

$m_{a,d\times bc}^r = \text{floor}(\widehat{\Delta B} / \Delta B^r) + 1$， $n_{a,d\times bc}^r = \text{floor}(\widehat{\Delta L} / \Delta L^r) + 1$

(2) 已知指定网格的第 r 级全局合幅基准网格赋值矩阵 $G_{a,d\times bc}^r$，矩阵行列号 $(m_{a,d\times bc}^r, n_{a,d\times bc}^r)$，建立算法 A-2.16 计算其对应同级网格的位置编码 $a\text{-}bc\text{-}d\text{-}\cdots\text{-}\text{ID}^r$

算法 A-2.16

根据表 2.1 及相应合幅处理来设置 ΔL^r 和 ΔB^r

根据算法 2.2 将 $a\text{-}bc\text{-}d$ 转换为 (L_0^1, B_0^1)

$L_0^r = L_0^1 + (n_{a,d\times bc}^r - 1) \times \Delta L^r$， $B_0^r = B_0^1 + (m_{a,d\times bc}^r - 1) \times \Delta B^r$

根据算法 2.1 或算法 2.5 将 (L_0^r, B_0^r) 转化为 $a\text{-}bc\text{-}d\text{-}\cdots\text{-}\text{ID}^r$

3. 空域管理局部网格相对位置编码与其对应赋值矩阵行列号转换

(1) 已知空域管理局部网格在第 r 级的位置编码 $(x\text{-}y\text{-}\cdots\text{-}\text{ID}^r)_{a\text{-}bc\text{-}d}$，建立算法 A-2.17 计算其对应的赋值矩阵 $G_{a\text{-}bc\text{-}d}^r$ 行列号 $(m_{a\text{-}bc\text{-}d}^r, n_{a\text{-}bc\text{-}d}^r)$

算法 A-2.17

根据表 2.1 及相应合幅处理来设置 ΔL^r 和 ΔB^r

根据表 2.1 设置 M^r 和 N^r // 第 r 级网格按照 $M^r \times N^r$ 模式递归

$B_0^1 = y \times 30'$， $L_0^1 = x \times 30'$

$B_0^r = B_0^{r-1} + \text{floor}((\text{ID}^r - 1) / M^r) \times \Delta B^r$ // B_0^{r-1} 为第 $r-1$ 级位置编码确定的网格坐标原点纬度

$L_0^r = L_0^{r-1} + \text{mod}((\text{ID}^r - 1), M^r) \times \Delta L^r$ // L_0^{r-1} 为第 $r-1$ 级位置编码确定的网格坐标原点经度

$m_{a-bc-d}^r = B_0^r / \Delta B^r$， $n_{a-bc-d}^r = L_0^r / \Delta L^r$

(2) 已知空域管理局部网格对应的赋值矩阵 $G_{a\text{-}bc\text{-}d}^r$ 行列号 $(m_{a\text{-}bc\text{-}d}^r, n_{a\text{-}bc\text{-}d}^r)$，建立算法 A-2.18 计算其在第 r 级的位置编码 $(x\text{-}y\text{-}\cdots\text{-}\text{ID}^r)_{a\text{-}bc\text{-}d}$

算法 A-2.18

根据表 2.1 及相应合幅处理来设置 ΔL^r 和 ΔB^r

根据表 2.1 设置 M^r 和 N^r // 第 r 级网格按照 $M^r \times N^r$ 模式递归

$B_0^r = m_{a-bc-d}^r \times \Delta B^r$， $L_0^r = n_{a-bc-d}^r \times \Delta L^r$

$y = \text{floor}(B_0^r / 30')$， $x = \text{floor}(L_0^r / 30')$

$B_0^1 = y \times 30'$， $L_0^1 = x \times 30'$

$i = \text{floor}((L^r - L_0^{r-1}) / \Delta L^r) + 1$ // L_0^{r-1} 为 $r-1$ 级位置编码确定的网格坐标原点经度

$j = \text{floor}((B^r - B_0^{r-1}) / \Delta B^r) + 1$ // B_0^{r-1} 为 $r-1$ 级位置编码确定的网格坐标原点纬度

$\text{ID}^r = i + (j-1) \times M^r$

4. 空域控制局部网格相对位置编码与其对应赋值矩阵行列号转换

(1) 已知空域控制局部网格在第 r 级的位置编码 $(x\text{-}y\text{-}\cdots\text{-}\text{ID}^r)_{a\text{-}bc\text{-}d\text{-}e\text{-}fg\text{-}h}$，建立算法 A-2.19 计算其对应的赋值矩阵 $G_{a\text{-}bc\text{-}d\text{-}e\text{-}fg\text{-}h}^r$ 行列号 $(m_{a\text{-}bc\text{-}d\text{-}e\text{-}fg\text{-}h}^r, n_{a\text{-}bc\text{-}d\text{-}e\text{-}fg\text{-}h}^r)$

算法 A-2.19

根据表 2.1 及相应合幅处理来设置 ΔL^r 和 ΔB^r

根据表 2.1 设置 M^r 和 N^r // 第 r 级网格按照 $M^r \times N^r$ 模式递归

$B_0^1 = y \times 1'$, $L_0^1 = x \times 1'$

$B_0^r = B_0^{r-1} + \text{floor}((\text{ID}^r - 1) / M^r) \times \Delta B^r$ // B_0^{r-1} 为第 $r-1$ 级位置编码确定的网格坐标原点纬度

$L_0^r = L_0^{r-1} + \text{mod}((\text{ID}^r - 1), M^r) \times \Delta L^r$ // L_0^{r-1} 为第 $r-1$ 级位置编码确定的网格坐标原点经度

$m_{a\text{-}bc\text{-}d\text{-}e\text{-}fg\text{-}h}^r = B_0^r / \Delta B^r$, $n_{a\text{-}bc\text{-}d\text{-}e\text{-}fg\text{-}h}^r = L_0^r / \Delta L^r$

(2) 已知空域控制局部网格对应的赋值矩阵行列号 $(m_{a\text{-}bc\text{-}d\text{-}e\text{-}fg\text{-}h}^r, n_{a\text{-}bc\text{-}d\text{-}e\text{-}fg\text{-}h}^r)$，建立算法 A-2.20 计算其在第 r 级的位置编码 $(x\text{-}y\text{-}\cdots\text{-}\text{ID}^r)_{a\text{-}bc\text{-}d\text{-}e\text{-}fg\text{-}h}$

算法 A-2.20

根据表 2.1 及相应合幅处理来设置 ΔL^r 和 ΔB^r

根据表 2.1 设置 M^r 和 N^r // 第 r 级网格按照 $M^r \times N^r$ 模式递归

$B_0^r = m_{a\text{-}bc\text{-}d\text{-}e\text{-}fg\text{-}h}^r \times \Delta B^r$, $L_0^r = n_{a\text{-}bc\text{-}d\text{-}e\text{-}fg\text{-}h}^r \times \Delta L^r$

$y = \text{floor}(B_0^r / 1')$, $x = \text{floor}(L_0^r / 1')$

$B_0^1 = y \times 1'$, $L_0^1 = x \times 1'$

$i = \text{floor}((L^r - L_0^{r-1}) / \Delta L^r) + 1$ // L_0^{r-1} 为 $r-1$ 级位置编码确定的网格坐标原点经度

$j = \text{floor}((B^r - B_0^{r-1}) / \Delta B^r) + 1$ // B_0^{r-1} 为 $r-1$ 级位置编码确定的网格坐标原点纬度

$\text{ID}^r = i + (j-1) \times M^r$

5. 全局划分不同层级网格赋值矩阵行列号对应区间关系

没有合幅情况下北半球网格赋值矩阵 G_N^r，行列号 (m_N^r, n_N^r)；南半球网格赋值矩阵 G_S^r，行列号 (m_S^r, n_S^r)；全局合幅基准网格赋值矩阵 $G_{a,d \times bc}^r$，矩阵行列号 $(m_{a,d \times bc}^r, n_{a,d \times bc}^r)$，其中 r 为划分层级。

①纬向 [–60°,+60°] 区间不存在合幅情况，设定 $k_1=1$；

②纬向 [–76°,–60°) 或 [+60°,+76°) 区间，同一纬向每 2 列合幅为 1 个网格，设定 $k_1=2$；

③纬向 [–88°,–76°) 或 [+76°,+88°) 区间，同一纬向每 4 列合幅为 1 个网格，设定 $k_1=4$；

④纬向 [–90°,–88°) 或 [+88°,+90°) 区间，同一纬向每 60 列合幅为 1 个网格，设定 $k_1=60$。

根据表 2.1 所示的网格划分模式，我们设定如下参数值，并可得到如下关系：

$$i_0=1, i_1=2, i_2=6, i_3=2, i_4=3, i_5=5, i_6=12, i_7=5, i_8=10$$

$$j_0=1, j_1=2, j_2=4, j_3=3, j_4=2, j_5=5, j_6=12, j_7=5, j_8=10$$

当 $a=N$ 时：

$$m_N^1=(23-d)+m_{N,d\times bc}^1, \quad n_N^1=(bc-1)\times k_1+(n_{N,d\times bc}^1-1)\times k_1+1 \quad (2.24)$$

$$m_N^r=[(23-d)\times 2-1+\text{floor}(d,23)]\times j_1\times j_2\times\cdots\times j_{r-1}+m_{N,d\times bc}^r, \quad 2\leq r\leq 9 \quad (2.25)$$

$$n_N^r=[(bc-1)\times i_1\times i_2\times\cdots\times i_{r-1}]\times k_1+(n_{N,d\times bc}^r-1)\times k_1+1, \quad 2\leq r\leq 9 \quad (2.26)$$

当 $a=S$ 时：

$$m_S^1=(d-1)+m_{N,d\times bc}^1, \quad n_S^1=(bc-1)\times k_1+(n_{S,d\times bc}^1-1)\times k_1+1 \quad (2.27)$$

$$m_S^r=[(d-1)\times 2]\times j_1\times j_2\times\cdots\times j_{r-1}+m_{N,d\times bc}^r, \quad 2\leq r\leq 9 \quad (2.28)$$

$$n_S^r=[(bc-1)\times i_1\times i_2\times\cdots\times i_{r-1}]\times k_1+(n_{S,d\times bc}^r-1)\times k_1+1, \quad 2\leq r\leq 9 \quad (2.29)$$

参 考 文 献

[1] 朱永文,蒲钒. 空域空间网格标识原理及应用[J]. 北京航空航天大学学报, 2020, 47(12): 2462-2474.

[2] Purss M. Discrete global grid systems abstract specification: 15-104r4[S]. OGC, 2015.

[3] Ottoson P, Hauska H. Ellipsoidal quad-tree for indexing of global geographical data[J]. Journal of Geographical Information Science, 2002, 6(3): 213-226.

[4] Alborzi H, Samet H. Augmenting SAND with a spherical data model[C]. International Conference on Discrete Global Grids, California: Santa Barbara, 2000: 1-17.

[5] Szalay A S. Indexing the sphere with the hierarchical triangular mesh[R]. Technical report, Microsoft Research, 2005.
[6] Sahr K, White D. Kimerling A J. Geodesic discrete global grid systems [J]. Cartography and Geographic Information Science, 2003, 30(2): 121-134.
[7] Lukatela H. Hipparchus geopositioning model: An overview [C]. Proceedings of the Eighth International Symposium on Computer-Assisted Cartography, Baltimore, Maryland, 1987: 87-96.
[8] 国际民用航空组织. 国际民用航空公约附件 4 航图第十版[Z]. 2001.
[9] 鞠旭照. 对地球椭球体表面积计算方法的商讨[J]. 地图, 1992 (3): 12-16.
[10] 朱永文, 陈志杰, 唐治理. 空域管理概论[M]. 北京：科学出版社，2018.

第 3 章 空域描述测度方法

鉴于空中交通环境的复杂动态变化特性，应用传统数据统计分析与空域管理方法，解决高密度飞行条件下的空域管理所面临的安全、容量、效率、环保问题几乎不可能了。但现如今的先进信息技术和大规模计算基础设施、空中交通自动化系统等已在空中交通空间内产生大量的数据，蕴含着同空域管理问题解决所需的丰富知识，如果能合理运用将会极大推动当前空域管理问题缓解。尤其是我国空域管理已从服务航空用户为主，逐步走向航空-航天、高空-低空、有人-无人飞行等多种用空活动并重的时代；空域管理从提不提供空域资源使用，逐步走向管理服务好不好、效率高不高的时代。对此我们发展出一种新型空域数值计算方法，提出了全新的空域对象描述方法，并建立空间代数与空域赋值计算法则，基于先进的数据管理和分析模型及新颖的空域使用可视化方法，来改善空域环境和空中交通管理系统运行，通过先进计算科学技术的支撑，解决空域管理发展问题。

3.1 空域描述方法

描述空域对象可从三个方面进行：一是对空域空间结构进行描述，为便于动态管理空域，基于空域网格单元预设区域和编码，可快速描述空域使用协调边界和高度范围；二是对空域内活动的运动对象航迹进行描述，为开展空域管理和空中交通管制计算奠定基础；三是对空域关联活动情况进行描述，构建以空间结构为基准和索引，进行空域承载活动的历史与实时数据管理。

3.1.1 空域结构对象

在空域管理中经常需要描述空域的用途及其管理使用活动的属性，如"已开发/未开发""临时/常设""禁止使用""限制使用""危险""用途(航空/炮射/航天发射/靶场/探空等)""空域类型(国际民航组织定义的 A-G 类空域；我国定义的管制/监视/报告类空域)""激活""预留""占用"等。

定义 3.1 空域结构对象。我们用一个集合数据,描述空域管理的空间结构对象，称为空域结构对象，具体如图 3.1 所示，它是一个结构化的数据集，具体描述如下。

空域 ← {名称，空间结构，[属性$_1$,⋯，属性$_n$]，时间范围}；空间结构 ← {球面位置，高度范围}

第 3 章　空域描述测度方法

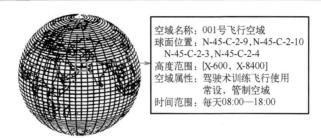

图 3.1　空域结构对象描述示例

空域的空间结构，其球面位置可分"点""线""面"三种区域，其高度范围可分"高度上限""高度下限"。球面位置和高度范围，采用网格位置编码和高度编码表示。

1. 空域结构网格表达

1) "点"的球面结构顶点法描述

"点"，根据位置定位精度需求，采用相应划分层级的网格坐标原点进行描述，如图 3.2 所示。

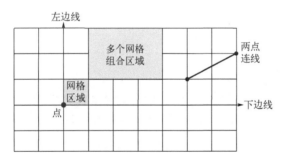

图 3.2　空间结构对象示例

点的描述由"P+网格编码"构成，如"P+N-45-C-2-9"。根据用途，点可表述为航路点、参考点、移交点、飞行空域位置点等。具体描述如下：

$$点 \leftarrow \{P+网格编码\}$$

2) "线"的球面结构描述

"线"，可以采用两种描述方法：一是网格边线描述法，根据空域管理所需，采用相应划分层级的网格"左边线"或"下边线"进行描述，两种边线分别是经线和纬线，且经过网格坐标原点，如图 3.2 所示；二是两点连线描述法，在"点"的描述方法基础上，采用两个位置点(可以是不同划分层级的网格坐标原点)的连线进行描述。根据用途，线可表述为航路、航线、分界线、协调线等。

(1) 网格边线描述法，线的描述由"标识码+网格编码"构成，其中"左边线"标识码为"Y"，"下边线"标识码为"X"，如"Y+N-45-C-2-9""X+N-45-C-2-9"，具体描述如下：

$$线 \leftarrow \{Y/X+网格编码\}$$

(2) 两点连线顶点描述法，具体描述如下：

$$线 \leftarrow \{(P+网格编码1、P+网格编码2)\}$$

3) "面"的球面结构描述

"面"可以采用2种描述方法：一是网格区域描述法，根据空域管理所需，采用相应划分层级的单个网格区域、多个网格或不同划分层级的网格之间邻接组合区域进行描述，如图 3.2 所示；二是多点连线描述法，在"点"的描述方法基础上，采用 3 个以上位置点(可以是不同划分层级的网格坐标原点)的连线区域进行描述。根据用途，面可表述为管制区、飞行空域、特殊空域等。

(1) 网格区域描述法，单个网格区域的描述由"A+网格编码"构成，如"A+N-45-C-2-9"，多个网格组合区域采用单个网格区域集合描述，具体描述如下：

$$面 \leftarrow \{A+网格编码1,\cdots, A+网格编码n\}，其中 n \geq 1$$

(2) 多点连线顶点描述法，具体描述如下：

$$面 \leftarrow \{(P+网格编码1,\cdots, P+网格编码n)\}，其中 n \geq 3$$

4) "高"的空间结构描述

"高"，根据空域管理所需，采用相应基准面的高度编码进行描述，高的描述由"H+高度编码"构成，如"H+X-8400"。描述如下：

$$高 \leftarrow \{H+高度编码\}$$

2. 空域网格空间填充

针对上述"线"和"面"的球面结构描述中，采用两点或多点连接组成"线"、多点连线组成"面"空域时，存在利用相应划分层级网格单元进行空间填充问题，需要建立专用的方法。

定义 3.2 空域网格球面区域。根据空域"点""左边线""下边线"的描述，定义空域网格球面区域由网格的内部位置区域与左边线、下边线共同组成。这样对球面上任意点(不包含地球北极点)，都可归属到一个网格上，用唯一的一个网格位置编码进行描述。

对于给定点的地理坐标值可确定出它们各自所在的第一层级空域网格，如果给定点在第一层级的同一空域网格内，可选全局合幅基准网格赋值矩阵 $G^r_{a,d \times bc}$；如果给定点在第一层级的不同空域网格内，但处于同一半球内，则选择南北半球网格

赋值矩阵 $G_{S/N}^r$ 或其子矩阵；如果给定点分属南北半球，则选择全局网格赋值矩阵 G^r 或其子矩阵进行空域描述。本节重点针对"线"和"面"类空域进行离散网格化填充描述，给出有关的填充方法。

(1) 两点或多点连接成的"线"类空域对象球面填充。

由于"线"是连续空间要素，用空域网格单元表达的核心是记录"线"要素经过的所有网格，对其进行填充形成连续的网格化线条，如图 3.3 所示。

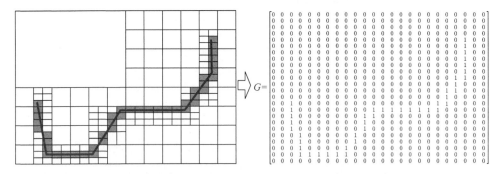

图 3.3 两点或多点连线而成的"线"类空域对象描述

假定两点地理坐标 (L_1, B_1) 和 (L_2, B_2)，在球面上连接两点的所有曲线中最短的为大圆曲线，该曲线常称为球面直线。假定球面直线与赤道球面的斜率为 K，球面直线与赤道交点的经度值为 χ，则：

$$\tan B = K \times \sin(L - \chi), \quad K = \tan B_1 / \sin(L_1 - \chi) \tag{3.1}$$

$$\chi = \tan^{-1}[(\sin L_1 \times \tan B_2 - \sin L_2 \times \tan B_1)/(\cos L_1 \times \tan B_2 - \cos L_2 \times \tan B_2)] \tag{3.2}$$

$$若 \chi < 0, 则 \chi = \chi + 180° \tag{3.3}$$

根据网格赋值矩阵划分层级 r，确定出经向划分间隔 ΔL^r 和纬向划分间隔 ΔB^r，建立"线"类空域对象的网格赋值矩阵元素填充方法。

算法 A-3.1

据表 2.1 及相应合幅处理来设置：

$(L_1, B_1) \rightarrow (L_{01}^r, B_{01}^r)$，$(L_2, B_2) \rightarrow (L_{02}^r, B_{02}^r)$ // 将两点地理坐标转换为第 r 级网格坐标原点

先由 $L_0^r = L_{01}^r + \Delta L^r$，根据式 (3.1) 计算 B_0^r，得到一组 $(L_0^r, B_0^r)^1$

再由 $B_0^r = B_{01}^r + \Delta B^r$，根据式 (3.1) 计算 L_0^r，得到另一组 $(L_0^r, B_0^r)^2$

$(L_0^r, B_0^r) \rightarrow (m^r, n^r)$ // 将两组经纬值转换为网格赋值矩阵行列号

$g_{m^r \times n^r} = 1$，其他矩阵元素取 0

当 $B_0^r = B_{02}^r$ 或 $L_0^r = L_{02}^r$ 分别停止迭代

(2) 多点连接成的"面"类空域对象球面填充。

"面"类空域用网格单元表达的核心是记录"面"要素区域内的所有网格，对其进行填充形成连续的网格化平面，如图 3.4 所示。

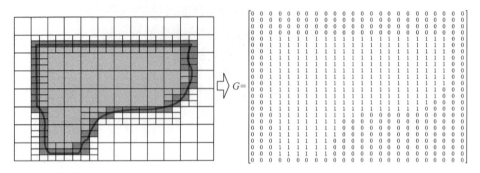

图 3.4　多点连线而成的"面"类空域对象描述

假定多点的地理坐标为 (L_1,B_1)，(L_2,B_2)，$\cdots$，(L_n,B_n)，各点顺次相连形成"面"类空域的封闭轮廓线，根据算法 A-3.1 填充轮廓线的网格赋值矩阵，再利用多边形填充算法对轮廓线内的网格赋值矩阵元素进行填充。这里不再详细介绍了。

常用的多边形填充算法包括奇偶扫描法和种子填充法[1,2]，其中奇偶扫描法利用水平扫描线对轮廓线进行扫描，在扫描线与多边形相交次数为奇数时认为其在多边形内部，为偶数时则在多边形的外部；种子填充法首先确定封闭轮廓线内某一已知网格，从内向外对其所有联通网格进行判断，如不是轮廓线上的网格则进行填充，否则认为已到达边界线。奇偶扫描法存在对水平轮廓线、顶点等特殊位置处理困难的缺点，种子填充法的递归算法中多个网格会重复判断、效率不高。对此后续不断发展提出了包括有序边表算法、扫描线种子填充法为代表的改进算法，利用这些算法可将多点地理坐标的经纬值转换为轮廓线上及其内部网格赋值矩阵的行列号，对矩阵相应元素赋值以完成"面"类空域对象的空间填充。

(3) 多点连接成的"线"类或"面"类空域对象描述。

通常对空域对象的描述可采用顶点法与点阵法[3]，顶点法指用顶点网格序列描述空域形状，特点是占用内存少、几何意义强，但对内部元素缺少表述；点阵法指用空域内部所有网格的集合描述空域对象，为满足不同空域几何信息(如边界、顶点)精确性要求，需采用不同划分层级不同大小的网格描述。

定义 3.3　空域结构网格单元集合。对空域结构对象的网格赋值矩阵进行处理，将特定值的矩阵元素行列号提取出来，建立对空域结构区域所占球面位置的标识，如果用矩阵行列号对描述，则采用集合 AG 进行表示，如果用网格位置编码描述，则采用集合 AM 进行表示。对应的该集合 AG 或 AM 通称为空域结构网格单元集合，从而可简化对空域结构对象的描述。

空域结构网格单元集合的元素，既可以网格赋值矩阵的行列号对，也可以是网格位置编码。我们在提取特定值的矩阵元素行列号时，可按矩阵行号从小到大、同行号的按列号从小到大，建立"Z"序排序法，如图3.5所示。也可以采用其他方法进行矩阵行列号提取排序。利用空域结构网格单元集合 AG，我们可以对上述多点连接成的"线"或"面"类空域对象球面填充的网格赋值矩阵，建立统一的集合描述，以便于利用集合运算法则开展空域结构对象的球面位置关系计算。

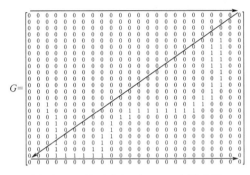

图3.5　网格赋值矩阵"Z"序排序法

对图3.5所示的空域结构进行点阵法描述，基于赋值矩阵的行列号对的网格单元集合 AG 为：{(5,22) (6,21) (6,22) (7,21) (7,22) (8,21) (8,22) (9,21) (9,22) (10,22) (11,22) (7,21) (12,21) (12,22) (13,21) (14,20) (14,21) (15,3) (15,19) (15,20) (16,3) (16,4) (16,12) (16,13) (16,14) (16,15) (16,16) (16,17) (16,18) (16,19) (17,4) (17,11) (17,12) (18,4) (18,10) (19,4) (19,10) (20,4) (20,9) (20,10) (21,4) (21,9) (22,4) (22,8) (22,9) (23,4) (23,5) (23,6) (23,7) (23,8) (23,9)}。

如果采用网格位置编码集合 AM 表示，则根据式(2.5)、式(2.6)、式(2.7)将矩阵行列号转换为网格位置编码，从而得到集合元素值，具体表达为：

$$AM = \{A+\text{网格编码}1,\cdots, A+\text{网格编码}n\}，\text{其中 } n \geqslant 1$$

① 我们通常采用"Z"序排序法，对"面"类空域的球面网格赋值矩阵进行处理，可实现对矩阵的全行与列的扫描，提取出特定值的元素行列号，组成空域结构网格单元集合。

② 对于"线"类空域的球面网格赋值矩阵的处理，有时"线"存在从起点到终点的方向描述需求，此时可采用 Bresenham 直线网格单元填充算法[4]或其他方法，依次提取出其对应的网格赋值矩阵的行列号，组成空域结构网格单元集合，集合中的元素序号满足"线"类空域的方向性。

3.1.2　空域航迹对象

交通航迹从数据的时效性看，包括历史交通航迹、实时交通航迹和预测交通航迹；从交通航迹生成方式看，包括基于雷达监视手段的探测跟踪航迹和基于飞行计划路径的推测航迹。根据航空器的位置状态的四元参数 (L,B,H,T)，即地理坐标经度、纬度、高度和时间；或根据航空器的位置状态的六元参数 (L,B,H,V,Φ,T)，即地理坐标经度、纬度、高度、速度、航向和时间，利用相应的交通航迹观测模型，在网格赋值矩阵空间内形成对航迹位置的标识与表达，实现其空间离散化。

定义 3.4 交通航迹网格单元集合。对交通航迹对象建立网格赋值矩阵为基准的空间索引，根据航迹的球面位置投影对空域网格赋值矩阵进行填充，并将特定值的矩阵元素行列号提取出来，建立交通航迹所占球面区域的位置标识，如果用矩阵行列号对描述，则采用集合 TG 表示，如果用网格位置编码描述，则采用集合 TM 表示。对应的该集合 TG 或 TM 通称为交通航迹网格单元集合，从而可建立对交通航迹参数的空间位置索引体系，实现对其数值计算，具体如图 3.6 所示。

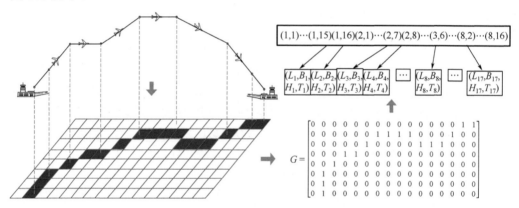

图 3.6 交通航迹空域网格描述示意

对图 3.6 所示的交通航迹进行点阵法描述，对应的网格单元集合：
TG={（8,2,0,08:00pm）（7,2,5578,08:07pm）（6,2,8839,08:14pm）（5,3,9787,08:21pm）（4,4,10089,08:28pm）（4,5,10089,08:35pm）（3,6,10081,08:42pm）（2,7,10081,08:49pm）（2,8,9477,08:56pm）（2,9,8969,09:03pm）（2,10,7193,09:10pm）（3,11,6888,09:17pm）（3,12,6888,09:24pm）（3,13,6043,09:31pm）（2,14,3597,09:38pm）（1,15,1532,09:45pm）├ （1,16,0,09:52pm）}。

我们对交通航迹描述时，需根据航迹点时间序列安排集合元素序，赋值矩阵的行列号作为航迹参数的空间索引，在这个过程中也可以将矩阵行列号转换为网格位置编码，建立基于 TM 集合。

据此我们可建立空中交通航迹对象的一种空间位置函数描述方法：

$$\text{Trg}(P,V,\Phi,T) = \{p(t),\ v(t),\ \varphi(t)\} \tag{3.4}$$

其中，$p(t)$为基于网格位置编码或网格赋值矩阵的位置函数；$v(t)$为航空器的速度函数；$\varphi(t)$为航空器的航行角函数，它以正北为基准，顺时针方向确定航行水平投影的角度参数。

交通航迹网格单元集合 TG 或 TM，则是设定时间段$[T_0,T_1]$内，基于时间间隔ΔT进行航迹采样形成的航迹位置参数集合，包含的元素个数N由采样率决定。

$$N = \text{floor}((T_1-T_0)/\Delta T)+1 \tag{3.5}$$

1. 基于雷达监视手段的探测跟踪航迹

该类型航迹既可以是航空器航行的历史交通航迹，也可以是实时的交通航迹。在利用雷达监视数据建立跟踪航空器空中航行的历史或实时航迹时，需建立r个离散运动模型[5]：

$$X(k) = A_j X(k-1) + W_j(k),\ j=1,2,\cdots r \tag{3.6}$$

$$Z(k) = C_j X(k) + V_j(k) \tag{3.7}$$

其中，$X(k)$为k时刻位置状态估计值，A_j为航空器运动模型j时的位置状态转移矩阵，$W(k)$为运动模型j时的过程噪声，其服从均值为0、协方差为Q的高斯分布；$Z(k)$是k时刻位置状态观测值，C_j为系统观测矩阵，$V(k)$是观测噪声，其与运动模型无关，且服从均值为0、协方差为R高斯分布，即：

$$E[W_j(k)]=0,\ E[W_j(k)W_j(k)^\top]=Q \tag{3.8}$$

$$E[V_j(k)]=0,\ E[V_j(k)V_j(k)^\top]=R \tag{3.9}$$

航空器的运动可分解为相互独立的水平方向运动(ξ,η)和垂直方向运动h，即：

$$x=[x_l\ \ x_v]^\top = [L\ \dot{L}\ \ddot{L}\ B\ \dot{B}\ \ddot{B}\ H\ \dot{H}]^\top \tag{3.10}$$

①航空器水平方向的运动模型，主要包括等速（Constant Velocity，CV）模型，等加速（Constant Acceleration，CA）模型和等转弯率恒速转弯（Constant Speed Turning，CT）模型，其状态转移矩阵与过程噪声可分别表示为：

$$A_{\text{CV}} = \begin{bmatrix} 1 & T & 0 & 0 & 0 & 0 \\ 0 & 1 & 0 & 0 & 0 & 0 \\ 0 & 0 & 0 & 0 & 0 & 0 \\ 0 & 0 & 0 & 1 & T & 0 \\ 0 & 0 & 0 & 0 & 1 & 0 \\ 0 & 0 & 0 & 0 & 0 & 1 \end{bmatrix},\ W_{\text{CV}}(k) = \begin{bmatrix} \dfrac{T^2}{2} & 0 \\ T & 0 \\ 0 & 0 \\ 0 & \dfrac{T^2}{2} \\ 0 & T \\ 0 & 0 \end{bmatrix} \begin{bmatrix} w_{\xi\text{CV}} \\ w_{\eta\text{CV}} \end{bmatrix} \tag{3.11}$$

$$A_{\text{CA}} = \begin{bmatrix} 1 & T & \dfrac{T^2}{2} & 0 & 0 & 0 \\ 0 & 1 & T & 0 & 0 & 0 \\ 0 & 0 & 1 & 0 & 0 & 0 \\ 0 & 0 & 0 & 1 & T & \dfrac{T^2}{2} \\ 0 & 0 & 0 & 0 & 1 & T \\ 0 & 0 & 0 & 0 & 0 & 1 \end{bmatrix}, \quad W_{\text{CA}}(k) = \begin{bmatrix} \dfrac{T^2}{2} & 0 \\ T & 0 \\ 1 & 0 \\ 0 & \dfrac{T^2}{2} \\ 0 & T \\ 0 & 1 \end{bmatrix} \begin{bmatrix} w_{\xi\text{CA}} \\ w_{\eta\text{CA}} \end{bmatrix} \quad (3.12)$$

$$A_{\text{CT}} = \begin{bmatrix} 1 & T & \dfrac{T^2}{2} & 0 & 0 & 0 \\ 0 & 1 & T & 0 & 0 & 0 \\ 0 & 0 & 1 & 0 & 0 & 0 \\ 0 & 0 & 0 & 1 & T & \dfrac{T^2}{2} \\ 0 & 0 & 0 & 0 & 1 & T \\ 0 & 0 & 0 & 0 & 0 & 1 \end{bmatrix}, \quad W_{\text{CA}}(k) = \begin{bmatrix} \dfrac{T^2}{2} & 0 \\ T & 0 \\ 0 & 0 \\ 0 & \dfrac{T^2}{2} \\ 0 & T \\ 0 & 0 \end{bmatrix} \begin{bmatrix} w_{\xi\text{CA}} \\ w_{\eta\text{CA}} \end{bmatrix} \quad (3.13)$$

其中，T 为采样间隔，$w_{\xi\text{xx}}$、$w_{\eta\text{xx}}$（xx = CV、CA、CT）为零均值白噪声，方差分别为：

$$Q_{\text{CV}} = \begin{bmatrix} E[w_{\xi\text{CV}}^2] & 0 \\ 0 & E[w_{\xi\text{CV}}^2] \end{bmatrix} \quad (3.14)$$

$$Q_{\text{CA}} = \begin{bmatrix} \{5\cos(\psi(k))\}^2 & 0 \\ 0 & \{5\sin(\psi(k))\}^2 \end{bmatrix} \quad (3.15)$$

$$Q_{\text{CT}} = \begin{bmatrix} E[w_{\xi\text{CT}}^2] & 0 \\ 0 & E[w_{\xi\text{CT}}^2] \end{bmatrix} \quad (3.16)$$

其中，$\psi(k) = \tan^{-1}(\dot{\xi}(k)/\dot{\eta}(k))$ 为航空器航向角。

②航空器垂直方向的运动模型，主要包括等高度(Constant Height，CH)模型，等速爬升/下降(Constant Velocity Descent，CD)模型，其状态转移矩阵与过程噪声可分别表示为：

$$A_{\text{CH}} = \begin{bmatrix} 1 & 0 \\ 0 & 0 \end{bmatrix}, \quad W_{\text{CH}}(k) = \begin{bmatrix} T \\ 0 \end{bmatrix} w_{\text{CH}} \quad (3.17)$$

$$A_{\text{CD}} = \begin{bmatrix} 1 & T \\ 0 & 1 \end{bmatrix}, \quad W_{\text{CD}}(k) = \begin{bmatrix} T \\ 1 \end{bmatrix} w_{\text{CD}} \quad (3.18)$$

其中，w_{CH}、w_{CD} 为零均值白噪声，方差分别为：

$$Q_{\mathrm{CH}} = E[w_{\mathrm{CH}}^2], \quad Q_{\mathrm{CD}} = E[w_{\mathrm{CD}}^2] \tag{3.19}$$

通过雷达可观测出航空器的实时航迹，由此可得测量矩阵与观测噪声：

$$C = \begin{bmatrix} 1 & 0 & 0 & 0 & 0 & 0 & 0 & 0 \\ 0 & 0 & 0 & 1 & 0 & 0 & 0 & 0 \\ 0 & 0 & 1 & 0 & 0 & 0 & 1 & 0 \end{bmatrix}, \quad V(k) = \begin{bmatrix} v_\xi(k) & v_\eta(k) & v_h(k) \end{bmatrix}^\top \tag{3.20}$$

$$R = \begin{bmatrix} E[v_\xi^2] & 0 & 0 \\ 0 & E[v_\eta^2] & 0 \\ 0 & 0 & E[v_h^2] \end{bmatrix} \tag{3.21}$$

采用交互式多模型(Ineracting Multiple Model, IMM)算法进行位置状态估计处理[6]，该算法在广义伪贝叶斯算法基础上，以卡尔曼滤波为出发点，多种模型并行、多个滤波器交互作用，核心是通过输入交互、卡尔曼滤波、模型概率更新、混合输出循环递归得出状态估计值，如图 3.7 所示。

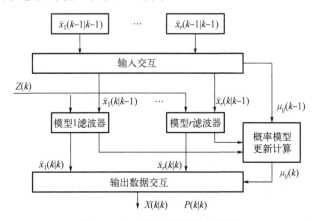

图 3.7 交互式多模型算法框图

设 k 时刻模型 j 的初始条件由 $k-1$ 时刻各模型状态估计得到：

$$\hat{x}_{j0}(k-1|k-1) = \sum_{i=1}^{r} \hat{x}_i(k-1|k-1)\bar{\mu}_{ij}(k-1) \tag{3.22}$$

其中，$\bar{\mu}_{ij}(k-1)$ 为模型 i 与 j 的交互概率，设模型之间相互转换的概率矩阵 P 为：

$$P = \begin{bmatrix} p_{11} & \cdots & p_{1r} \\ \vdots & \ddots & \vdots \\ p_{r1} & \cdots & p_{rr} \end{bmatrix}, \quad \bar{\mu}_{ij}(k-1) = \frac{p_{ij}\mu_i(k-1)}{\sum_{i=1}^{r} p_{ij}\mu_i(k-1)}, \quad \bar{c}_j = \sum_{i=1}^{r} p_{ij}\mu_i(k-1) \tag{3.23}$$

利用多个卡尔曼滤波器并行工作，计算各模型的状态估计与协方差，$k-1$ 时刻模型 j 的输入为最优估计 $\hat{X}_j(k|k-1)$，更新协方差 $P_j(k|k-1)$。跟踪过程与单模型卡尔曼滤波算法类似，则 IMM 算法的卡尔曼滤波过程，及其卡尔曼滤波一次预测方程和预测协方差矩阵为：

$$\hat{X}_j(k|k-1) = A_j\hat{X}_{j0}(k-1|k-1), \quad P_j(k|k-1) = A_j P_{j0}(k-1|k-1)A_j^\top + Q_j \quad (3.24)$$

更新阶段中，首先根据预测状态和协方差矩阵计算出残差序列 $D_j(k)$ 及其方差矩阵 $S_j(k)$ 为：

$$D_j(k) = Z(k) - C_j\hat{X}_j(k|k-1), \quad S_j(k) = C_j P_j(k|k-1)C_j^\top + R_j \quad (3.25)$$

可计算卡尔曼滤波增益矩阵：

$$K_j(k) = P_j(k|k-1)C_j^\top S_j(k)^{-1} \quad (3.26)$$

更新状态估计与协方差：

$$\hat{X}_j(k|k) = \hat{X}_j(k|k-1) + K_j(k)D_j(k), \quad P_j(k|k) = [I - K_j(k)C_j]P_j(k|k-1) \quad (3.27)$$

在 IMM 算法中模型更新直接影响算法有效程度，这里采用极大似然函数法实现模型的更新，通过计算当前模型和当前运动目标状态的相似度来给出当前最适合跟踪模型的权重。在 k 时刻与 j 模型最匹配的极大似然函数 $\Lambda_j(k)$，它衡量模型为正确模型的似然率为：

$$\Lambda_j(k) = \frac{1}{\sqrt{2\pi|S_j(k)|}}\exp\left(-\frac{1}{2}D_j(k)^\top S_j(k)^{-1}D_j(k)\right) \quad (3.28)$$

则可得到模型 j 的更新概率，其中 c 为归一化的常数，即：

$$\mu_j(k) = \frac{1}{c}\Lambda_j(k)\sum_{i=1}^{r}p_{ij}\mu_i(k-1), \quad c = \sum_{j=1}^{r}\Lambda_j(k)\overline{c}_j \quad (3.29)$$

根据每个模型单独计算的跟踪结果和模型匹配的权重，给出 k 时刻交互的最终输出结果，即最后利用加权求和得出 k 时刻状态估计：

$$\hat{X}(k|k) = \sum_{j=1}^{r}\hat{X}_j(k|k)\mu_j(k) \quad (3.30)$$

$$P(k|k) = \sum_{j=1}^{r}\{P_j(k|k) + [X_j(k|k) - \hat{X}(k|k)][X_j(k|k) - \hat{X}(k|k)]^\top\}\mu_j(k) \quad (3.31)$$

2. 基于飞行计划路径的推测航迹

飞机在空中通常按预先规划航线飞行，在飞行前提交飞行计划，明确本次飞行标准仪表离场程序（Standard Instrument Departure, SID）、标准仪表进近程序

(Standard Instrument Arrival, STAR)及途中必经点、巡航高度等信息。导航模型基于飞行计划信息将飞行阶段拆分为一组组飞行区间，以便于进行航迹预测计算。机载航空电子系统通常按航空无线电标准 ARINC 424)加载导航数据库，它包含了机场、导航辅助设施、航线基准点等特定位置信息及航段类型。目前总计有 23 种航段类型，描述飞行空中航行路径及起止点信息，并可以让飞机的区域导航系统实现沿着复杂的航行路径进行仪表离场、进近和巡航。

1) 基于必经点的航段类型

如图 3.8 所示，该类航段可分为 4 种情况：①从某必经点到某无线电测距仪台(Distance Measuring Equipment, DME)给定距离的航段(Track from a Fix to a DME Distance, FD)，它定义了从导航数据库中选定的必经点去往一个给定 DME 距离的指定航迹。②从某必经点到某沿航迹给定距离的航段(Track from a Fix to an Along Track Distance, FA)，它定义了从导航数据库中选定的必经点出发的指定航迹，其间必须沿着指定方向飞行给定距离的航迹。③从某点出发航行到给定高度的航段(Fix to an Altitude, FA)，它定义了从导航数据库中选定的必经点开始到达一个给定高度的航迹，其间可以在任意中途位置达到给定高度。④从某点出发到飞行不再由飞行员手动操控位置的航段(from a Fix to a Manual Termination, FM)，它定义了从导航数据库中选定的必经点开始，直到飞机飞出可以终止飞行员手动操控的一段航迹。

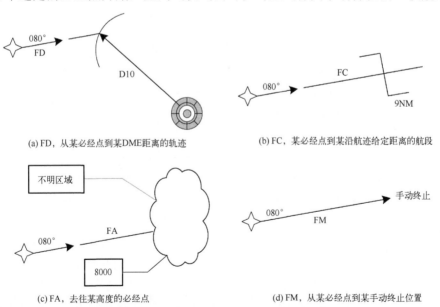

图 3.8 基于必经点的航段类型

2) 基于弧线的航段类型

如图 3.9 所示，该类航段可分为 2 种情况：①去往某必经点的弧线航段(Arc to a

Fix, AF)，它定义了一条导航数据库中选定的 DME 台为基准、保持恒定距离弧线的航迹。②规定恒定半径圆弧的航段(Constant Radius Arc, RF)，定义从导航数据库选定的两个必经点之间的一条恒定半径转弯的航迹。

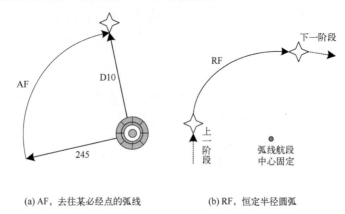

图 3.9　基于弧线的航段类型

3) 基于直线的航段类型

如图 3.10 所示，该类航段可分为 5 种情况。①去往距离某 DME 台给定距离的

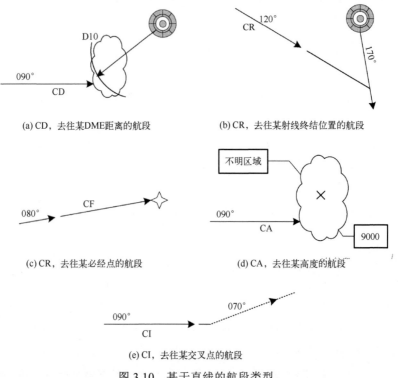

图 3.10　基于直线的航段类型

航段(Course to a DME Distance, CD)，它定义了一条去往一个从导航数据库中选定的 DME 台给定距离的航迹。②去往某射线终结位置的航段(Course to a Radial Termination, CR)，它定义了从导航数据库中选定的一个甚高频相位式全向信标(Very High Frequency Omnidirectional Radio Range, VOR)台为基准，规定的一套给定射线指向的航迹。③一条去往导航数据库中选定点的航段(Course to a Fix, CF)，它定义了一条去往导航数据库中选定点的航迹。④去往给定高度的航段(Course to an Altitude, CA)，它定义了一条到达一个给定高度的航迹。⑤去往某交叉点的航段(Course to an Inercept, CI)，它定义了一条指定航迹，该航迹与一个后续的航迹相交叉。

4) 基于航向的航段类型

如图 3.11 所示，该类航段可分为 5 种情况：①去往离某 DME 台给定距离的航段(Heading to a DME Distance Termination, VD)，它定义了一个将在导航数据库中选定的 DME 台为基准、给定距离位置处结束的指定航向的航迹。②去往某射线指定航向交叉位置的航段(Heading to a Radial Termination, VR)，它定义了从导航数据库中选定的 VOR 台为基准，给定方向的一条射线与当前航线交叉位置构成的航迹。③去往某交叉点的指定航向的航段(Heading to an Intercep, VI)，它定义了一个特定

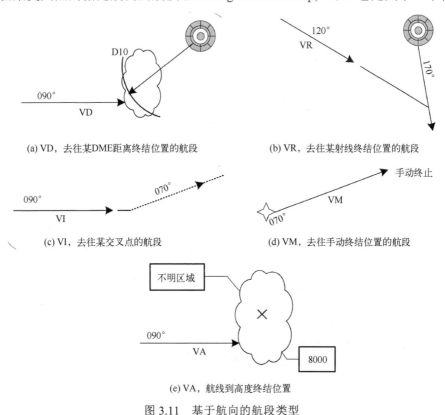

(a) VD，去往某DME距离终结位置的航段　　(b) VR，去往某射线终结位置的航段

(c) VI，去往某交叉点的航段　　(d) VM，去往手动终结位置的航段

(e) VA，航线到高度终结位置

图 3.11　基于航向的航段类型

的航向,沿着该航向飞行的飞机允许与后续航段发生交叉的航迹。④去往飞行员手动操控结束位置的指定航向的航段(Heading to a Manual Termination, VM),它定义了一个特定的航向,直到飞机飞出可以终止飞行员手动操控的航迹。⑤指定一个航向,可以航行到给定高度位置(Heading to an Altitude Termination, VA),它定义了一个特定航向,沿着该航向飞行的飞机允许在任意位置到达一个给定的高度。

5) 其他的航段类型

其他的航段类型可分为7种情况:①进近时的初始必经点航段(Initial Fix, IF),它定义了导航数据库选定的一个起始进近点,用于定义进近的一条路径或进近程序的开始位置。②去往某必经点的航段(Track to a Fix, TF),它定义了一条直线航段,并利用导航数据库中选定的两个必经点确定的一条直线航迹。③直达必经点航段(Direct to a Fix, DF),它定义了一条去往一个必经点的非指定性的航迹。④保持在某高度位置上(Hold to an Altitude Termination, HA)。⑤保持到达某个必经点(Hold to a Fix, HF)。⑥保持直到飞机飞出可以终止飞行员手动操控的航段(Hold to a Manual Termination, HM)。⑦飞行程序转换(Procedure Turn, PI),它定义了从导航数据库中选定的一个必经点开始,航迹发生转换,包括为了与下一个航段发生交叉,而后进行左转或右转动作的离场航段以及进行180°的航迹反转航段等。

6) 飞行动力学模型

通常在应用飞行计划解析航空器的交通航迹位置时,需建立飞机动力学模型[7],该模型主要采用点质量模型(Point Mass Mode, PMM),并从空中交通管理视角建立航迹预测的动力学模型,该模型为有三个控制输入和六个状态变量的非线性动力系统,如图3.12所示。尽管点质量模型难以准确反映飞机运动所有的复杂性,但它还是相当精确的,其在空中交通管理领域使用非常普遍。

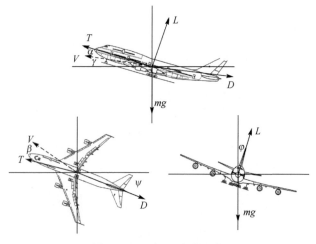

图3.12 飞机运动学参数

飞机位置状态变量包括水平位置 x 与 y，高度 h；飞机实际空速 V_{TAS}（True AirSpeed）；飞机航迹角 γ、航向角 Ψ 和倾斜角 φ；飞机质量 m；风对运动干扰，风速 $W=(w_1,w_2,w_3)$；发动机推力 T，气动升力 L，气动阻力 D。气动力取决于攻角 α 和侧滑角 β。

从空中交通管理角度看，不妨假设飞行条件 $\alpha=\beta=0$，忽略快速动力学，并把 γ、T 和 Ψ 作为输入。η 推力比油耗参数，g 重力加速度，飞机运动方程如下[8]：

$$\dot{x}=V_{\text{TAS}}\cdot\cos\Psi\cdot\cos\gamma+w_1, \quad \dot{y}=V_{\text{TAS}}\cdot\sin\Psi\cdot\cos\gamma+w_2, \quad \dot{h}=V_{\text{TAS}}\cdot\sin\gamma+w_3 \quad (3.32)$$

$$\dot{V}_{\text{TAS}}=\frac{T-D}{m}-g\cdot\sin\gamma, \quad \dot{\Psi}=\frac{g}{V_{\text{TAS}}}\times\frac{\sin\varphi}{\cos\gamma}, \quad \dot{m}=-\eta\times T \quad (3.33)$$

根据飞机数据库（Base of Aircraft Data, BADA）模型[9]，计算飞行阻力 D，阻力系数 C_D，机翼表面积 S，大气密度 ρ，升力系数 C_L，具体如下：

$$D=\frac{1}{2}C_D\times\rho\times V_{\text{TAS}}^2\times S, \quad C_D=C_{D0,\text{config}}+C_{D2,\text{config}}\times C_L^2, \quad C_L=\frac{2\cdot m\cdot g\cdot\cos\gamma}{\rho\cdot V_{\text{TAS}}^2\cdot S\cdot\cos\varphi} \quad (3.34)$$

其中下标"config"表示不同的飞行阶段，如起飞、爬升、巡航、进场和着陆等的阻力系数。升力系数 C_L 通过航迹角 γ 和倾斜角 φ 的修正来确定。

3.1.3 空域数据对象

传统的空中交通管理系统研究中，基于解析式的理论方法模型具有重要地位，并取得了大量的研究成果，如开发了基于统计方法的交通数据分析算法，利用数学规划、变分不等式、随机均衡方程等，构建的空中交通与空域资源分配模型等。但实践情况证明，基于解析式方法构建的空中交通管理系统、交通管制与空域资源配置模型等，在应用中存在模型适用性及限定于其假设条件、特定条件制约，表现为：①基本都假设时变的空中交通需求已知，而忽略了空中交通高动态性、空域环境随机性和不确定特点。从统计意义上讲，飞行需求和运输航班通行虽具有一定的宏观规律性和计划性，但空中交通管制、交通疏导和引导等具有较高的实时性，从而在短时飞行需求上表现出较大波动性，因此从根本上讲，动态、短时空中交通需求是难以准确预知的，这就否定了许多模型的应用假设条件。②模型实时求解困难，由于空中交通的大尺度空间范围特性，加上规划变量多、模型参数多等，往往导致求解效率不高，难以满足实时应用要求。③忽视了人参与空中交通的主观性及飞行员、管制员对交通的影响，面对人、飞行器/航空器、空域、机场等构成的空域系统复杂非线性关系，针对航空器或空域而构建的单一模型往往难以贴近实际的应用。本节针对解析式理论方法的不足，从基于数据的相关理论方法出发，提出了对空域数据的管理使用模型，建立基于数据的空中交通分析方法，通过对空中交通管理系统历史与实时数据,进行离线和在线数据分析,来理解空中交通行为与空域资源使用特性,并在此基础上制定空域管理策略,设计空中交通管制系统。

此外,空中交通管理系统复杂性的增长,空中交通走向高密度时代及交通信息系统与交通行为的互动密切化加深,如何实现空中交通网格解耦、交通管理定量化和精确化,成为当前智慧空管研究的重要内容;基于空域网格单元的空域结构对象数字化描述与数值计算,已成为大数据、云计算和人工智能等新一代信息技术空管应用的研究热点。构建空域数值计算系统,则是在获取海量空中交通和空域资源使用数据基础上,利用大规模计算系统对数据进行清洗、融合、分类和度量,综合各类信息要素,从中识别问题和寻找规律,为有效管理空域系统,实现安全节能和扩容增效提供后台计算服务和数据与知识支撑。如图 3.13 所示,基于大尺度空间的空中交通历史与实时数据,开展包括提取、统计、分类、聚类、搜索等在内的空域数值计算,形成对空中交通与空域资源使用的基本状态数据和空中交通知识,如交通密度、空域资源利用率、延误及效率、瓶颈点及问题症结等内容,支持开展空中交通管制、流量管理及空域规划评估、航空运行分析、机场运行管理等。

定义 3.5 空域数值计算系统。通过获取大尺度空间内的空中交通运行相关的动静态数据,建立一套数值计算模型方法开展分析测算,来全面认知和发现空域资源配置与交通特性的信息系统。

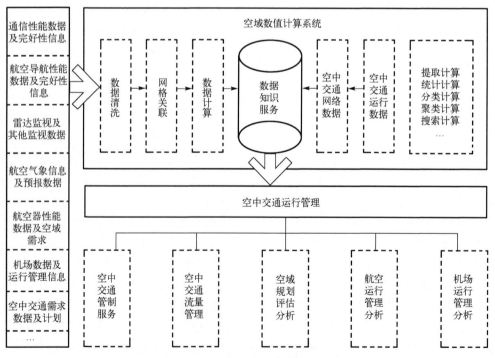

图 3.13 空域数值计算系统架构

定义 3.6 空域数据索引体系。在空域数值计算系统中，为实现多源异构数据信息的网格单元关联，形成以空域为承载对象的空间活动数据集成，我们将以空域网格位置编码或赋值矩阵行列号为索引，建立空域数据管理的数据结构，统称为空域数据索引体系，如图 3.14 所示。

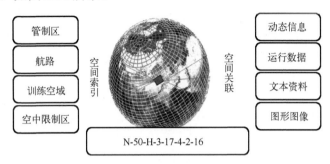

图 3.14 空域数据索引体系

如果采用网格赋值矩阵行列号在指定划分层级 r 上，构建在空域数据索引体系，则我们将纬向域的矩阵行号二进制编码 MW_Row 和经向域的矩阵列号二进制编码 MW_Col 分别表示为：

$$\mathrm{MW\_Row} = j_{n+1}j_n \cdots j_3 j_2 j_1 \tag{3.35}$$

$$\mathrm{MW\_Col} = i_n i_{n-1} \cdots i_3 i_2 i_1 \tag{3.36}$$

其中，n 为二进制码的位数，如果左边位数不够则填 0 进行补充。

定义 3.7 空域网格单元关联数据集地址码。我们以空域网格单元为空间关联索引，在数据管理中建立数据集地址码，它由网格赋值矩阵行列号的二进制码 MW 构成，如图 3.15 所示。

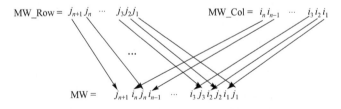

图 3.15 空域网格单元关联数据集地址码示意

则空域网格单元关联数据集地址码为：

$$\mathrm{MW} = j_{n+1} i_n j_n i_{n-1} \cdots i_3 j_3 i_2 j_2 i_1 j_1 \tag{3.37}$$

根据上述编码规则，基于 MW 的二进制码可反解出网格赋值矩阵的行列号值。据此我们可设计以空域网格单元为索引的数据管理系统，如图 3.16 所示，该系统分为三层架构：第一层为空域网格单元的空间索引体系，它从空中交通管理意义围绕空域分区进行网格单元的结构对象描述；第二层为数据库系统，以离散时间为基准记录空中交通与空域资源使用的各类主题数据；第三层为数据记录系统，以设定的采样间隔进行数据元素记录和数据样本生成。实际上，如何在一个多级递归的空域网格框架下，组织起海量、有多种空间和时间参考系的空中交通与空域资源使用的数据集，并保证每个数据集建立后的索引准确性，是一大技术难点；同时对于多层级划分网格的空间索引来说，效率是衡量其实际应用意义的重要指标，研究如何从空间精度、时间精度和索引效率等方面综合衡量数据系统的可用性与高效性等，也是一大技术难点。

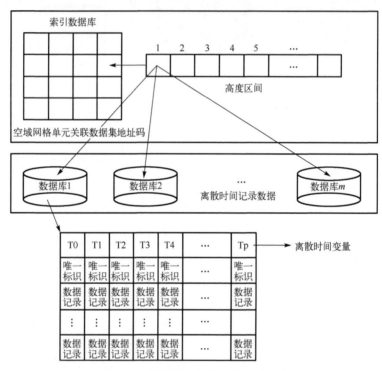

图 3.16　空域网格单元数据集成示意

通过空域网格单元的关联数据集成，我们可以建立管理空域的多源异构数据信息，实现以数据实体对象的空间关联处理和数据集成，为开展空域数值计算奠定了基础。

3.2　空间代数法则

在上述空域描述方法基础上，需建立一种法则用于对空域结构对象之间的空间位置关系进行计算分析，由此我们将基于空域网格单元建立的这种计算分析法则称为空间代数法则。本节重点介绍该法则的定义、计算原理及其在空域管理业务中应用的主要方法等。

3.2.1 代数法则定义

定义 3.8 空间代数法则。它是在空域网格单元建模基础上,基于网格位置编码或赋值矩阵的行列号,定义一套空域空间位置关系计算方法。通过该法则可快速计算出各类空域结构对象之间的包含、相交、邻接、反选与距离等关系。该代数法则包括球面和高度维两种计算方法。

定义 3.9 逻辑代数。按一定的逻辑规律进行运算的代数。用字母表示变量,但变量的取值仅有 0 与 1 两种值,0 与 1 不表示数值的大小,而仅表示两种对立的逻辑状态。逻辑代数定义了 3 种基本的逻辑运算:与运算、或运算和非运算。

1. 代数运算符号定义

定义 3.10 与运算。只有当一件事几个条件全部具备之后,这件事才发生,这种逻辑关系称为与逻辑,用符号"·"表示。逻辑表达式 $F = A \cdot B$,表示 A 和 B 代表的条件都发生,F 代表的事情才会发生。

定义 3.11 或运算。当一件事的几个条件只要有一个条件满足,这件事就会发生,这种逻辑关系称为或逻辑,用符号"⊘"表示。逻辑表达式为 $F = A \oslash B$,表示 A 和 B 代表的条件有一个发生,F 代表的事情就会发生。

定义 3.12 非运算。一件事的发生是以其相反条件为依据的,这种逻辑关系称为非逻辑,我们用符号"⊘"表示。逻辑表达式为 $F = \overline{A}$,表示 A 代表的条件不发生,F 代表的事情才会发生。

定义 3.13 复合逻辑运算。复合逻辑运算它由与运算、或运算和非运算组合而成,如:与非、或非、异或、同或等。具体可包括:

①与非,它由与运算和非运算组合而成,表达式 $F = \overline{A \cdot B}$。

②或非,它由与运算和非运算组合而成,表达式 $F = \overline{A \oslash B}$。

③异或,它是一种二变量逻辑运算,当两个变量取值相同时,逻辑函数值为 0;当两个变量取值不同时,逻辑函数值为 1,逻辑表达式 $F = A \circledast B = \overline{A}B \oslash A\overline{B}$。

④同或,它与异或互为反函数,当两个变量取值相同时逻辑函数值为 1;当两个变量取值不同时逻辑函数值为 0,逻辑表达式 $F = A \odot B = \overline{A}\overline{B} + AB$。

设定变量为 A、B,变量取值仅有 0 与 1,1 为真,0 为假,得到如下逻辑运算真值,如表 3.1 所示。

表 3.1 逻辑运算真值表

A	B	$A \cdot B$	$A \oslash B$	$\overline{A}$	$\overline{A \cdot B}$	$\overline{A \oslash B}$	$A \circledast B$	$A \odot B$
0	0	0	0	1	1	1	0	1
0	1	0	1	1	1	0	1	0

续表

A	B	$A \cdot B$	$A \oslash B$	$\overline{A}$	$\overline{A \cdot B}$	$\overline{A \oslash B}$	$A \circledast B$	$A \odot B$
1	0	0	1	0	1	0	1	0
1	1	1	1	0	0	0	0	1

定义 3.14 集合运算。设 A 和 B 为集合，E 为全集，A 与 B 的并集记作 $A \bigcup B$，交集记作 $A \bigcap B$，B 对 A 的相对补集记作 $B \ominus A$，对称差集记作 $A \odot B$，A 绝对补集记作 $\sim A$，分别定义如下：

$$A \bigcup B = \{x | x \in A \text{ 或 } x \in B\}, \quad A \bigcap B = \{x | x \in A \text{ 且 } x \in B\}, \quad B \ominus A = \{x | x \in B \text{ 且 } x \notin A\}$$

$$A \odot B = (A \ominus B) \bigcup (B \ominus A), \quad \sim A = E \ominus A = \{x | x \in E \text{ 且 } x \notin A\}$$

2. 基于网格单元的空域几何属性定义

定义 3.15 Hamming 距离。设 A 和 B 为集合，集合容量大小相等，对集合 A 和 B 的元素进行 ⊛ 运算并统计结果为 1 的个数，那么这个数就是集合 A 和 B 的 Hamming 距离，记作 $H(A,B)$。

定义 3.16 空域网格单元距离。将网格单元 A_1、A_2 的原点坐标之间的距离定义为两个网格之间距离，记为 $d(A_1, A_2)$，计算方法：根据算法 A-2.6 得到 A_1、A_2 的原点坐标 (L_0^{1r}, B_0^{1r})、(L_0^{2r}, B_0^{2r})，则：

$$d(A_1, A_2) = R \cdot \cos^{-1}[\cos B_0^{1r} \cos B_0^{2r} \cos(L_0^{1r} - L_0^{2r}) + \sin B_0^{1r} \sin B_0^{2r}] \quad (3.38)$$

其中，R 为地球半径，若 A_1 和 A_2 既不满足包含关系，也不满足邻接关系，求得它们距离为 $d(A_1, A_2)$。

3.2.2 空间关系判断

空域空间关系判断主要是对空域结构的空间几何位置关系进行判断，考虑到空域的空间三维属性，由此我们首先将空域进行球面投影，判断空域的球面划分网格之间的空间关系；再进行空域高度维度的空间关系判断，该判断主要是在一维的高度区间内进行分析，判断相对简单，这里不再详细介绍了。下面先重点建立空域球面划分网格的空间关系代数法则。

1. 单个空域网格单元描述空域的空间关系

假设两空域网格单元 A_1、A_2 的位置编码分别为 M_1、M_2，它们对应划分层级为 r_1、r_2，对应标识符长为 l_1、l_2。在判断空间拓扑关系时，以网格单元 A_2 的角度进行描述。

1）重合关系

只有空域网格单元处于同一层级，它们之间才存在重合关系。因此 $r_1 = r_2 = r$，

$l_1 = l_2 = l$。

(1) 利用网格位置编码进行判断：当 $j=1,2,\cdots,l$ 时，满足 $M_1(j) \circledast M_2(j) = 0$，其中 $M_i(j)$ 表示网格位置编码 M_i 的第 j 个位置的标识符，我们称 A_1 和 A_2 重合，记为 $A_1 = A_2$。

(2) 利用网格赋值矩阵行列号进行判断：对同一层级空间结构网格单元 A_1、A_2，其所在第 r 级网格赋值矩阵 $G_{S/N}^r$ 的行列号分别为 $(m_{S/N}^{1r}, n_{S/N}^{1r})$、$(m_{S/N}^{2r}, n_{S/N}^{2r})$。当 $m_{S/N}^{1r} = m_{S/N}^{2r}$，$n_{S/N}^{1r} = n_{S/N}^{2r}$ 时，我们称 A_1 和 A_2 重合，记作 $A_1 = A_2$。

2) 包含关系

只有空域网格单元处于不同层级，它们之间才存在包含关系。因此，$r_1 \neq r_2$，$l_1 \neq l_2$，并假设 $r_1 > r_2$。空域网格单元处于不同层级时，A_1、A_2 网格赋值矩阵不同，无法进行判断。因而，利用网格位置编码进行拓扑关系判断。

当 $j=1,2,\cdots,l$ 时，满足 $M_1(j) \circledast M_2(j) = 0$，其中 $M_i(j)$ 表示网格位置编码 M_i 的第 j 个位置的标识符，我们称 A_1 包含于 A_2，或者 A_2 包含 A_1，记作 $A_1 \subset A_2$。

3) 邻接关系

(1) 同一层级的空域网格单元。

第一种情况：当 $M_1(1) \circledast M_2(1) = 1$，即 A_1 和 A_2 分不同南北半球。

当 $j=2,\cdots,l$ 时，满足 $M_1(j) \circledast M_2(j) = 0$ 时，我们称 A_1、A_2 关于赤道轴对称；特别地当 $M_1(3) = M_2(3) = A$，此时 A_1 和 A_2 以赤道邻接。

第二种情况：当 $M_1(1) \circledast M_2(1) = 0$，即 A_1 和 A_2 处于同一个半球。

当 $n_{S/N}^{1r} = n_{S/N}^{2r}$，$m_{S/N}^{2r} - m_{S/N}^{1r} = 1$ 时，A_1 和 A_2 上边线邻接；

当 $n_{S/N}^{1r} = n_{S/N}^{2r}$，$m_{S/N}^{1r} - m_{S/N}^{2r} = 1$ 时，A_1 和 A_2 下边线邻接；

当 $m_{S/N}^{1r} = m_{S/N}^{2r}$，$n_{S/N}^{2r} - n_{S/N}^{1r} = 1$ 时，A_1 和 A_2 左边线邻接；

当 $m_{S/N}^{1r} = m_{S/N}^{2r}$，$n_{S/N}^{1r} - n_{S/N}^{2r} = 1$ 时，A_1 和 A_2 右边线邻接；

当 $m_{S/N}^{2r} - m_{S/N}^{1r} = 1$，$n_{S/N}^{2r} - n_{S/N}^{1r} = 1$ 时，A_1 和 A_2 左上点邻接；

当 $m_{S/N}^{2r} - m_{S/N}^{1r} = 1$，$n_{S/N}^{1r} - n_{S/N}^{2r} = 1$ 时，A_1 和 A_2 右上点邻接；

当 $m_{S/N}^{1r} - m_{S/N}^{2r} = 1$，$n_{S/N}^{2r} - n_{S/N}^{1r} = 1$ 时，A_1 和 A_2 左下点邻接；

当 $m_{S/N}^{1r} - m_{S/N}^{2r} = 1$，$n_{S/N}^{1r} - n_{S/N}^{2r} = 1$ 时，A_1 和 A_2 右下点邻接。

(2) 不同层级的空域网格单元。

A_1 的网格编码取 M_1 前 l_2 个标识符得到前级网格 A_{1l_2}，使得 $A_1 \subset A_{1l_2}$，A_{1l_2} 和 A_2 属于同一层级。以 A_{1l_2} 为基准，按照第 r_1 级间隔划分得到阶数为 $m_{\widetilde{r_1}} \times n_{\widetilde{r_1}}$ 的局部网格赋值矩阵 $G_{S/N}^{\widetilde{r_1}}$，$A_1$ 所在位置的矩阵行列号为 $(m_{S/N}^{\widetilde{r_1}}, n_{S/N}^{\widetilde{r_1}})$。

第一种情况：$M_1(1) \circledast M_2(1) = 1$，即 A_1 和 A_2 分不同南北半球。

当 A_{1l_2} 与 A_2 满足以赤道邻接关系时，若 A_1 在南半球，$m_S^{\widetilde{r_1}} = 1$ 时，则 A_1 和 A_2 以赤

道邻接；若 A_1 在北半球，$m_N^{\widetilde{lr_i}} = m_{\widetilde{r_i}}$ 时，则 A_1 和 A_2 以赤道邻接。

第二种情况：$M_1(1) \circledast M_2(1) = 0$，即 A_1 和 A_2 处于同一个半球。

当 A_{ll_2} 与 A_2 满足上边线邻接关系，$m_{N/S}^{\widetilde{lr_i}} = m_{\widetilde{r_i}}$ 时，A_1 和 A_2 上边线邻接；

当 A_{ll_2} 与 A_2 满足下边线邻接关系，$m_{N/S}^{\widetilde{lr_i}} = 1$ 时，A_1 和 A_2 下边线邻接；

当 A_{ll_2} 与 A_2 满足左边线邻接关系，$n_{N/S}^{\widetilde{lr_i}} = n_{\widetilde{r_i}}$ 时，A_1 和 A_2 左边线邻接；

当 A_{ll_2} 与 A_2 满足右边线邻接关系，$n_{N/S}^{\widetilde{lr_i}} = 1$ 时，A_1 和 A_2 右边线邻接；

当 A_{ll_2} 与 A_2 满足左上点邻接关系，$m_{N/S}^{\widetilde{lr_i}} = m_{\widetilde{r_i}}$ 且，A_1 与 A_2 左上点邻接；

当 A_{ll_2} 与 A_2 满足右上点邻接关系，$m_{N/S}^{\widetilde{lr_i}} = m_{\widetilde{r_i}}$ 且 $n_{N/S}^{\widetilde{lr_i}} = 1$ 时，A_1 与 A_2 右上点邻接；

当 A_{ll_2} 与 A_2 满足左下点邻接关系，$m_{N/S}^{\widetilde{lr_i}} = 1$ 且 $n_{N/S}^{\widetilde{lr_i}} = n_{\widetilde{r_i}}$ 时，A_1 与 A_2 左下点邻接；

当 A_{ll_2} 与 A_2 满足右下点邻接关系，$m_{N/S}^{\widetilde{lr_i}} = 1$ 且 $n_{N/S}^{\widetilde{lr_i}} = 1$ 时，A_1 与 A_2 右下点邻接。

2. 空域网格单元集合描述空域的空间关系

空域网格单元集合描述的空域，通常是"线""面"类空域，在本节中我们建立的空域网格单元集合描述空域均为连通区域，它们之间计算分析包括"面-面""线-线""线-面"等关系。

对空域网格单元集合 $AM_1 = \{M_1^1, M_1^2, \cdots, M_1^x\}$，对应划分层级集合 $AR_1 = \{r_1^1, r_1^2, \cdots, r_1^p\}$，其中 $x \geq p$；$AM_2 = \{M_2^1, M_2^2, \cdots, M_2^y\}$，对应层级集合 $AR_2 = \{r_2^1, r_2^2, \cdots, r_2^q\}$，其中 $y \geq q$，$M_i^{j_i}$ 代表空域网格单元集合 AM_i 的第 j_i 个网格单元的网格位置编码。

假设 $AM = AM_1 \cup AM_2$，$\Delta AM = AM_1 \cap AM_2$，$AR = AR_1 \cup AR_2$，$\Delta AR = AR_1 \cap AR_2$。若集合 AR 中最大元素为 $r_{\max}$，按照层级 $r_{\max}$ 对空域 AM_1 和 AM_2 进行划分，得到对应局部网格赋值矩阵 $G^{r_{\max}}$，及对应空域网格单元集合 $AG_1 = \{g_1^1, g_1^2, \cdots, g_1^X\}$，$X > x$，$AG_2 = \{g_2^1, g_2^2, \cdots, g_2^Y\}$，$Y > y$，$g_i^{j_i} = (m_i^{j_i}, n_i^{j_i})$ 代表空域网格单元集合 AG_i 的第 j_i 个网格单元的矩阵行列号。特别地，当空域网格单元集合代表交通航迹时，$g_i^{j_i} = (m_i^{j_i}, n_i^{j_i}, H_i, T_i)$，对应的矩阵行号、列号、高度和时间，应考虑高度和时间对空间拓扑关系的影响。因此不同层级的空域网格单元集合可转换为同一层级的空域网格单元矩阵形式集合进行空间拓扑关系判断，以下仅需考虑同层一级空域网格单元集合的空间拓扑关系。

1) "面-面"空间关系

第一种情况：包含关系。两个空域网格单元集合中的网格单元均存在重合或者包含关系，则称这两个集合满足包含关系，具体判断方法如下：

(1) 利用网格位置编码进行判断：若对任意 $j_1 \in [1,x]$，存在 $j_2 \in [1,y]$，使得 $M_1^{j_1} \subseteq M_1^{j_2}$，则 $AM_1 \subseteq AM_2$。同样地，若对任意 $j_2 \in [1,y]$，存在 $j_1 \in [1,x]$，使得 $M_1^{j_2} \subseteq M_1^{j_1}$，则 $AM_2 \subseteq AM_1$。特别地，当 $AM_1 \subseteq AM_2$，$AM_2 \subseteq AM_1$ 时，$AM_1 = AM_2$。

(2) 利用网格赋值矩阵行列号进行判断：若 $AG_1 \cap AG_2 = AG_2$，我们称 AG_2 包含于 AG_1，记作 $AG_2 \subset AG_1$；若 $AG_1 \cap AG_2 = AG_1$，我们称 AG_1 包含于 AG_2，记作 $AG_1 \subset AG_2$。特别地，当 $AG_1 \subset AG_2$，$AG_2 \subset AG_1$ 时，$AG_1 = AG_2$。

第二种情况：相交关系。两个空域网格单元集合中的部分网格单元存在重合或者包含关系，则称这两个集合满足相交关系，具体判断方法如下：

假设 $AG = AG_1 \cup AG_2$，$\Delta AG = AG_1 \cap AG_2$，若 $\Delta AG \neq \varnothing$，并且 $AG \ominus \Delta AG \neq \varnothing$，我们称 AG_1 与 AG_2 相交。

第三种情况：邻接关系。只有当集合中的网格单元存在邻接关系，网格单元集合才能满足邻接关系，具体判断方法如下：

若 $AG_1 \cap AG_2 = \varnothing$，设 $AG = AG_1 \cup AG_2$，集合 $AG_0 = \varnothing$。对 AG 中每个 g_i^j 分别计算与其邻接网格的矩阵行列号，若满足至少一个邻接网格属于 AG，则将 g_i^j 添加到集合 AG_0，重复一下操作，直至遍历 AG 中所有元素。

若 $AG \ominus AG_0 = \varnothing$，则称 AG_1 和 AG_2 满足邻接关系。

第四种情况：不相邻空间区域最短距离。若 $(AG_1 \cap AG_2 = \varnothing) \cdot (AG \ominus AG_0 \neq \varnothing) = 1$，则 AG_1 和 AG_2 不相邻。

对 $1 \leq j_1 \leq X$，$1 \leq j_2 \leq Y$，$\Delta h_{j_1,j_2} = (m_1^{j_1} - m_2^{j_2})^2 + (n_1^{j_1} - n_2^{j_2})^2$，求最小值 $= \min[\Delta h_{j_1,j_2}]$，得到对应网格 $g_1^{j_1}$ 和 $g_2^{j_2}$，根据式(3.38)求得 $d(AG_1, AG_2) = d(g_1^{j_1}, g_2^{j_2})$。

2) "线-线"空间关系

线-线关系，常见是空域管理的航线与航线、航迹与航迹之间的关系，这种关系重点在于计算分析它们之间是否相交、重合与穿越。由于航线与航线之间的关系计算分析，主要是判断线对应的网格单元集合相交是否为"空"这个问题，判断相对简单，这里不再详细介绍了，下面重点针对航迹与航迹的关系建立具体方法如下。

空域网格单元集合 $TG_1 = \{g_1^1, g_1^2, \cdots, g_1^X\}$ 和 $TG_2 = \{g_2^1, g_2^2, \cdots, g_2^Y\}$，$g_i^j = (m_i^j, n_i^j, H_i, T_i)$，$g_i^j$ 的每个元素分别对应矩阵行号、列号、高度和时间，$g_i^j(p)$ 代表 g_i^j 中的第 p 个元素，$1 \leq p \leq 4$。由于比面-面关系多了高度和时间的影响，假设垂直空间安全间隔为 ΔH，水平空间安全时间间隔 ΔT。

(1) 相交关系。

当两条航迹中网格单元部分存在重合或在安全间隔内相对重合时，称两条航迹满足相交关系。

计算每个 $H_{uv} = H(g_1^u, g_2^v)$，$1 \leq u \leq X$，$1 \leq v \leq Y$。计算结果满足 $0 \leq H_{uv} \leq 4$，按以下方式将对应 g_1^u, g_2^v 进行分类。

当 $H_{uv}=0$ 时,表示 g_1^u, g_2^v 完全重合,则将对应 g_1^u, g_2^v 添加到初始为空的集合 ΔTG_0。

当 $H_{uv}=1$ 时,表示 g_1^u, g_2^v 仅有一个位置的元素不同,若两者要满足重合关系,只能是安全间隔内的相对重合,不同的元素只能是高度或时间,并且数值差值在安全间隔内,即 $g_1^u(3) \circledast g_2^v(3) = 1$ 时,满足 $|g_1^u(3) - g_2^v(3)| < \Delta H$,或 $g_1^u(4) \circledast g_2^v(4) = 1$ 时,$|g_1^u(4) - g_2^v(4)| < \Delta T$,将对应 g_1^u, g_2^v 添加到初始为空的集合 ΔTG_1。

当 $H_{uv}=2$ 时,表示 g_1^u, g_2^v 有两个位置的元素不同,若两者要满足重合关系,只能是安全间隔内的相对重合,不同的元素只能是高度和时间,并且数值差值都在对应安全间隔内,即 $(g_1^u(3) \circledast g_2^v(3)) \cdot (g_1^u(4) \circledast g_2^v(4)) = 1$ 时,并同时满足 $|g_1^u(3) - g_2^v(3)| < \Delta H$,$|g_1^u(4) - g_2^v(4)| < \Delta T$,将对应 g_1^u, g_2^v 添加到初始为空的集合 ΔTG_2。

当 $H_{uv}=3$、4 时,均不能满足网格单元重合关系,将对应 g_1^u, g_2^v 添加到初始为空的集合 ΔTG_3。

综上所述,若 $\Delta TG_0 \neq \varnothing$,$\Delta TG_3 \neq \varnothing$,则称两条交通航线相交,且存在完全重合的点;若 $\Delta TG_0 = \varnothing, \Delta TG_1 \neq \varnothing$,$\Delta TG_3 \neq \varnothing$,或者 $\Delta TG_0 = \varnothing, \Delta TG_1 = \varnothing, \Delta TG_2 \neq \varnothing$,$\Delta TG_3 \neq \varnothing$,则称两条交通航线在安全间隔内相交。

(2) 重合关系。

当两条航迹中全部网格单元重合或在安全间隔内相对重合时,即 $X=Y$,$\Delta TG_3 = \varnothing$,称两条航迹满足重合关系。

(3) 穿越关系。

当两条航迹中网格单元位置存在重合关系,但是在安全间隔之外时,即:
$(g_1^u(1) \circledast g_2^v(1)) \oslash (g_1^u(2) \circledast g_2^v(2)) = 1$,且
$|g_1^u(3) - g_2^v(3)| \geq \Delta H$,$|g_1^u(4) - g_2^v(4)| \geq \Delta T$ 时,则称两条航迹相互穿越。

3)"线-面"空间关系

线-面关系主要是指航线与空域、航迹与空域的关系。同样由于航线与空域主要是以空域网格单元集合的相交关系进行判断,相对简单,这里重点介绍航迹与空域的关系。

集合 $AG_1 = \{g_1^1, g_1^2, \cdots, g_1^X\}$,其所在高度层 $H = [H_{\min}, H_{\max}]$,航迹 $TG_2 = \{g_2^1, g_2^2, \cdots, g_2^Y\}$。对 $1 \leq u \leq X$,$1 \leq v \leq Y$,$(g_1^u(1) \odot g_2^v(1)) \cdot (g_1^u(2) \odot g_2^v(2)) = 1$,且 $g_2^v(3) \in H$,将对应 g_2^v 添加到集合 ΔTG,初始 $\Delta TG = \varnothing$。

(1) 包含关系。在空域区域 AG_1 中的网格单元集合中存在与航迹 TG_2 位置重合的单元集合,并且 TG_2 全部在高度层 H 中,即 $\Delta TG = TG_1$,则称航迹 TG_1 包含于空域区域 AG_1 中,记作 $TG_1 \subset AG_1$。

(2) 穿过关系。在空域区域 AG_1 中的网格单元集合中存在与航迹 TG_2 部分位置重合的单元集合，并且 TG_2 中重合的网格单元均在高度层 H 中，即 $\Delta TG \neq \varnothing, \sim \Delta TG \neq \varnothing$，则称航迹 TG_1 穿过空域区域 AG_1。

(3) 穿越关系。在空域区域 AG_1 中的网格单元集合中存在与航迹 TG_2 部分位置重合的单元集合，并且 TG_2 中重合的网格单元均不在高度层 H 中，即 $\Delta TG = \varnothing$，则称航迹 TG_1 穿越空域区域 AG_1。

3. 算例分析

对位置编码"N-37-J"的第一级空域网格单元，局部坐标系按照空域管理局部网格编码模型进行网格划分，局部坐标系下的相对位置编码的网格单元集合 $\hat{AM}_1$ 和 $\hat{AM}_2$ 分别为：

$\hat{AM}_1 =\{8H3, 8H4, 7H1, 7H2, 8H1, 8H2, 7G5, 7G6, 6G3, 6G4, 7G3\}$

$\hat{AM}_2 =\{6G1, 6G2, 7G1, 4F5, 5F5, 5F6, 6F5, 3F3, 3F4, 5F3, 5F4, 2F1, 2F2, 3F1, 3F2, 2E5, 2E6\}$

对网格单元集合 $\hat{AM}_1$ 和 $\hat{AM}_2$ 进行空间拓扑关系判断步骤如下：

步骤 1：根据算法 A-2.10 计算其在全局坐标系下的位置编码的网格单元集合 AM_1 和 AM_2 为：

$AM_1=\{$N-37-J-4-20-3,N-37-J-4-20-4,N-37-J-4-19-1,N-37-J-4-19-2,N-37-J-4-20-1,N-37-J-4-20-2,N-37-J-4-13-5,N-37-J-4-13-6,N-37-J-3-18-3,N-37-J-3-18-4,N-37-J-4-13-3$\}$。

$AM_2=\{$N-37-J-3-18-1,N-37-J-3-18-2,N-37-J-4-13-1,N-37-J-3-10,,N-37-J-3-11-5,N-37-J-3-11-6,N-37-J-3-12-5,N-37-J-3-9-3,N-37-J-3-9-4,N-37-J-3-11-3,N-37-J-3-11-4,N-37-J-3-8-1,N-37-J-3-8-2,N-37-J-3-9-1,N-37-J-3-9-2,N-37-J-3-2-5,N-37-J-3-2-6$\}$。

步骤 2：假设 $AM = AM_1 \cup AM_2$，对 AM 按全局球面划分第八级间隔进行重新划分，得到基于局部网格赋值矩阵的行列号对的网格单元集合 AG_1 和 AG_2 分别为：

$AG_1=\{(2,15),(2,16),(3,13),(3,14),(3,15),(3,16),(4,13),(4,14),(5,11),(5,12),(5,13)\}$

$AG_2=\{(6,11),(6,12),(6,13),(7,7),(7,8),(7,9),(7,10),(7,11),(8,5),(8,6),(8,7),(8,8),(8,9),(8,10),(9,3),(9,4),(9,5),(9,6),(9,7),(9,8),(10,3),(10,4)\}$

步骤 3：判断网格单元集合 AG_1 和 AG_2 的空间拓扑关系：

① 由 $AG_1 \cap AG_2 = \varnothing$，可知集合 AG_1 和 AG_2 不存在包含、相交关系；

② 设 $AG = AG_1 \cup AG_2$，集合 $AG_0 = \varnothing$，对 AG 中每个 g_i^j 分别计算与其邻接网格的矩阵行列号，若满足至少一个邻接网格属于 AG，则将 g_i^j 添加到集合 AG_0。

例如 $g_1^1 = (2,15)$ 其上边线邻接网格 (1,15)，下边线邻接网格 (3,15)，左边线邻接网格 (2,14)，右边线邻接网格 (2,16)，左上点邻接网格 (1,14)，右上点邻接网格 (1,16)，左下点邻接网格 (3,14)，右下点邻接网格 (3,16)，其中 $(3,15),(2,16),(3,16) \in AG$，$AG_0 = \{(2,15)\}$，重复上述操作，直到遍历 AG 中所有元素，得到：

$AG_0 = \{(2,15),(2,16),(3,13),(3,14),(3,15),(3,16),(4,13),(4,14),(5,11),(5,12),(5,13)(6,11),(6,12),(6,13),(7,7),(7,8),(7,9),(7,10),(7,11),(8,5),(8,6),(8,7),(8,8),(8,9),(8,10),(9,3),(9,4),(9,5),(9,6),(9,7),(9,8),(10,3),(10,4)\}$

因此，$AG \ominus AG_0 = \varnothing$，则 AG_1 和 AG_2 满足邻接关系。

步骤 4：画出网格单元集合 AG_1 和 AG_2 的图形进行验证，如图 3.17 上的图形所示可知，AG_1 和 AG_2 满足邻接关系。

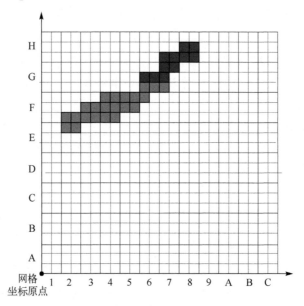

图 3.17 空域网格单元空间关系计算示例

3.2.3 计算方法应用

1. 空域球面投影的几何属性定义

定义 3.17 空域网格单元经向长函数。给定一个空域网格单元集合 $AM = \{M_1, M_2, \cdots, M_N\}$，则映射 $f_L : AM \mapsto L$ 为定义在 AM 上的经向长度函数，记为：

$$y_1 = f_L(x), \quad x \in AM \tag{3.39}$$

或 $\forall x \in \mathrm{AM} \xrightarrow{f_L} y \in f_L(\mathrm{AM}) = \{y_1|y_1 = f_L(x), x \in \mathrm{AM}\}$，其中对应规则 f_L 由式(2.13)可得。

定义 3.18 空域网格纬向长函数。给定一个空域网格单元集合 $\mathrm{AM} = \{M_1, M_2, \cdots, M_N\}$，则映射 $f_B: \mathrm{AM} \mapsto B$ 为定义在 AM 上的纬向长度函数，记为：

$$y_2 = f_B(x), \quad x \in \mathrm{AM} \tag{3.40}$$

或 $\forall x \in \mathrm{AM} \xrightarrow{f_B} y \in f_B(\mathrm{AM}) = \{y_2|y_2 = f_B(x), x \in \mathrm{AM}\}$，其中对应规则 f_B 由式(2.14)可得。

假设集合 AM 中网格编码层级最大为 $r_{\max}$，将 AM 转换为第 $r_{\max}$ 级空域网格单元组成的集合，其矩阵形式为 $\mathrm{AG} = \{G_1, G_2, \cdots, G_M\}$，$M > N$。

对 $j \in [1, N]$，网格编码为 M_j 的区域 $\mathrm{AG}_j = \{G_{j1}, G_{j2}, \cdots, G_{jm}\}$，$\mathrm{AG} = \bigcup_{j=1}^{N} \mathrm{AG}_j$。

假设集合 $\mathrm{AG}_{L0} = \varnothing$，$\mathrm{AG}_{L1} = \varnothing$，$\mathrm{AG}_{L2} = \varnothing$，$\mathrm{AG}_{B0} = \varnothing$，$\mathrm{AG}_{B1} = \varnothing$，$\mathrm{AG}_{B2} = \varnothing$。对每个 $i \in [1, M]$ 进行 G_i 分别往上下左右方向进行位置平移，得到新的矩阵行列号如下：

$$G^1_i = (\mathrm{AG}_i(1) - 1, \mathrm{AG}_i(2)), \quad G^2_i = (\mathrm{AG}_i(1) + 1, \mathrm{AG}_i(2))$$

$$G^3_i = (\mathrm{AG}_{ij}(1), \mathrm{AG}_{ij}(2) - 1), \quad G^4_i = (\mathrm{AG}_{ij}(1), \mathrm{AG}_{ij}(2) + 1)$$

(1) 若满足 $(G^1_i \in \mathrm{AG}) \cdot (G^2_i \in \mathrm{AG}) = 1$，即 G_i 的上下边界都在 AG 内，将 G_i 添加到集合 AG_{L0}。因此若 $x \in \mathrm{AG}_{10}$，$y_1 = 0$。

(2) 若满足 $(G^1_i \notin \mathrm{AG}) \cdot (G^2_i \in \mathrm{AG}) = 1$，即 G_i 的上边线为 AG 的边界，将 G_i 添加到集合 AG_{L1}，此时 $y_1 = f_L(\dot{x})$，$\dot{x}$ 为 G^1_i 对应的网格编码 $\dot{M}_i$。

(3) 若满足 $(G^1_i \in \mathrm{AG}) \cdot (G^2_i \notin \mathrm{AG}) = 1$，$y_1 = f_L(x)$，即 G_i 的下边线为 AG 的边界，将 G_i 添加到集合 AG_{L2}，x 为 G_i 对应的网格编码 M_i。

综上所得：

$$y_1 = \begin{cases} 0, & x \in \mathrm{AG}_{L0} \\ f_L(\dot{x}), & x \in \mathrm{AG}_{L1} \\ f_L(x), & x \in \mathrm{AG}_{L2} \end{cases} \tag{3.41}$$

(1) 若满足 $(G^3_i \in \mathrm{AG}) \cdot (G^4_i \in \mathrm{AG}) = 1$，即 G_i 在 AG 中，不在 AG 的边界，将 G_i 添加到集合 AG_{B0}。因此若 $x \in \mathrm{AG}_{20}$，$y_2 = 0$；

(2) 若满足 $(G^3_i \notin \mathrm{AG}) \cdot (G^4_i \in \mathrm{AG}) = 1$，即 G_i 的左边线为 AG 的边界，将 G_i 添加到集合 AG_{B1}，此时 $y_2 = f_B(x)$，x 为 G_i 对应的网格编码 M_i。

(3) 若满足 $(G^3_i \in \mathrm{AG}) \cdot (G^4_i \notin \mathrm{AG}) = 1$，$y_2 = f_B(x)$，即 G_i 的右边线在 AG 的边界，将 G_i 添加到集合 AG_{B2}，$y_2 = f_B(x)$，x 为 G_i 对应的网格编码 M_i。

综上所得：

$$y_2 = \begin{cases} 0, & x \in AG_{B0} \\ f_B(x), & x \in AG_{B1} \cup AG_{B2} \end{cases} \quad (3.42)$$

函数均满足 $f_L(AM) = \sum_{i=1}^{M} f_L(x_i)$，$f_B(AM) = \sum_{i=1}^{M} f_B(x_i)$，$x_i \in AM$。

定义 3.19 空域球面投影面积函数。给定一个空域网格单元集合 $AM = \{M_1, M_2, \cdots, M_N\}$，则映射 $f_s: AM \mapsto S$ 为定义在 AM 上的面积函数，记为：

$$y = f_s(x), \quad x \in AM \quad (3.43)$$

或 $\forall x \in AM \xrightarrow{f_s} y \in f_s(AM) = \{y | y = f_s(x), x \in AM\}$，其中对应规则 f_s 由式(2.16)可得。

特别地，若 $x_1, x_2 \in AM$，$f_s(x_1 + x_2) = f_s(x_1) + f_s(x_2)$。由此可得：

$$f_s(AM) = \sum_{i=1}^{N} f_s(x_i), \quad x_i \in AM \quad (3.44)$$

2. 算例分析

对位置编码 "N-37-J" 的第一级空域网格单元，局部坐标系按照空域管理局部网格编码模型进行网格划分，如图 3.17 所示，区域 $AG = AG_1 \cup AG_2$，基于局部网格赋值矩阵的行列号对的网格单元集合 AG_1 和 AG_2 分别为：

$AG_1 = \{(2,15), (2,16), (3,13), (3,14), (3,15), (3,16), (4,13), (4,14), (5,11), (5,12), (5,13)\}$

$AG_2 = \{(6,11), (6,12), (6,13), (7,7), (7,8), (7,9), (7,10), (7,11), (8,5), (8,6), (8,7), (8,8), (8,9), (8,10), (9,3), (9,4), (9,5), (9,6), (9,7), (9,8), (10,3), (10,4)\}$

对应的面积和长度计算步骤如下：

步骤 1： 计算其对应基于同级网格的局部坐标系相对位置编码的网格单元集合 $\hat{AM}_1$ 和 $\hat{AM}_2$ 分别为：

$\hat{AM}_1 = \{8H3, 8H4, 7H1, 7H2, 8H1, 8H2, 7G5, 7G6, 6G3, 6G4, 7G3\}$

$\hat{AM}_2 = \{\{6G1, 6G2, 7G1, 4F5, 4F6, 5F5, 5F6, 6F5, 3F3, 3F4, 4F3, 4F4, 5F3, 5F4, 2F1, 2F2, 3F1, 3F2, 4F1, 4F2, 2E5, 2E6\}$

步骤 2： 根据算法 A-2.10 计算其在全局坐标系下的位置编码的网格单元集合 AM_1 和 AM_2 分别为：

$\hat{AM}_1 = \{N-37-J-4-20-3, N-37-J-4-20-4, N-37-J-4-19-1, N-37-J-4-19-2, N-37-J-4-20-1, N-37-J-4-20-2, N-37-J-4-13-5, N-37-J-4-13-6, N-37-J-3-18-3, N-37-J-3-18-4, N-37-J-4-13-3\}$。

$\mathrm{A\hat{M}}_2$={N–37–J–3–18–1,N–37–J–3–18–2,N–37–J–4–13–1,N–37–J–3–10–5,N–37–J–3–10–6,N–37–J–3–11–5,N–37–J–3–11–6,N–37–J–3–12–5,N–37–J–3–9–3,N–37–J–3–9–4,N–37–J–3–10–3,N–37–J–3–10–4,N–37–J–3–11–3,N–37–J–3–11–4,N–37–J–3–8–1,N–37–J–3–8–2,N–37–J–3–9–1,N–37–J–3–9–2,N–37–J–3–10–1,N–37–J–3–10–2,N–37–J–3–2–5,N–37–J–3–2–6}。

步骤 3：根据算法 A-2.6 得出，计算该网格的坐标原点经纬值，见表 3.2。

步骤 4：面积计算，由定义 3.19 分别计算每个 $y = f_s(M_i)$，$i \in [1,33]$，见表 3.2

$$f_s(\mathrm{AM}) = \sum_{i=1}^{33} f_s(M_i) = 13312.3527 \mathrm{km}^2$$

步骤 5：计算 $\mathrm{AM} = \mathrm{AM}_1 \bigcup \mathrm{AM}_2$ 经向边长：

(1) 将集合 AG 中元素进行分类，$\mathrm{AG} = \mathrm{AG}_{L0} \bigcup \mathrm{AG}_{L1} \bigcup \mathrm{AG}_{L2}$，对 AG 每个矩阵行列号对进行对其进行上下方向的位置平移，通过前一节的方法，将上下边线在 AG 中且不在 AG 的边界的矩阵行列号对添加到集合 AG_{L0}，上边线为 AG 的边界的矩阵行列号对添加到集合 AG_{L1}，下边线为 AG 的边界的矩阵行列号对添加到集合 AG_{L1}。因此：

AG_{L0}={(4,13),(5,13),(6,11),(8,7),(8,8)}

AG_{L1}={(2,15),(2,16),(3,13),(3,14),(5,11),(5,12),(7,7),(7,8),(7,9),(7,10),(8,5),(8,6),(9,3),(9,4)}

AG_{L2}={(3,15),(3,16),(4,14),(6,12),(6,13),(7,11),(8,9),(8,10),(9,5),(9,6),(9,7),(9,8),(10,3),(10,4)}

(2) 根据公式计算网格单元经向边长，结果见表 3.2。

$$y_1 = \begin{cases} 0, & M_i \in \mathrm{AG}_{L0} \\ f_L(\dot{M}_i), & M_i \in \mathrm{AG}_{L1}, \dot{M}_i \text{是} M_i \text{向上平移一格的网格编码} \\ f_L(M_i), & M_i \in \mathrm{AG}_{L2} \end{cases}$$

因此，网格单元集合经向边长 $f_L(\mathrm{AM}) = \sum_{i=1}^{33} f_L(M_i) = 606.8896 \mathrm{km}$。

步骤 6：计算 $\mathrm{AM} = \mathrm{AM}_1 \bigcup \mathrm{AM}_2$ 纬向边长：

(1) 将集合 AG 中元素进行分类，$\mathrm{AG} = \mathrm{AG}_{B0} \bigcup \mathrm{AG}_{B1} \bigcup \mathrm{AG}_{B2}$，对 AG 每个矩阵行列号对进行对其进行左右方向的位置平移，通过前一节的方法，将左右边线在 AG 中且不在 AG 的边界的矩阵行列号对添加到集合 AG_{B0}，左边线为 AG 的边界的矩阵行列号对添加到集合 AG，右边线为 AG 的边界的矩阵行列号对添加到集合 AG_{B2}。因此：

AG_{B0}={(3,14),(3,15),(5,12),(6,12),(7,8),(7,9),(7,10),(8,7),(8,8),(8,9),(9,4),

(9,5), (9,6), (9,7)}

AG$_{B1}$={(2,15), (3,13), (4,13), (5,11), (6,11), (7,7), (8,5), (9,3), (10,3)}

AG$_{B2}$={(2,16), (3,16), (4,14), (5,13), (6,13), (8,10), (9,8), (10,4)}

（2）根据公式计算网格单元纬向边长，结果见表 3.2。

$$y_2 = \begin{cases} 0, & M_i \in \mathrm{AG}_{B0} \\ f_B(M_i), & M_i \in \mathrm{AG}_{B1} \bigcup \mathrm{AG}_{B2} \end{cases}$$

因此，网格单元集合纬向边长 $f_B(\mathrm{AM}) = \sum_{i=1}^{33} f_B(M_i) = 149.0163 \mathrm{km}$。

表 3.2 空域网格单元几何属性算例表

序号 i	网格位置编码 M_i	网格的坐标原点经纬值	$f_l(M_i)$	$F_B(M_i)$	$F_s(M_i)$
1	N-37-J-4-20-3	(39°30′,39°40′)	21.4523	18.6306	399.1886
2	N-37-J-4-20-4	(39°45′,39°40′)	21.4523	18.6306	399.1886
3	N-37-J-4-19-1	(39°,39°30′)	21.5037	18.6301	400.1368
4	N-37-J-4-19-2	(39°15′,39°30′)	21.5037	0	400.1368
5	N-37-J-4-20-1	(39°30′,39°30′)	21.5550	0	400.1368
6	N-37-J-4-20-2	(39°45′,39°30′)	21.5550	18.6301	400.1368
7	N-37-J-4-13-5	(39°,39°20′)	0	18.6295	401.0816
8	N-37-J-4-13-6	(39°15′,39°20′)	21.6061	18.6295	401.0816
9	N-37-J-3-18-3	(38°30′,39°10′)	21.6061	18.6290	402.0230
10	N-37-J-3-18-4	(38°45′,39°10′)	21.6061	0	402.0230
11	N-37-J-4-13-3	(39°,39°10′)	0	18.6290	402.0230
12	N-37-J-3-18-1	(38°30′,39°)	0	18.6284	402.9609
13	N-37-J-3-18-2	(38°45′,39°)	21.6570	0	402.9609
14	N-37-J-4-13-1	(39°,39°)	21.6570		402.9609
15	N-37-J-3-10-5	(37°30′,38°50′)	21.6570	18.6279	403.8954
16	N-37-J-3-10-6	(37°45′,38°50′)	21.6570	0	403.8954
17	N-37-J-3-11-5	(38°,38°50′)	21.6570	0	403.8954
18	N-37-J-3-11-6	(38°15′,38°50′)	21.6570	0	403.8954
19	N-37-J-3-12-5	(38°30′,38°50′)	21.7077	18.6279	403.8954
20	N-37-J-3-9-3	(37°,38°40′)	21.7077	18.6273	404.8263
21	N-37-J-3-9-4	(37°15′,38°40′)	21.7077	0	404.8263
22	N-37-J-3-10-3	(37°30′,38°40′)	0	0	404.8263

续表

序号 i	网格位置编码 M_i	网格的坐标原点经纬值	$f_i(M_i)$	$F_B(M_i)$	$F_s(M_i)$
23	N-37-J-3-10-4	(37°45′,38°40′)	0	0	404.8263
24	N-37-J-3-11-3	(38°,38°40′)	21.7582	0	404.8263
25	N-37-J-3-11-4	(38°15′,38°40′)	21.7582	18.6273	404.8263
26	N-37-J-3-8-1	(36°30′,38°30′)	21.7582	18.6267	405.7538
27	N-37-J-3-8-2	(36°45′,38°30′)	21.7582	0	405.7538
28	N-37-J-3-9-1	(37°,38°30′)	21.8085	0	405.7538
29	N-37-J-3-9-2	(37°15′,38°30′)	21.8085	0	405.7538
30	N-37-J-3-10-1	(37°30′,38°30′)	21.8085	0	405.7538
31	N-37-J-3-10-2	(37°45′,38°30′)	21.8085	18.6267	405.7538
32	N-37-J-3-2-5	(36°30′,38°20′)	21.8587	18.6262	406.6779
33	N-37-J-3-2-6	(36°45′,38°20′)	21.8587	18.6262	406.6779
34	AM	(36°,36°)	606.8896	149.0162	13312.3527

3.3 空域赋值计算

在实现连续空域离散成网格单元的问题的基础上，需要实现对空中交通管理的定量化和精确化。因此，本节基于网格赋值矩阵构建出一套空域赋值计算法则，重点介绍了网格赋值矩阵的运算法则定义、空域赋值方法及其计算方法的应用。

3.3.1 赋值计算法则

1. 网格赋值矩阵运算符定义及说明

定义 3.20 加运算：+。如果 A、B 为同维网格赋值矩阵，则 A 加 B，记为 $A+B$，表示 A 与 B 对应位置元素相加；如果其中一个矩阵为标量，则表示另一个矩阵的所有元素加上该标量。

定义 3.21 减运算：-。如果 A、B 为同维网格赋值矩阵，则 A 减 B，记为 $A-B$，表示 A 与 B 对应位置元素相加；如果 B 为标量，则表示 A 的所有元素减去 B，其他情况同理可得。

定义 3.22 累加和：sum。如果 B 是 A 累加和，记为 $B=\text{sum}(A,\text{dim})$。如果 A 为网格赋值向量，则 B 等于 A 的各元素之和；如果 A 为网格赋值矩阵，dim=1 时，B 是一个行向量，其第 i 个元素是矩阵 A 的第 i 列的各元素之和；dim=2 时，B 是一个列向量，其第 i 个元素是矩阵 A 的第 i 行的各元素之和。

定义 3.23 点乘：×。如果 A、B 为同维网格赋值矩阵，则 $A×B$，表示 A 与 B

对应位置元素相乘；如果其中一个矩阵为标量，则表示另一个矩阵的所有元素乘上该标量。

定义 3.24 点除：$\div$。如果 A、B 为同维网格赋值矩阵，则 $A \div B$，表示 A 与 B 对应位置元素相乘；如果其中一个矩阵为标量，则表示另一个矩阵的所有元素除以该标量，其中 $B \neq 0$，其他情况同理可得。

定义 3.25 积分：$\int$。网格赋值函数矩阵 $G(x) = (g_{uv}(x))_{m \times n}$，其定义域 $I = [x_1, x_N]$ 划分为 $P = \{J_1, J_2, \cdots, J_n\}$，且 $\bigcup_{i=1}^{n} J_i = I$。$g_{uv}(x)$ 是定义在 I 上是逐段常值的赋值函数，位于网格赋值函数矩阵 $G(x)$ 的 u 行 v 列，即 $\forall x \in J_i$，存在实数 $c_{uv,i}$，使得 $g_{uv}(x) = c_{uv,i}$。积分计算方法如下：

$$\int_{x_1}^{x_N} G(x) \mathrm{d}x = \left(\sum_{i=1}^{n} c_{uv,i} \alpha(J_i) \right)_{m \times n} \tag{3.45}$$

其中，$\alpha(J_i)$ 是区间 J_i 的长度。

定义 3.26 二重积分：$\iint$。网格赋值函数矩阵 $G(x,y) = (g_{uv}(x,y))_{m \times n}$，其定义域 $I = [x_1, x_N] \times [y_1, y_M]$，由单重积分同理可得

$$\int_{y_1}^{y_M} \int_{x_1}^{x_N} G(x,y) \mathrm{d}x \mathrm{d}y = \left(\sum_{i=1}^{n} c_{uv,i} \beta(J_i) \right)_{m \times n} \tag{3.46}$$

其中 $\beta(J_i)$ 是区间 J_i 的面积。

定义 3.27 矩阵导数：$\dfrac{\mathrm{d}G}{\mathrm{d}x}$。网格赋值函数矩阵 $G(x) = (g_{uv}(x))_{m \times n}$，其定义域 $I = [x_1, x_N]$，$\Delta G = G(x_{j+1}) - (Gx_j)$，$\Delta x = x_{j+1} - x_j$，则 $\dfrac{\mathrm{d}G(x)}{\mathrm{d}x} = \dfrac{\Delta G}{\Delta x}$。

定义 3.28 一阶偏导数：$\dfrac{\partial G}{\partial x}$。网格赋值函数矩阵 $G(x,y) = (g_{uv}(x,y))_{m \times n}$，其定义域 $I = [x_1, x_N] \times [y_1, y_M]$，$\Delta G = G(x_{j+1}, y) - G(x_j, y)$，$\Delta x = x_{j+1} - x_j$，则 $G_x(x,y) = \dfrac{\partial G(x,y)}{\partial x} = \dfrac{\Delta G}{\Delta x}$；同理 $G_y(x,y) = \dfrac{\partial G(x,y)}{\partial y} = \dfrac{\Delta G}{\Delta y}$。

定义 3.29 二阶偏导数：$\dfrac{\partial G(x,y)}{\partial x \partial y}$。网格赋值函数矩阵 $G(x,y) = (g_{uv}(x,y))_{m \times n}$，其定义域 $I = [x_1, x_N] \times [y_1, y_M]$，则 $G_{xy}(x,y) = \dfrac{\partial G_x(x,y)}{\partial y}$；同理 $G_{yx}(x,y) = \dfrac{\partial G_y(x,y)}{\partial x}$。

2. 矩阵运算符性质

设 $U_{m\times n}$ 为 $m\times n$ 阶网格赋值矩阵组成的集合，$U_{m\times n}$ 必为非空集合，至少包含 $G_0 = \begin{bmatrix} 0 & \cdots & 0 \\ \vdots & \ddots & \vdots \\ 0 & \cdots & 0 \end{bmatrix}_{m\times n}$ 。

(1) $+$：$\forall G_a, G_b \in U_{m\times n}$，$G_a = (g_{ij}^{(a)})_{m\times n}$，$G_b = (g_{ij}^{(b)})_{m\times n}$，那么 $G_a + G_b = (g_{ij}^{(a)} + g_{ij}^{(b)})_{m\times n}$。

封闭性：$\forall G_a, G_b \in U_{m\times n}$，有 $G_a + G_b \in U_{m\times n}$，则 $+$ 这个运算是封闭的，那么集合 $U_{m\times n}$ 与 $+$ 组成一个代数系统，记作 $U_{m\times n}, +$。

结合律：$\forall G_a, G_b, G_c \in U_{m\times n}$，有 $(G_a + G_b) + G_c = G_a + (G_b + G_c)$，则 $+$ 满足结合律；

交换律：$\forall G_a, G_b \in U_{m\times n}$，有 $G_a + G_b = G_b + G_a$，则 $+$ 满足交换律；

消去律：对 $G_a \in U_{m\times n}$，$\forall G_b, G_c \in U_{m\times n}$，有 $G_a + G_b = G_a + G_c \Rightarrow G_b = G_c$，则 $+$ 满足左消去律；$G_b + G_a = G_c + G_a \Rightarrow G_b = G_c$，则 $+$ 满足右消去律；当 $+$ 既满足左消去律，也满足右消去律，则 $+$ 满足消去律。

$-$ 这个运算同理可得，满足以上性质。

(2) $\times$：$\forall G_a, G_b \in U_{m\times n}$，$G_a = (g_{ij}^{(a)})_{m\times n}$，$G_b = (g_{ij}^{(b)})_{m\times n}$，那么 $G_a \times G_b = (g_{ij}^{(a)} \times g_{ij}^{(b)})_{m\times n}$。

封闭性：$\forall G_a, G_b \in U_{m\times n}$，有 $G_a \times G_b \in U_{m\times n}$，则 $\times$ 这个运算是封闭的，那么集合 $U_{m\times n}$ 与 $\times$ 组成一个代数系统，记作 $U_{m\times n}, \times$。

结合律：$\forall G_a, G_b, G_c \in U_{m\times n}$，有 $(G_a \times G_b) \times G_c = G_a \times (G_b \times G_c)$，则 $\times$ 满足结合律；

交换律：$\forall G_a, G_b \in U_{m\times n}$，有 $G_a \times G_b = G_b \times G_a$，则 $\times$ 满足交换律；

消去律：对 $G_a \in U_{m\times n}$，$\forall G_b, G_c \in U_{m\times n}$，有 $G_a \times G_b = G_a \times G_c \Rightarrow G_b = G_c$，则 $\times$ 满足左消去律；$G_b \times G_a = G_c \times G_a \Rightarrow G_b = G_c$，则 $\times$ 满足右消去律；当 $\times$ 既满足左消去律，也满足右消去律，则 $\times$ 满足消去律。

$\div$ 这个运算同理可得，满足以上性质。

(3) $U_{m\times n}, +, \times$：$\forall G_a, G_b, G_c \in U_{m\times n}$，满足分配律，则有 $(G_a + G_b) \times G_c = G_a \times G_c + G_b \times G_c$。

3. 矩阵运算实例

(1) 假设 $A = \begin{bmatrix} 1 & 0 & 0 \\ 0 & 2 & 0 \\ 0 & 4 & 1 \end{bmatrix}$，$B = \begin{bmatrix} 1 & 8 & 1 \\ 1 & 1 & 1 \\ 1 & 4 & 1 \end{bmatrix}$，对网格赋值矩阵 A、B 做各类运算，得到结果如下：

① ±：$A+B = \begin{bmatrix} 2 & 8 & 1 \\ 1 & 3 & 1 \\ 1 & 8 & 2 \end{bmatrix}$，$A-B = \begin{bmatrix} 0 & -8 & -1 \\ -1 & 2 & -1 \\ -1 & 0 & 0 \end{bmatrix}$；

② sum：$\text{sum}(A,1) = \begin{bmatrix} 1 & 6 & 1 \end{bmatrix}$，$\text{sum}(A,2) = \begin{bmatrix} 1 \\ 2 \\ 5 \end{bmatrix}$，$\text{sum}(\text{sum}(A,1)) = \text{sum}(\text{sum}(A,2)) = 8$；

③ ×、÷：$A \times B = \begin{bmatrix} 1 & 0 & 0 \\ 0 & 2 & 0 \\ 0 & 16 & 1 \end{bmatrix}$，$A \div B = \begin{bmatrix} 1 & 0 & 0 \\ 0 & 2 & 0 \\ 0 & 1 & 1 \end{bmatrix}$。

（2）已知在时间段 $\text{I} = [T_1, T_3]$ 内的编号 j (j=0, 1, 2) 的飞行器的逐段常值位置函数为 $G^0(x), G^1(x), G^2(x)$，将 I 划分为 $P = \{J_1, J_2, J_3\}$，且 $\alpha(J_i) = 1$，计算在时间段 $\text{I} = [x_1, x_3]$ 内，编号 j 的飞行器的空域状态网格赋值矩阵 G^*。

步骤 1：计算得到 $G^j(x_i)$，其中 $x_i \in J_i$，$i = 1,2,3$，$j = 0,1,2$；

步骤 2：将飞行器各自网格位置矩阵 G^0、G^1、G^2 组成分块矩阵 G，矩阵 G 表示如下：

$$G = \begin{bmatrix} G^0 \\ G^1 \\ G^2 \end{bmatrix} = \begin{bmatrix} G^0(x_1) & G^0(x_2) & G^0(x_3) \\ G^1(x_1) & G^1(x_2) & G^1(x_3) \\ G^2(x_1) & G^2(x_2) & G^2(x_3) \end{bmatrix} = \begin{bmatrix} \begin{bmatrix} 1 & 0 & 0 \\ 0 & 0 & 0 \\ 0 & 0 & 0 \end{bmatrix} & \begin{bmatrix} 0 & 1 & 0 \\ 0 & 0 & 0 \\ 0 & 0 & 0 \end{bmatrix} & \begin{bmatrix} 0 & 0 & 1 \\ 0 & 0 & 0 \\ 0 & 0 & 0 \end{bmatrix} \\ \begin{bmatrix} 0 & 0 & 0 \\ 2 & 0 & 0 \\ 0 & 0 & 0 \end{bmatrix} & \begin{bmatrix} 0 & 2 & 0 \\ 0 & 0 & 0 \\ 0 & 0 & 0 \end{bmatrix} & \begin{bmatrix} 0 & 0 & 0 \\ 0 & 0 & 2 \\ 0 & 0 & 0 \end{bmatrix} \\ \begin{bmatrix} 0 & 0 & 0 \\ 0 & 0 & 0 \\ 0 & 0 & 4 \end{bmatrix} & \begin{bmatrix} 0 & 0 & 0 \\ 0 & 4 & 0 \\ 0 & 0 & 0 \end{bmatrix} & \begin{bmatrix} 0 & 0 & 4 \\ 0 & 0 & 0 \\ 0 & 0 & 0 \end{bmatrix} \end{bmatrix}$$

步骤 3：对分块矩阵 G 进行累加和运算，分别得到 x_1, x_2, x_3 时刻的空域状态网格赋值矩阵 $G(x_1), G(x_2), G(x_3)$，$G(x)$ 计算结果如下：

$$G(x) = \text{sum}(G,1) = \begin{bmatrix} G(x_1) & G(x_2) & G(x_3) \end{bmatrix} = \begin{bmatrix} \begin{bmatrix} 1 & 0 & 0 \\ 2 & 0 & 0 \\ 0 & 0 & 4 \end{bmatrix} & \begin{bmatrix} 0 & 3 & 0 \\ 0 & 4 & 0 \\ 0 & 0 & 0 \end{bmatrix} & \begin{bmatrix} 0 & 0 & 5 \\ 0 & 0 & 2 \\ 0 & 0 & 0 \end{bmatrix} \end{bmatrix}$$

步骤 4：利用式 (3.45) 对 $G(x)$ 进行关于时间的积分，得到空域的状态网格赋值矩阵 G^*：

$$G^* = \int_{T_1}^{T_3} G(x)\mathrm{d}x = \begin{bmatrix} 1 & 3 & 5 \\ 2 & 0 & 6 \\ 0 & 0 & 4 \end{bmatrix}$$

3.3.2 空域网格赋值

在本节中，将赋值的空域网格分为两个类型：一种是利用网格赋值函数进行赋值，另一种采用概率对特定网格进行赋值。

1. 既定网格

1) 网格赋值

假设空域 A 内航空器数量为 M，航空器编号 i 分别为从 0 到 $M-1$ 的正整数。空域 A 进行网格递归划分，形成 m 行×n 列的均匀分布的子网格系统，视为 $m \times n$ 阶矩阵。针对空域 A 的划分网格，为每个子网格赋予一个网格赋值函数 $g(x)$，网格赋值函数主要根据空中交通管理或战场空域管制的需求，确定具体内容，例如，网格内航空器数量、飞行冲突次数、气象雷达回波强度、航空通信导航监视等设施性能参数等。

假设空域 A 中编号 i 的航空器在 $x=x_a$ 的网格赋值矩阵为 $G^i_{m \times n}(x_a)$，每个子网格的网格赋值函数分别为 $g^i_{uv}(x_a)$，$u=1,2,\cdots,m$，$v=1,2,\cdots,n$，并将编号 i 的航空器所在子网格位置赋值为 $g^i_{uv}(x_a)=2^i$，其余位置均为 0，得到具有航空器位置信息的网格赋值矩阵：

$$G^i_{m \times n}(x_a) = \begin{bmatrix} g^i_{11}(x_a), & \cdots & g^i_{1n}(x_a) \\ \vdots & \ddots & \vdots \\ g^i_{m1}(x_a) & \cdots & g^i_{mn}(x_a) \end{bmatrix}_{m \times n} \tag{3.47}$$

其中，矩阵 $G^i_{m \times n}(x_a)$ 的维数大于等于 1。

例如，在 $x=x_a$，编号为 0 的航空器在空域 A 所形成的 3 行×3 列的均匀分布的子网格系统的位置为 $(2,2)$，则：

$$G^0_{3 \times 3}(x_a) = \begin{bmatrix} 0 & 0 & 0 \\ 0 & 1 & 0 \\ 0 & 0 & 0 \end{bmatrix}$$

因此，在 $x=x_a$，空域 A 的网格赋值矩阵 $G^A_{m \times n}(x_a)$ 可以表示为空域的所有航空器的网格赋值矩阵的复合形式，具体表示形式如下：

$$G^A_{m \times n}(x_a) = \sum_{i=0}^{M-1} G^i_{m \times n}(x_a) = G^0_{m \times n}(x_a) + G^1_{m \times n}(x_a) + \cdots + G^{M-1}_{m \times n}(x_a) \tag{3.48}$$

$$= \begin{bmatrix} g_{11}^A(x_a) = \sum_{i=0}^{M-1} g_{11}^i(x_a) & \cdots & g_{1n}^A(x_a) = \sum_{i=0}^{M-1} g_{1n}^i(x_a) \\ \vdots & \cdots & \vdots \\ g_{m1}^A(x_a) = \sum_{i=0}^{M-1} g_{m1}^i(x_a) & \cdots & g_{mn}^A(x_a) = \sum_{i=0}^{M-1} g_{mn}^i(x_a) \end{bmatrix}_{m \times n}$$

矩阵 $G_{m \times n}^A(x_a)$ 中的非零元素均为 2 的幂次方或 2 的幂次方的和。

2) 网格赋值拆分

推论 3.1 任意正整数都能拆分成 2 的不同幂次方之和。

若想将复合后的空域 A 的网格赋值矩阵分解为每个航空器的网格赋值矩阵的加法形式，来得到空域 A 中的航空器位置信息。首先将空域 A 的网格赋值矩阵的非零元素化为二进制形式，然后进行拆分为 2 的不同幂次方之和，具体和拆分方法如图 3.18 所示。

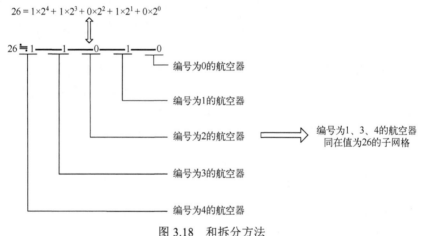

图 3.18 和拆分方法

3) 实例应用：利用空域的网格赋值矩阵得到空域信息

例如，通过空域 A 的网格赋值矩阵 $G_{3 \times 3}^A(x_a)$，得到空域 A 中的航空器信息，具体步骤如下：

步骤 1：假设 $g_{11}^A(x_a) = 4$，$g_{33}^A(x_a) = 3$，其余位置为 0，$G_{3 \times 3}^A(x_a)$ 如下所示：

$$G_{3 \times 3}^A(x_a) = \begin{bmatrix} 4 & 0 & 0 \\ 0 & 0 & 0 \\ 0 & 0 & 3 \end{bmatrix}$$

步骤 2：将 $G_{3 \times 3}^A(x_a)$ 中的非零元素转化为二进制，进而拆分为 2 的不同幂次方之和，得到新的矩阵 $G_{3 \times 3}^A(x_a)$：

$$\mathcal{G}_{3\times 3}^{A}(x_a) = \begin{bmatrix} 100 & 0 & 0 \\ 0 & 0 & 0 \\ 0 & 0 & 11 \end{bmatrix} \dot{=} \begin{bmatrix} 2^2 & 0 & 0 \\ 0 & 0 & 0 \\ 0 & 0 & 2^1+2^0 \end{bmatrix}$$

步骤 3：$g_{11}^A(x_a) = 4 \dot{=} 100 \dot{=} 2^2$，即编号 2 的航空器在 $x=x_a$ 所在位置的矩阵行列号为 (1,1)；$g_{33}^A(x_a) = 3 \dot{=} 11 \dot{=} 2^1+2^0$，即编号 0、1 航空器在 $x=x_a$ 的位置相同，所在位置的矩阵行列号同为 (3,3)。

步骤 4：综上所述，空域 A 存在编号为 0、1、2 的航空器，编号 0、1 航空器在矩阵行列号为 (3,3) 的子网格空域中，编号 2 的航空器在矩阵行列号为 (1,1) 的子网格空域内。

2. 不定网格

1）离散变量概率定义[10]

定义 3.30 一维单位脉冲函数 $\delta(\cdot)$。$\delta(\cdot)$ 是单位脉冲函数，满足：

(1) 当 $x \neq 0$ 时，$\delta(x) = 0$。

(2) $\int_{-\infty}^{+\infty} \delta(x)\mathrm{d}x = 1$。

性质 1 若 $f(x)$ 是定义在 $(-\infty, +\infty)$ 的任意连续函数，则

$$\int_{-\infty}^{+\infty} f(x)\delta(x-x_0)\mathrm{d}x = f(x_0) \tag{3.49}$$

性质 2 $\delta(\cdot)$ 是偶函数，则

$$\delta(x-x_0) = \delta(x_0-x)$$

定义 3.31 二维单位脉冲函数 $\delta(\cdot)$。设 $M(x,y)$ 为平面向量，而 $M_0(x_0, y_0)$ 为单位质量所集中的点，则有二维 $\delta(\cdot)$ 函数定义为：

$$\delta(M-M_0) = \delta(x-x_0, y-y_0) = \delta(x-x_0)\delta(y-y_0)$$

且

$$\delta(M-M_0) = \begin{cases} \infty, & M = M_0 \\ 0, & M \neq M_0 \end{cases}$$

$$\int_{-\infty}^{+\infty}\int_{-\infty}^{+\infty} \delta(M-M_0)\mathrm{d}y\mathrm{d}x = 1$$

$$\int_{-\infty}^{+\infty}\int_{-\infty}^{+\infty} f(M)\delta(M-M_0)\mathrm{d}y\mathrm{d}x = f(M_0) \tag{3.50}$$

定义 3.32 一维离散型变量的概率分布函数。对离散型随机变量，分布函数是阶梯型的，设 M_k 表示 $F(x)$ 的不连续点，则：

$$F(x_i) - F(x_i^-) = P(X = x_i) = p_i$$

这时 X 的统计特性由它的取值 M_k 和取值概率 p_k 决定，也即由概率分布律决定。分布函数也可表示为：

$$F(x) = \sum_i p_i U(x - x_i) = \int_{-\infty}^{x} \sum_{i=1}^{l} p_i \delta(x - x_i) \mathrm{d}x \qquad (3.51)$$

其中，$U(\cdot)$ 是单位阶跃函数，即自变量取值大于等于 0，函数值为 1；自变量取值小于 0，函数值为 0。例如 $F(x_k) = \sum_{i=1}^{k} p_i$。

定义 3.33 二维离散型变量的联合密度函数。设二维随机变量 (X, Y) 联合分布律为 $P(X = x_i, Y = y_j) = p_{ij}$，$i, j = 1, 2, \cdots, l = m \times n$，其联合密度函数 $f(x, y)$ 为：

$$\begin{aligned} f(x, y) &= p_{11} \delta(x - x_1, y - y_1) + p_{12} \delta(x - x_1, y - y_2) + \cdots + p_{ll} \delta(x - x_l, y - y_l) \\ &= p_{11} \delta(x - x_1) \delta(y - y_1) + p_{12} \delta(x - x_1) \delta(y - y_2) + \cdots + p_{ll} \delta(x - x_l) \delta(y - y_l) \\ &= \sum_{i=1}^{l} \sum_{j=1}^{l} p_{ij} \delta(x - x_i) \delta(y - y_j) \end{aligned}$$

由此可得到二维随机变量 (X, Y) 的分布函数为 $F(x, y)$：

$$F(x, y) = \int_{-\infty}^{x} \int_{-\infty}^{y} f(x, y) \mathrm{d}y \mathrm{d}x = \int_{-\infty}^{x} \int_{-\infty}^{y} \sum_{i=1}^{l} \sum_{j=1}^{l} p_{ij} \delta(x - x_i) \delta(y - y_j) \mathrm{d}y \mathrm{d}x \qquad (3.52)$$

另外，边缘密度同样可以得到：

$$f_X(x) = \int_{-\infty}^{+\infty} f(x, y) \mathrm{d}y = \int_{-\infty}^{+\infty} p_{ij} \delta(x - x_i) \delta(y - y_j) \mathrm{d}y$$

$$f_Y(y) = \int_{-\infty}^{+\infty} f(x, y) \mathrm{d}x = \int_{-\infty}^{+\infty} p_{ij} \delta(x - x_i) \delta(y - y_j) \mathrm{d}x$$

由此容易推广至多维离散型变量。

2) 网格赋值

空域进行网格递归划分后形成 m 行 $\times n$ 列个均匀分布的子网格视为 $m \times n$ 阶矩阵，其中离散随机变量 X 为子网格位置编码，并按矩阵行号从小到大、同行号的按列号从小到大，建立"Z"序排序法，记作 $x_1, x_2, \cdots, x_{m \times n}$，对 $i = 1, 2, \cdots, m \times n$，事物在 x_i 上的概率为 $P(X = x_i) = p_i$，例如在网格 x_i 范围内的降雨概率为 p_i，航空器经过网

格 x_i 的概率为 p_i。若 $k_i = m_i \times n_i$，则 $m_i = \dfrac{k_i}{n}$，$n_i \equiv k_i \bmod(m)$，随机变量 X 的编码序号可以和矩阵行列号相互转换。同理假如离散随机变量 Y 为时间序列，事件在 y_i 时的概率为 $P(Y = y_i) = p_i$，例如在时间 y_i 内的降雨概率 p_i；$P(X = x_i, Y = y_j) = p_{ij}$，可表示在 y_j 时刻，网格 x_i 的事件概率，由此可推广到多维变量上。因而可以得到类似于如图 3.19 的网格概率图。

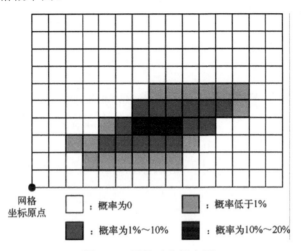

图 3.19　网格赋值概率图

3) 应用实例：计算网格单元中的航空器碰撞概率

通过读取飞行器信息，计算短期交通航迹，得到每个航空器航迹概率分布图以及空域网格单元中所有航空器航迹的合成概率分布图，最后计算每个网格单元的航空器碰撞概率，计算公式如下：

$$P_i = 1 - \prod_{j=0}^{M-1}(1 - P_{ij}) \tag{3.53}$$

其中，P_i 表示空域网格单元 x_i 的航空器碰撞概率，P_{ij} 表示编号为 $j(j = 0,1,\cdots,M-1)$ 的航空器在空域网格单元 x_i 的概率。

3.3.3　计算方法应用

1. 飞行流量

定义 3.34　飞行流量。在一定时间内，进入某空域的航空器数目，我们称为飞行流量。

定义 3.35　Hamming 重量。Hamming 重量是字符串 $\mathcal{C}$ 中非零符号的个数。在最为常见的数据位字符串中，它是 1 的个数，记作 $W_H(\mathcal{C})$。

最为常见的数据位字符串中,它是 1 的个数,记作 $W_H(\mathcal{C})$。

1) 由 $\mathcal{G}_{m \times n}^A(T_a)$ 求指定时刻 T_a 空域内飞行流量

(1) 对应子网格 T_a 时刻飞行流量。

步骤 1:将赋值矩阵 $G_{m \times n}^A(T_a)$ 转换为二进制形式 $\mathcal{G}_{m \times n}^A(T_a)$,其中 $G_{m \times n}^A(T_a)$ 由式(3.47)赋值得到:

$$G_{m \times n}^A(T_a) := \mathcal{G}_{m \times n}^A(T_a) = \begin{bmatrix} g_{11}^A(T_a) & \cdots & g_{1n}^A(T_a) \\ \vdots & \ddots & \vdots \\ g_{m1}^A(T_a) & \cdots & g_{mn}^A(T_a) \end{bmatrix}_{m \times n}$$

步骤 2:分别对矩阵每个位置的元素求 Hamming 重量,得到对应流量矩阵:

$$W_H(\mathcal{G}_{m \times n}^A(T_a)) = \begin{bmatrix} W_H(g_{11}^A(T_a)) & \cdots & W_H(g_{1n}^A(T_a)) \\ \vdots & \ddots & \vdots \\ W_H(g_{m1}^A(T_a)) & \cdots & W_H(g_{mn}^A(T_a)) \end{bmatrix}_{m \times n} \quad (3.54)$$

$W_H(\mathcal{G}_{m \times n}^A(T_a))$ 每个位置的值就是对应子网格 T_a 时刻飞行流量。

(2) 空域 A 内 T_a 时刻的飞行流量。

方法 1:整个空域 A 内 T_a 时刻的航空器数量,可由子网格对应子网格 T_a 时刻飞行之和得到,即 $\mathrm{sum}(\mathrm{sum}(W_H(\mathcal{G}_{m \times n}^A(T_a)),1))$,即先分别计算每个空域子网格 T_a 时刻的飞行流量,再求得到整个空域的飞行流量。

方法 2:计算矩阵 $G_{m \times n}^A(T_a)$ 所有元素之和 $S_{T_a} = \mathrm{sum}(\mathrm{sum}(G_{m \times n}^A(T_a),1))$,将 S_{T_a} 转换为二进制形式 $\mathcal{S}_{T_a}$,$\mathcal{S}_{T_a}$ 为只含数字 0、1 的字符串,则 $W_H(\mathcal{S}_{T_a})$ 为空域 A 内 T_a 时刻的飞行流量,即先求网格赋值矩阵的每个位置的数值累计和,然后将累加和转换为二进制的字符串形式,该字符串的 Hamming 重量就是空域 A 内 T_a 时刻的飞行流量。

2) 由 $G_{m \times n}^A(T)$ 求指定时段 $[T_1, T_N]$ 空域内飞行流量

(1) 子网格指定时段 $T = [T_1, T_N]$ 空域内飞行流量。

将时段 $T = [T_1, T_N]$ 分为 n 个时间点,$T = \{T_1, T_2, \cdots, T_n\}$,时间步长为 $\Delta T = \dfrac{T_N - T_1}{n}$,对 n 的取值需要保证每个时间点,航空器在不同的子网格,计算:

$$\frac{\int_{T_1}^{T_N} G_{m \times n}^A(T) \mathrm{d}T}{\Delta T} = \begin{bmatrix} \sum_{j=1}^{n} g_{11}^A(T_j) & \cdots & \sum_{j=1}^{n} g_{1n}^A(T_j) \\ \vdots & \ddots & \vdots \\ \sum_{j=1}^{n} g_{m1}^A(T_j) & \cdots & \sum_{j=1}^{n} g_{mn}^A(T_j) \end{bmatrix}_{m \times n} \quad (3.55)$$

将其转换为二进制形式,并分别求 Hamming 重量,得到对应流量矩阵,矩阵的每个位置对应不同子网格指定时段 $[T_1,T_N]$ 空域内飞行流量。

(2)空域 A 内指定时段 $T=[T_1,T_N]$ 空域内飞行流量。

在指定时段 $T=[T_1,T_N]$ 内,航空器可能处于空域 A 不同子网格中当中,简单将子网格飞行流量之和作为空域内飞行流量,容易重复计算航空器数目。因此,空域 A 内指定时段 $T=[T_1,T_N]$ 空域内飞行流量计算如下:

步骤 1:采用方法 3.2 计算 T_1 时刻空域 A 的飞行流量 $W_H(\mathcal{S}_{T_1})$,并得到每个时刻的空域 A 的网格赋值矩阵元素和的二进制字符串 $\mathcal{S}_{T_j}$,$1 \leqslant j \leqslant N$;

步骤 2:空域 A 内指定时段 $[T_1,T_N]$ 空域内飞行流量 NK_j,使得初始 $\mathrm{NK}_j = W_H(\mathcal{S}_{T_1})$;

步骤 3:若 $\mathcal{S}_{T_j} \neq \mathcal{S}_{T_{j+1}}$,则计算 $\mathrm{H}(\mathcal{S}_{T_j}, \mathcal{S}_{T_{j+1}})$,$\mathrm{NK}_j = \mathrm{NK}_j + \mathrm{H}(\mathcal{S}_{T_j}, \mathcal{S}_{T_{j+1}})$,照此重复,直至 $j=N$;

步骤 4:NK_j 就是空域 A 内指定时段 $T=[T_1,T_N]$ 空域内飞行流量。

3)应用实例

空域 A 在网格递归划分后形成 5 行和 5 列的均匀分布的子网格,编号为 0~5 的航空器在 T_1 时刻的网格赋值矩阵分别如下:

$$G^0(T_1) = \begin{bmatrix} 1 & 0 & 0 & 0 & 0 \\ 0 & 0 & 0 & 0 & 0 \\ 0 & 0 & 0 & 0 & 0 \\ 0 & 0 & 0 & 0 & 0 \\ 0 & 0 & 0 & 0 & 0 \end{bmatrix}, G^1(T_1) = \begin{bmatrix} 2 & 0 & 0 & 0 & 0 \\ 0 & 0 & 0 & 0 & 0 \\ 0 & 0 & 0 & 0 & 0 \\ 0 & 0 & 0 & 0 & 0 \\ 0 & 0 & 0 & 0 & 0 \end{bmatrix}, G^2(T_1) = \begin{bmatrix} 0 & 0 & 0 & 0 & 0 \\ 0 & 0 & 0 & 0 & 0 \\ 4 & 0 & 0 & 0 & 0 \\ 0 & 0 & 0 & 0 & 0 \\ 0 & 0 & 0 & 0 & 0 \end{bmatrix},$$

$$G^3(T_1) = \begin{bmatrix} 0 & 0 & 8 & 0 & 0 \\ 0 & 0 & 0 & 0 & 0 \\ 0 & 0 & 0 & 0 & 0 \\ 0 & 0 & 0 & 0 & 0 \\ 0 & 0 & 0 & 0 & 0 \end{bmatrix}, G^4(T_1) = \begin{bmatrix} 0 & 0 & 0 & 0 & 0 \\ 0 & 0 & 0 & 0 & 0 \\ 0 & 0 & 0 & 0 & 16 \\ 0 & 0 & 0 & 0 & 0 \\ 0 & 0 & 0 & 0 & 0 \end{bmatrix}, G^5(T_1) = \begin{bmatrix} 0 & 0 & 0 & 0 & 0 \\ 0 & 0 & 0 & 0 & 0 \\ 0 & 0 & 0 & 0 & 0 \\ 0 & 0 & 0 & 0 & 0 \\ 0 & 0 & 32 & 0 & 0 \end{bmatrix}。$$

空域 A 在 T_1 时刻飞行流量计算步骤如下:

步骤 1:计算空域赋值矩阵

由式(3.47)可得:

$$G^A(T_1) = \begin{bmatrix} 3 & 0 & 8 & 0 & 0 \\ 0 & 0 & 0 & 0 & 0 \\ 4 & 0 & 0 & 0 & 16 \\ 0 & 0 & 0 & 0 & 0 \\ 0 & 0 & 32 & 0 & 0 \end{bmatrix}$$

步骤 2：将空域赋值矩阵中数值转换为二进制形式

$$\mathcal{G}^A(T_1) = \begin{bmatrix} 11 & 0 & 1000 & 0 & 0 \\ 0 & 0 & 0 & 0 & 0 \\ 100 & 0 & 0 & 0 & 10000 \\ 0 & 0 & 0 & 0 & 0 \\ 0 & 0 & 0 & 0 & 0 \end{bmatrix}$$

由 $\mathcal{G}^A(T_1)$ 可知编号 0、1 的航空器在 (1,1) 位置，编号 3 的航空器在 (1,3) 位置，编号 2 的航空器在 (3,1) 位置，编号 4 的航空器在 (3,5) 位置，编号 5 的航空器在 (5,3) 位置。

步骤 3：计算对应流量矩阵

由式 (3.48) 可得飞行流量矩阵：

$$W_H(\mathcal{G}^A(T_1)) = \begin{bmatrix} 2 & 0 & 1 & 0 & 0 \\ 0 & 0 & 0 & 0 & 0 \\ 1 & 0 & 0 & 0 & 1 \\ 0 & 0 & 0 & 0 & 0 \\ 0 & 0 & 1 & 0 & 0 \end{bmatrix}$$

由 $W(\mathcal{G}^A(T_1))$ 可知空域网格 (1,1) 位置的航空器数目为 2，(1,3)、(3,1)、(3,5)、(5,3) 位置的航空器数目为 1，其余位置航空器数目为 0。

步骤 4：计算空域 A 在 T_1 时刻飞行流量

方法 1：计算飞行流量矩阵二重累加和，$S_{T_1} = \text{sum}(\text{sum}(W_H(\mathcal{G}^A(T_1)),1)) = 6$；

方法 2：首先计算赋值矩阵二重累加和，$S_{T_1} = \text{sum}(\text{sum}(\mathcal{G}^A(T_1),1)) = 63$，然后将其转换为二进制形式 $\mathcal{S}_{T_1} = 111111$，可知编号 0、1、2、3、4、5 的航空器在空域 A 中，最后计算其 Hamming 重量，$W_H(\mathcal{S}_{T_1}) = 6$。

因此，$S_{T_1} = W_H(\mathcal{S}_{T_1}) = 6$，即空域 A 在 T_1 时刻飞行流量为 6。

2. 空域复杂度

1) 复杂性指标

(1) 交通密度。

空域单元的飞行密度用来统计空域单元在规定时刻内运行的航空器架次同空域单位体积的比值，其计算公式如下：

$$L_1^i = W_k(A_i) / (f_s(A_i) \cdot H) \tag{3.56}$$

其中，$W_k(x_i)$ 表示网格 x_i 在第 k 个时间段内的交通流量，$f_s(x_i)$ 表示空域网格 x_i 球面投影面积，函数计算方法由式 (2.16) 可得，H 表示该飞行空域管理高度。

(2) 飞行状态。

飞行器在爬升和下降期间占据了更多的空域,增加了空域的复杂性。统计每个网格单元第 k 个时段 $[T_1,T_N]$ 内飞行器正在进行爬升和下降的次数和时间,具体步骤如下:

步骤 1:假设 $H_{T_a}^j(x_i)$ 表示编号为 j 的飞行器时刻的进入网格 x_i 边界的 T_a 时刻的高度,其中 $j=0,1,\cdots,M-1$, $a=1,2,\cdots,N$,根据交通航迹信息得到每个飞行器进入不同网格单元的时间和高度;

步骤 2:将飞行器 j 在空域内的高度 $H_{T_a}^j$ 与 $H_{T_{a+1}}^j$ 进行比较,若 $H_{T_a}^j \neq H_{T_{a+1}}^j$,且 $\left|H_{T_a}^j - H_{T_{a+1}}^j\right| \geq 300\text{m}$,则判定飞行器 j 在 T_{a+1} 时刻的所在空间网格单元内属于爬升或下降的阶段。遍历所有飞行器,得到每个网格 x_i 在第 k 个时段 $[T_1,T_N]$ 内处于爬升或下降的数目 $\text{Num}(x_i)$;

步骤 3:计算飞行器状态影响因素:

$$L_2^i = \frac{\text{Num}(x_i)}{T_N - T_1} \tag{3.57}$$

(3) 飞机机型混合。

在同一空域出现具有不同性能的飞行器,使得管制员辨识和解决飞机冲突的难度增加,从而增加了交通的复杂程度,影响了的工作负荷,两机之间存在潜在的追赶冲突。为了说明单元网格内的飞机速度不同引起的复杂度,引进速度的相互影响这个指标。当两架飞行器出现在同一个网格,并且航速相差大于 40km/h,其在速度上有影响。飞机交通流在网格 x_i 内的飞机速度影响因素:

$$L_3^i = \sum_{\substack{0 \leq j_1,j_2 \leq M-1 \\ j_1 \neq j_2}} \frac{1}{T_N - T_1}[T_{j,j_2}(x_i) \cdot \delta^2_{j,j_2}(x_i)] \tag{3.58}$$

其中,$T_{j,j_2}(x_i)$ 表示这编号为 j_1、j_2 两架飞行器在网格 x_i 内的共同时间,

$$\delta^2_{j,j_2}(x_i) = \begin{cases} 1, & \text{编号}j_1、j_2\text{两架飞行器航速相差大于40km/h} \\ 0, & \text{编号}j_1、j_2\text{两架飞行器航速相差小于40km/h} \end{cases}$$

(4) 天气影响交通指数(Weather Impacted Traffic Index, WITI)[11,12]。

WITI 可以表示出受天气影响的飞机架次,将危险天气对航路扇区和终端区的潜在影响进行标准化,这样根据 WITI 值可以统一地分析比较不同时间段的天气影响,主要用于衡量天气对全国性的延误影响,适用于大范围长时间的天气影响分析,空域网格 x_i 的 WITI 的计算公式如下:

$$\text{WITI}^i = N_k(x_i)W_k(x_i) \tag{3.59}$$

其中,$N_k(x_i)$ 表示第 k 个时间段 $[T_1,T_N]$ 内交通流经过网格 x_i 国家对流天气预报

（National Convective Weather Forecast, NCWF）报告次数，$W_k(x_i)$ 表示网格 x_i 在第 k 个时间段内的交通流量。

2）复杂性计算

空域网格 x_i 的交通复杂度计算公式如下：

$$\text{TC}^i = N_a^i \cdot \theta^i = [L_1^i \cdot (1+\vartheta_a)] \cdot [(1+L_1^i)(1+L_2^i)(1+L_3^i)(1+\text{WITI}^i)] \tag{3.60}$$

其中，N_a^i 表示网格 x_i 内飞机数目的修正数目，θ^i 为复杂度因子，ϑ_a 为交通密度修正因子。

参 考 文 献

[1] Guo W P, Long B Q .Improvement of scan line seed fill algorithm[J].Journal of Tianjin Polytechnic University, 2008, 27（2）: 48-51.

[2] 刘万春, 刘建君, 朱玉文, 等.一种实时高速的八连通区域填充算法[J].计算机应用研究,2006（6）: 177-179.

[3] 赵明. 基于数据的网格化城市交通信息系统理论初探和实现[D]. 北京：北京交通大学, 2011.

[4] Jia Y L, Zhang H C, Jing Y Z. A modified bresenham algorithm of line drawing[J]. Journal of Image and Graphics, 2008, 13（1）: 158-161.

[5] 刘恩钰，李清，胡圧盈，等．一种基于四维航迹运行的 FMS 航迹预测方法. CN111047914A[P]. 2020.

[6] Xia J, Qin Y, Jia J. Interacting multiple model based rapid alignment method of inertial navigation system under large attitude error[J]. Information and Control, 2010: 243-256.

[7] 朱亮, 姜长生, 方炜. 空天飞行器六自由度数学建模研究[J]. 航天控制, 2006, 24（4）: 6.

[8] 邹仕军, 胡孟权, 李嘉林. 某型战斗机六自由度动力学建模与仿真[J]. 空军工程大学学报：自然科学版, 2005, 6（6）: 10-12.

[9] Ali A H. Utilizing BADA（Base of Aircraft Data）as an on-board navigation decision support system in commercial aircrafts[J]. IEEE Intelligent Transportation Systems Magazine, 2011, 3（2）: 20-25 .

[10] 王大昌. 离散型随机变量密度函数的定义与探讨[J]. 高等数学研究, 2009（1）: 39-43.

[11] Klein A, Cook L, Wood B. Airspace capacity estimation using flows and weather-impacted traffic index[C]. Integrated Cummunictions, Navigation and Surveillance Conference, Hilton Head, 2008: 1-12.

[12] Callaham M B, Armon J, Cooper A, et al. Assessing NAS performance: Normalizing for the effects weather[C]. 4th USA/Europe Air Traffic Management R&D Symposium, Santa Fe, NM, 2001: 1-29.

第4章 交通航迹运行控制

将交通空域离散为有限单元组成的集合,在离散化基础上建立基于四维时空框架的空域配置与动态管理方法,该方法给交通航迹运行规划与预测控制带来革命性的影响。如果将空域网格单元作为空间运动建模的基础底层框架,则基于有限元的排列可以组成交通空域或航迹运行管道,并利用有限元作为数据索引协同构建空域与交通态势,空域管理作为快速时变交通管理控制的一种措施,能实现更为精细化的高密度交通运行控制。本章在前面讨论的空域网格单元模型方法基础上,重点从航空器的运行角度出发,研究基于飞行动力学模型的航迹高精度预测算法;利用空域网格单元组成的区块,建立无冲突航迹规划方法;利用空域网格单元的空域结构实现动态重构,建立航迹间隔控制模型,最终形成一套基于航迹运行预测控制的数字化空域系统理论方法。

4.1 交通航迹预测模型

目前空中交通管理主要依靠一套空地运行支持系统完成交通运行计量和排序,但持续增长的航空运输量及节能减排等需求,对现有航空运行体系提出了重大挑战,加上目前的空管基于空域隔离划分运行,其无法确保未来安全、效率、容量和环境可持续性目标水平。鉴于此,在欧洲单一天空空中交通管理研究计划(Single European Sky ATM Research, SESAR)、美国下一代航空运输系统(Next Generation Air Transportation System, NextGen)及国际民航组织(International Civil Aviation Organization, ICAO)航空系统组块升级(Aviation System Block Upgrades, ASBU)等新框架内,将航迹冲突探测与消减[1]、航空器排序与调度[2]、基于航迹的运行[3]等创新概念与先进技术,作为下一步空中交通管理技术研究重点。这些概念和技术的实现,都离不开精确的四维航迹预测(Four Dimensional Trajectory Prediction, 4D-TP)建模与计算控制。

涉及航迹预测、冲突探测和间隔保持等问题研究的文献已经较为丰富了,目前研究人员可从两个方面建立航迹预测方法[4]:第一,从今后的"自由飞行"概念入手,围绕机载设备性能和系统功能需求展开研究,发展机载飞行管理或任务管理系统使用的航迹预测模型算法,在该方面通常基于飞行动力学进行航迹预测建模,可分为两种模型,即航空器角姿态相关的航迹快速动力学、航空器运行相关的航迹慢速动力学模型,它们均以航空器重心为参照点,基于两种动力学模型分别建立适用于不同运行环境和颗粒度的航迹预测算法。第二，围绕地面自动化系统运行需求，开展航迹预测模型算法研究，在该方面通常用于管理空中交通运行，基于空地信息协同共享模式，预测航迹态势的演化趋势，开展航迹冲突识别与消减。这两种预测方法区别在于，自由飞行概念不使用飞行路径趋势信息进行预测，即它可以不要求航空器必须按照固定航路或航线飞行；而基于地面运行的方法需使用飞行路径趋势信息，需要基于预先的飞行计划路径及固定航路或航线飞行，这样才能确保预测的可信度。本书讨论四维航迹预测，是在当前航空器状态、飞行员或管制员预期目标、预估的空域环境以及航空器性能模型等基础上，通过计算来预判单个航空器未来的四维航迹，即三维空间里的位置(包括纬度、经度、高度)及飞行进程的时间维度[5]，将机载与地面的两种预测协同起来，实现基于空地态势共享与信息交互的航迹预测控制。

对航迹的研究，文献[6]提出了一种基于自由飞行概念的航迹预测模型，它面向飞行员提供了一个冲突概率图，并从一个固定的飞机机动集合中选择一种策略建议，用于解决飞行途中面临的潜在冲突，其在航迹预测部分中假设飞机沿直线航迹飞行，速度、航迹横向与航迹纵向的偏差等符合一定概率分布，并建立相关冲突处理模型，按照固定策略选择航向改变和高度改变等机动行为。在各种地面管制系统中，文献[7]~[9]提出一种面向管制员使用的决策支持系统，它使用飞行计划辅助生成四维航迹，并对飞行途经阶段的交通潜在冲突进行检测，应用实时的飞行计划数据和雷达监视的航迹动态数据，结合空域环境信息、飞机性能、风力、温度等预测航迹及位置点。

航迹预测实现了对单个航空器的未来航迹进行预判，涉及航空器的连续动力学模型与离散模态方程的切换，所以它是一个复合的估算问题，可建立多种模型方法。文献[10]提出的一种交互多模型(Interacting Multiple Model, IMM)算法就是一个典型的案例。为获得更好的模式和状态估算的结果，文献[11]根据一种新的近似函数，得出了一个航迹预测的 IMM 算法改进版本，称为"余值平均交互多模型"(Residual-Mean Interacting Multiple Model, RMIMM)算法。但 RMIMM 算法仍要遵循余值为零均值的假设。有鉴于此，文献[12]提出了一种刷新飞行模式概率的新方法，该方法摒弃零均值余值假设，并考虑到了相互作用的影响。此外由于在空中交通管理中，航空器总是在航路航线上飞行，所以飞行模式的变动概率可以被建模为一个依赖于状态的马尔可夫过程。在此基础上文献[13]为航迹跟踪预测工作提出状态依赖型过渡混合预测(State-Dependent Transition Hybrid Estimation, SDTHE)算法，以推断航空器的预测航迹与识别潜在的飞行冲突。

运动学和动力学建模是航迹预测的基础，它根据航空器的当前状态、预期飞行位置、预估环境条件及飞行性能参数等，建立航空器的运动学航迹方程，其内容包括运动计算模型、航空器飞行目标、环境条件和性能参数等。在计算模型方面以总能量模型(Total Energy Mode, TEM)和点质量模型(Point-Mass Model, PMM)应用最为广泛，文献[14]讨论了 TEM 在怠速推力下降期间，快速进行航迹预测的适用性，文献[15],[16]利用 PMM 基于混合最优控制策略等手段，进行航迹预测优化。在航空器飞行目标方面，文献[17],[18]提出基于飞行目标描述语言（Aircraft Intent Description Language, AIDL）的可靠方法，它无歧义地表达出航空器飞行的目标，其中航空器飞行的空间水平位置、高度和速度等，可从雷达航迹、航空运行流程及不同空域区段之间的交接协议当中提取出来，包括标准仪表离场航线（Standard Instrument Departure Route, SID）、标准进场航线（Standard Arrival Route, STAR）程序等。在环境条件方面，尤其是风的因素，可通过气象观测和预报或带有时间、空间标识的局部地区风力矢量估算结果得到。在性能参数方面，采用飞机数据库（Base of Aircraft Data, BADA），其包含了飞行包线、空气动力学、发动机推力和燃油流量等参数。

随着大数据研究在空中交通管理领域的发展，机器学习方法可作为航迹预测现有算法的重要补充，尤其对飞行时间的预测，一方面航空器执行任务的航迹具有相似性，此时可考虑过往的雷达历史航迹数据，文献[19]引入了一个新的航迹预测框架，通过结合已有历史航迹数据，基于航迹运行概率信息，预测航空器到达给定位置点的时间；另一方面，构建深度学习方法，实现对航空器执行飞行计划的预估，文献[20]提出了基于历史交通航迹和气象数据的一种航迹预测机器学习方法。综上所述，目前发展的航迹预测方法主要有三种：最优估计、运动学与动力学建模、机器学习方法。这些方法已被广泛应用于现有的机载或地面系统中，预测航空器的未来航迹，有助于提升空中交通管理领域的决策支持能力。本书重点讨论基于动力学与运动学建模的航迹预测算法，围绕空域网格体系建立航迹预测控制模型，奠定航迹冲突消减的基础。

4.1.1　飞机性能模型构建

交通航迹预测精度会影响空域整体飞行态势感知的准确程度，与此同时交通航迹受众多因素的影响和制约。为准确预测空域未来流量和潜在飞行冲突情况，本节重点研究了模型化的交通航迹预测方法，建立综合多种交通航迹影响因素的航迹预测模型，包括航空器性能模型、航路航线和空域模型、航空气象模型、飞行意图模型、管制员指令模型等。上述模型围绕航空器运动模型共同实现飞机航迹预测，生成的航迹信息包括航路航线段的航迹、保留空域的空间范围与持续时间、飞机进出保留空域点和时间等。对航路飞行类型的飞机，对飞行影响因素建立模型，计算水平、高度和速度剖面，生成航迹关键点的到达时间；对于空域飞行类型的飞机，根据飞行任务的要求和特点，计算飞机在不同空域网格的占用时间和进出点，生成空域栅格和过渡航线相结合的交通航迹。核心是基于飞行计划、空域结构和航空器性能数据，分别计算生成主要航路点和空域进入点的预计到达时间，整合形成完整的交通航迹；在航迹运行过程中，核心是基于机载下传数据的交通航迹动态修正，利用航空器实时下传的意图和飞行剖面信息，以及观测和预测的气象数据，对交通航迹进行实时在线滚动预测，如图 4.1 所示。飞机性能模型构建的具体流程，如图 4.2 所示。

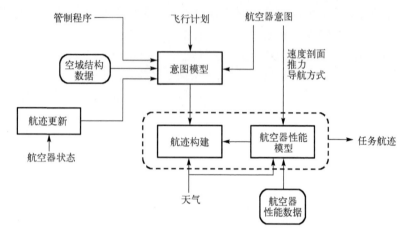

图 4.1 基于模型的航迹预测架构

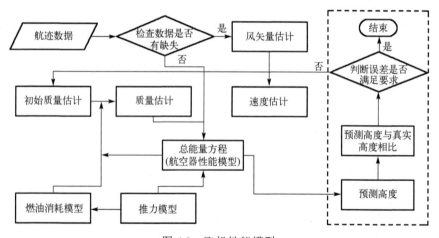

图 4.2 飞机性能模型

利用航空器性能数据库提供的推力与阻力计算模型，建立基于历史雷达航迹的航空器质量估算方法，然后基于爬升下降率方程实现高度剖面预测。使用历史航迹数据时，假定已知风矢量，基于最小二乘法实现航空器真空速的估计，通过预测高度与真实高度的比较验证方法，进行模型方法有效性的评估。

1. 总能量方程

将航空器看作一个质点来建模，根据牛顿第二定律和能量守恒律，作用在飞机上的合外力做功等于飞机的动能和势能增量,究其本质,航空器在飞行过程中所获得的能量,主要来源于发动机的推力,而所产生的能量一部分转化为航空器的势能和动能,另一部分被阻力和风消耗,由此航空器的总能量方程可表示为如下的形式:

$$\left(\frac{\text{Thr}-D}{m}\right)V_{\text{TAS}} = V_{\text{TAS}}\frac{\text{d}V_{\text{TAS}}}{\text{d}t} + g\frac{\text{d}h}{\text{d}t} + (\dot{\vec{W}}\vec{V}_{\text{TAS}} - gW_{U_p}) \tag{4.1}$$

式中,m 为航空器质量;V_{TAS} 为航空器真空速;Thr 为推力;D 为阻力;g 为重力加速度;$\vec{W}$ 为风矢量;W_{U_p} 为风矢量在垂直方向上的分量。根据几何高度 h 与标准大气压高度 H_p 之间的关系:

$$g\dot{h} = g_0\left(\frac{T}{T-\Delta T}\right)\frac{\text{d}H_p}{\text{d}t} \tag{4.2}$$

当风矢量垂直方向上分量 W_{U_p} 被忽略时,有:

$$\left(\frac{\text{Thr}-D}{m}\right)V_{\text{TAS}} = V_{\text{TAS}}\frac{\text{d}V_{\text{TAS}}}{\text{d}t} + g_0\left(\frac{T}{T-\Delta T}\right)\frac{\text{d}H_p}{\text{d}t} + \frac{\text{d}\vec{W}}{\text{d}t}\vec{V}_{\text{TAS}} \tag{4.3}$$

式中,T 表示大气温度,ΔT 表示温度差,g_0 表示重力加速度。

2. 推力模型

对于地面自动化空中交通管制系统而言,在航空器交通航迹预测过程中,航空器的推力是未知参数,因此需要建立航空器推力模型。本书中参考飞机数据库(Base of Aircraft Data, BADA)给的航空器推力模型,该模型根据航空器生产商数据进行参数调整,仅考虑喷气式发动机,涡轮螺旋桨、活塞发动机暂不考虑。对于起飞、爬升阶段,航空器的推力模型表示如下:

$$(\text{Thr}_{\max,\text{climb}})_{\text{ISA}} = f_1(H_p, V_a, \Delta T) \tag{4.4}$$

对于巡航阶段,航空器推力模型为:

$$(\text{Thr}_{\text{cruise}})_{\max} = C_{\text{Tcr}} \times \text{Thr}_{\max,\text{climb}} \tag{4.5}$$

其中,C_{Tcr} 可取 0.95。

对于下降阶段,如果 $H_p > H_{p,\text{des}}$,则航空器推力模型为:

$$\text{Thr}_{\text{des,high}} = C_{\text{Tdes,high}} \times \text{Thr}_{\max,\text{climb}}$$

如果 $H_p \leqslant H_{p,\text{des}}$,则:

$$\text{Thr}_{\text{des,low}} = C_{\text{Tdes,low}} \times \text{Thr}_{\max,\text{climb}}$$

对于进近阶段,航空器推力模型为:

$$\text{Thr}_{\text{des,app}} = C_{\text{Tdes,app}} \times \text{Thr}_{\text{max,climb}}$$

对于落地阶段，航空器推力模型为：

$$\text{Thr}_{\text{des,ld}} = C_{\text{Tdes,ld}} \times \text{Thr}_{\text{max,climb}}$$

其中，C_{Tdes} 系数、$H_{P,\text{des}}$ 系数等可从 BADA 数据库的发动机推力块中获取。

3. 阻力模型

定义无量纲的升力和阻力系数：

$$C_D = a_D + b_D C_L^2$$

$$C_L = \frac{2mg_0}{\rho V_{\text{TAS}} S \cos \Phi}$$

由于空气密度 ρ 由温差变化 ΔT 决定，因此航空器所受阻力可表示为：

$$D = \frac{C_D \rho V_{\text{TAS}}^2 S}{2} = f_2(H_p, V_a, \Delta T) + m^2 \times f_3(H_p, V_a, \Delta T, \Phi)$$

式中，S 是机翼面积，Φ 是滚转角，a_D 和 b_D 参数从 BADA 的空气动力学模块中获取；ρ 为大气密度。

4. 燃油消耗模型

燃油消耗模型是航迹预测过程中的一个重要的参数，且在实际的地面自动化空中交通管制系统的航迹预测问题中，航空器的质量是未知的，而造成航空器质量变化的主要因素是燃油消耗：

$$\frac{\mathrm{d}m}{\mathrm{d}t} = -f_4(V_{\text{TAS}}, H_p, \Delta T)$$

因此建立准确的燃油消耗模型，才能实现更加准确的航空器的质量估计，不同的发动机的燃油消耗率是不一样的，对于喷气式发动机而言，燃油消耗系数 η：

$$\eta = C_{f1} \times \left(1 + \frac{V_{\text{TAS}}}{C_{f2}}\right)$$

则燃油消耗 f_{nom} 计算公式如下：

$$f_{\text{nom}} = N \times \eta \times \text{Thr}$$

N 表示航空器发动机的个数，对于起降阶段的燃油消耗 f_{min}：

$$f_{\text{min}} = C_{f3}\left(1 - \frac{H_p}{C_{f4}}\right)$$

对于巡航阶段的燃油消耗 f_{cr}：

$$f_{cr} = \eta \times \text{Thr} \times C_{fcr}$$

其中，$C_{f_i}, i=1,2,3,4,r$ 系列参数可从航空器性能模型中获取。对空中交通管制系统来说，由于不知道具体飞机的发动机参数，因此 $C_{f_i}, i=1,2,3,4,r$ 系列参数是未知的，可通过对有关的历史数据拟合来获取相关参数的对应值，从而可以实现相关参数值的计算。

4.1.2 航迹预测具体方法

交通航迹分成水平交通剖面、高度剖面和速度剖面三个剖面。水平交通剖面是由飞机的初始航向、终止航向以及规定好的各航路点坐标和转弯半径共同决定的；高度剖面是由水平航迹上确定的航路点高度以及爬升/下降中规定的最小、最大交通航迹角所确定的；速度剖面是由水平交通剖面上航路点的速度所确定。各剖面独立处理后进行耦合，其中水平交通剖面中的水平距离在高度剖面和速度剖面中是独立变量。

1. 水平剖面预测方法

首先根据飞行计划信息中的起飞机场、落地机场、航路点、占用空域、任务类型等各种信息进行综合，综合计算形成水平剖面，从而确定各航路点的高度和速度，以及占用空域栅格的范围。水平剖面由一系列直线飞行段、圆弧飞行段和空域栅格组合而成。采用平面内的几何法对航空器的水平剖面进行规划，基于航路线性模型实现水平直线剖面规划，基于曲线转弯模型实现水平剖面转弯规划，具体示意如图4.3所示。

在航路线性插值模型中，已知航空器的计划航线中包括相邻航路点 P_A、P_B，其相应的坐标分别为 (x_{p_A}, y_{p_A}) 和 (x_{p_B}, y_{p_B})，$P_i(x_{p_i}, y_{p_i})$ 为航路 P_{AB} 上任意插值点，计算表达式如下：

$$y_{p_i} = y_{p_B} + \frac{y_{p_B} - y_{p_A}}{x_{p_B} - x_{p_A}}(x_{p_i} - x_{p_A})$$

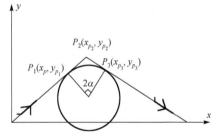

图 4.3 水平面内航空器转弯示意

在转弯模型中，已知航空器的计划航线中包括必经航路点 P_1、P_2、P_3，航空器当前处于航线段 P_1P_2 上，航路点 P_2 为两个航段的衔接点，此时航空器转飞 2α 角度，沿着弧线 P_1P_2，飞向 P_2P_3 方向，P_3 为转弯结束点。假设已知航路点 P_1 的坐标 (x_{p_1}, y_{p_1})，则根据如下公式可求得转弯结束点 P_2 的坐标 (x_{p_2}, y_{p_2})：

$$(x_{p_2} - x_{p_1})^2 + (y_{p_2} - y_{p_1})^2 = R^2 \times \frac{y_{p_2}^2}{x_{p_2}^2}, y_{p_2} = \frac{y_{p_1}}{x_{p_1}} \times x_{p_2}$$

进一步，根据方程组可求得转弯结束点的坐标：

$$\begin{cases} y - y_{p_2} = \dfrac{-\tan(2\alpha) + \dfrac{y_{p_2}}{x_{p_2}}}{1 + \tan(2\alpha) \times \dfrac{y_{p_2}}{x_{p_2}}} \\ (x - x_{p_2})^2 + (y - y_{p_2})^2 = R^2 \times \dfrac{y_{p_2}{}^2}{x_{p_2}{}^2} \end{cases}$$

航空器飞过航迹点 P_3 后，进而飞向下一个目标航迹点。

2. 高度剖面预测方法

1）飞行阶段的过程划分

按照交通管制要求、飞机任务要求、飞机巡航高度和速度、转换高度以及航路点高度和速度限制等，来生成一个可划分为若干段的高度剖面和速度剖面。高度剖面由大量航段组成，典型的高度剖面包含爬升、巡航、下降等阶段。在航迹生成过程中，获得最关键的高度变化点的位置信息十分关键，如图 4.4 和图 4.5 所示，对应的是标准飞行程序中爬升下降阶段的剖面图。

爬升阶段包括的过程：A 段(加速爬升)，从起飞离地爬升到 1500ft，表速约达到 250 海里/时；B 段(等表速爬升)，从 1500ft 保持等表速 250 海里/时爬升到 10000ft；C 段(平飞加速)，从 10000ft 高度平飞加速到爬升速度 CAS_{CL}；D 段(等表速爬升)，从 10000ft 等表速 CAS_{CL} 爬升到转换高度；E 段(等马赫数爬升)，在转换高度以上采用等速爬升方式爬升到爬升顶点，到达巡航高度。

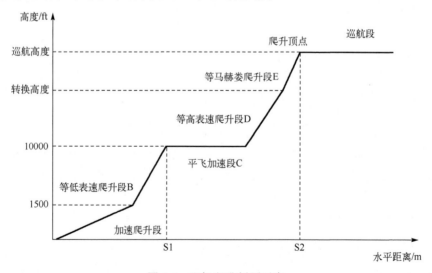

图 4.4 飞机爬升剖面示意

下降阶段垂直剖面与爬升阶段垂直剖面基本呈对称型,下降阶段同样分为等马赫数下降、等表速下降、平飞减速、等表速下降、减速下降等阶段。首先,飞机处于巡航飞行中的 A 点,它以恒定的巡航马赫数 M_c 飞行至 B 点(称为下降进入点——entry fix),完成巡航段(S8 段)的飞行,进入下降飞行;在下降过程中,飞机先在巡航高度上减速或加速,使速度由 M_c 变为 M_d(S7 段);然后,根据飞行时间的要求,进行一段等高等速飞行(S6 段);至 D 点(称为起始下降点)后,利用纵向姿态控制系统,进行等 M_d 数下降飞行(S5 段);随着飞行高度下降,飞机修正空速(CAS,表速)稳定增加,当达到一定值,或高度下降到预定值时(此时 M_d 与 CAS_d 所对应的真空速度值相等)则转为等表速(等 CAS 速度)下降飞行(S4);当飞行高度降至 10000ft 时(F 点),应空管要求,飞机改平进行等高减速飞行(S3),使飞行表速降至 CAS_f=250 节;而后,进行等表速 CAS_f 下降(S2),使飞行高度降至要求的进场改平高度,即 H 点;最后,再进行一段减速飞行(S1),将速度降至要求的进场速度 CAS_p,至此,便完成了从 A 点至 P 点的巡航与下降飞行。

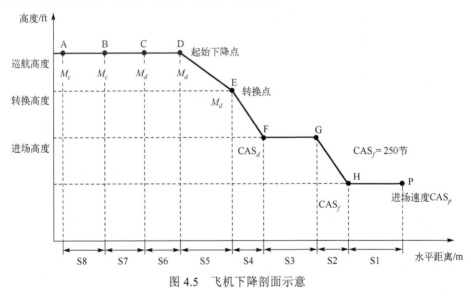

图 4.5 飞机下降剖面示意

针对飞机交通航迹垂直剖面,按预先制定的飞行计划,基于航空器性能模型进行飞行全过程的预测。从当前飞机状态开始,考虑空中交通管制限定的范围、飞机自身的性能限制、飞行环境等多重约束条件,完成从起飞到着陆全过程的速度和高度等垂直航迹参数的估计,计算爬升顶点、下降顶点等飞行阶段转换点位置及航迹参数信息,并根据实际测得的时间、风数据及油耗,不断修正预测数据,从而为飞机垂直引导和飞行员的操纵提供支撑。正如可以计划水平航路,飞机要飞的垂直路径也能够计划。垂直计划主要包含了航路中各种航段的目标高度、速度、时间限制

（Required Time of Arrival, RTA）、巡航高度选择、飞机重量、预测风、温度和目的地气压、各飞行阶段的不同性能模式下的最佳表速度以及一些和飞机性能有关的机组人员选择功能，这些选择会对飞机的垂直剖面预测和引导有影响。航路点的高度限制有四种类型："在""在或之上""在或之下""之间"，飞机必须满足沿航路各个航路点要达到的高度指示，如图4.6所示。

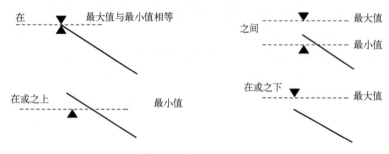

图 4.6　高度限制示意

飞行管理在性能初始化页上的巡航高度值，可作为爬升顶点（Top of Climb, TOC）以及 TOC 之后的巡航段用"在"的目标高度参数。交通航迹的垂直飞行剖面划分，如图4.7所示。

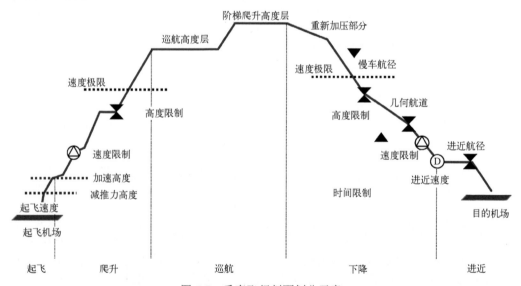

图 4.7　垂直飞行剖面划分示意

航路点速度限制通常作为一个"不能够超过"的速度界限，如果条件允许则按照规定速度飞，否则由其他操纵因素（V_{mo} 即机动限度、程序要求等）来约束。如果是爬升阶段，则在该航路点及该点前所有航路点，不允许飞机加速或上升超越这些限制值，直至飞机飞过这些限制约束的航路点之后，才能进行速度改变。如果是下降阶段则适用于该点及该点以后所有的航路点。航路点时间限制一般用于终端区流量控制计划。时间限制航路点是指飞机需要在空中交通管制指定的时间到达飞行计划中指定位置，具有代表性的是目的机场指定的所需到达时间(RTA)航路点，但也可选择飞行计划中任意航路点作为 RTA 的航路点。

一个典型的飞行计划，会在多个航路点上设置飞机垂直剖面的速度和高度限制约束。在终端区这一现象尤其突出，标准仪表离场(Standard Instrument Departure, SID)以及标准仪表进场(Standard Instrument Arrival Route, STAR)会频繁出现高度限制。速度限制也很普遍，一个典型的例子就是将速度限制在 250 节或更小，高度限制在平均海平面 10000ft 或以下。飞行管理包含了导航数据库中所有这样的限制。这样当飞行计划在系统内编辑时，会自动包含这些限制，且可根据飞行员的判断插入或删除飞行计划爬升或下降段的任意航路点的速度和高度限制。航迹预测应该满足飞行计划中指定的所有高度限制、速度限制、时间限制(RTA)和指定的坡度限制。如果因为飞机性能的原因不能满足这些限制值，或者限制值之间有冲突，应该就问题向机组提供适当的建议。

预测中要根据各个飞行阶段的特点，按预测进行递进，依据水平飞行计划航路点信息，考虑各种垂直和水平限制来进行计算。无论飞机在地面还是在空中，预测计算基于当时飞机的状态，推测从飞机当前位置到飞机着陆(有的还包括复飞和备降过程)全过程中各个水平航路点和其他点(爬升顶点、下降顶点、速度变化点等)的垂直参数信息，这些参数包括：预计到达时间(Estimated Time of Arrival, ETA)、燃油剩余、高度、速度、地速、距离(到达目的地距离)。

垂直航迹预测的基础是飞机能量平衡方程的数值积分，包括可变的重量、速度和高度。一些能量平衡方程，用于适应无限制条件的爬升/下降、固定梯度的爬升/下降、速度改变和平飞。积分的步长受飞行计划中高度、速度限制值的限制，受飞机性能极限值如速度、震动、推力极限的限制。驱动能量平衡方程的数据来自于机体，取决于发动机的推力、燃油流量、阻力和性能数据库中存储的速度表。在一些特定类型的航段如高度终止航段中会遇到一些特殊问题，因为终止点是一个浮动的位置。这个位置与航迹积分计算航段在哪里终止有关，这也决定了下一航段的起始点。

2) 不同飞行阶段的预测策略

(1) 起飞复飞预测。起飞和复飞类似，它们只划分为一个垂直段，也就是飞机当前位置到机场之上 1500ft 高度位置，在计算中主要进行垂直段内水平终止点预测数据计算，采用垂直段性能信息插值的方法，计算水平终止点处所需的预测性能数据。

(2) 进近阶段预测。进近是在爬升、巡航和下降这几个高速飞行阶段，进行预测计算。进近阶段在垂直航段划分中只划分为一个段，经过积分运算后得到该积分段的时间、燃油和距离信息。进近阶段性能预测主要根据积分运算的结果，通过距离插值的方法得到该段内水平航段终止点的信息。

(3) 爬升阶段预测。包括爬升航段预测和爬升片段预测，给出爬升阶段的垂直航迹信息。爬升航段主要解决爬升飞行阶段中水平飞行计划航路点之间的航段预测处理，爬升航段中包含了若干爬升片段。爬升片段性能预测是指爬升水平航段中爬升垂直片段的性能预测处理，依据性能数据库中飞机性能数据，计算各个爬升阶段垂直片段的性能数据，并完成爬升到巡航或爬升到下降的飞行阶段转换。预测计算中要满足离场程序中对航路点速度的限制和高度限制，当飞机在到达航路点之前到达航路点高度限制就会产生爬升平飞段，在爬升片段的预测处理中将此平飞段按巡航片段进行处理。

(4) 巡航阶段预测。包括巡航航段预测和巡航片段预测，给出巡航阶段垂直航迹信息。巡航航段预测主要解决处于巡航飞行阶段的水平航段的预测处理、下降顶点信息的解算，以及完成从巡航到下降的飞行阶段转换。当预测到达下降顶点，巡航预测结束，飞行阶段转换到下降阶段。巡航片段预测依据性能数据库中飞机性能数据，计算巡航阶段片段的性能数据。巡航片段预测解决的是到片段终止点或片段内水平终止点的巡航性能计算，通过计算将巡航段划分为各片段。该阶段既要满足巡航片段预测所需的计算，也要满足爬升改平和下降改平中特殊情况的处理。

(5) 下降阶段预测。包括下降航段预测和下降片段预测，给出下降阶段垂直航迹信息。下降航段预测主要解决处于下降飞行阶段的水平航段的预测处理。下降航段预测是依据已经计算好的下降路径表来进行计算。当预测到达进近距离时，下降航段预测结束。在下降航段预测中包含了下降阶段与进近阶段的划分以及相关信息的计算处理。下降片段预测依据性能数据库中飞机性能数据计算下降阶段垂直片段的性能数据，进行的是到垂直终止点或垂直片段内水平终止点的下降性能计算。

(6) 高度剖面预测。首先要给出航空器质量的预测，精确的质量预测有助于实现航空器高度剖面的预测，本书给出了基于最小二乘法的航空器质量预测，并在航空器质量估计方法中，假设了航空器的初始质量为 BADA 模型中的参考质量。然后根据预测的航空器质量，基于爬升下降率方程实现航空器高度剖面的预测，基于爬升下降率和总能量方程实现速度剖面的预测。

3) 基于最小二乘法的航空器质量预测

为了问题的描述方便，对给出的航空器总能量方程进行化简，对式(4.3)进行变换：

$$\text{Power} = (\text{Thr} - D)V_{\text{TAS}}$$

$$\text{Energy} = \frac{1}{2}mV_{\text{TAS}}^2 + mgh$$

$$\frac{\text{Power}}{m} = \frac{\text{d}}{\text{d}t}\left(\frac{\text{Energy}}{m}\right) + \dot{\vec{W}}\vec{V}_{\text{Tas}}$$

其中，Thr 为航空器推力；D 为阻力；V_{TAS} 为航空器真空速度；m 为航空器质量；g 为重力加速度；h 为地理高度；$\vec{W}$ 为风速。

取 P 和 Q 简化航空器总能量方程：

$$P = \text{Power} - m \times \left[\frac{d}{dt}\left(\frac{\text{Energy}}{m}\right) + \left(\dot{\vec{W}} \cdot \vec{V}_{TAS}\right)\right] \tag{4.6}$$

$$Q = V_{TAS}\frac{dV_{TAS}}{dt} + g_0\left(\frac{T}{T-\Delta T}\right)\frac{dH_p}{dt} + \frac{d\vec{W}}{dt}\vec{V}_{TAS} \tag{4.7}$$

航空器飞行过程中，i 表示航空器的第 i 个航迹点；理想情况下，航空器发动机所产生的功率抵消阻力消耗后的值 Power，应与航空器所获得功率 $m_i \times Q_i$ 相等，即有：

$$\text{Power}_i(m_i) = m_i \times Q_i \tag{4.8}$$

利用式(4.7)可通过记录的雷达轨迹、天气数据计算得出该点处的 Q_i，但此处的 Power_i 还与质量 m_i 有关。因此我们可以通过最小二乘法的质量估计方法，通过最小化 n 个点之间的 $\frac{\text{Power}_i(m_i)}{m_i}$ 与 Q_i 的拟合余差实现航空器质量的估计。

令

$$\varepsilon(m_1, m_2, \cdots, m_n) = \sum_{i=1}^{n}\left(\frac{\text{Power}_i(m_i)}{m_i} - Q_i\right)^2 = \sum_{i=1}^{n}\left(\frac{P_i(m_i)}{m_i}\right)^2 \tag{4.9}$$

但是该方程是一个多元函数的多项式，求解比较复杂，考虑到航空器的质量变化主要是由于燃油造成的，因此有：

$$m_i = m_n + \int_{t_i}^{t_n} f_4(V_{TAS}(t), H_p(t), \Delta T(t)) \, dt$$

$$\approx m_n + \sum_{k=i}^{n-1}\frac{f_4(t_{k+1}) + f_4(t_k)}{2}(t_{k+1} - t_k) = m_n + \delta_i$$

其中，$\delta_i = \sum_{k=i}^{n-1}\frac{f_4(t_{k+1}) + f_4(t_k)}{2}(t_{k+1} - t_k)$ 可由的每一个历史航迹点的观测数据计算得出。

将该式代入式(4.9)得到：

$$\varepsilon(m_n) = \sum_{i=1}^{n}\left(\frac{\tilde{P}_i(m_n)}{m_n + \delta_i}\right)^2 \tag{4.10}$$

其中，$\tilde{P}_i(m_n) = P_i(m_n + \delta_i)$。

又令

$$F_{avg}(m_n) = \frac{1}{n}\sum_{i=1}^{n}(m_n + \delta_i)$$

则可通过最小化 $\varepsilon_{\text{approx}}(m_n)=\sum_{i=1}^{n}\left(\dfrac{\tilde{P}_i(m_n)}{F_{\text{avg}}(m_n)}\right)^2$ 来近似最小化 $\varepsilon(m_n)$。将函数 $\varepsilon_{\text{approx}}(m_n)$ 对 m_n 求导数，有

$$\dfrac{\mathrm{d}\varepsilon_{\text{approx}}(m_n)}{\mathrm{d}m_n}=\dfrac{\mathrm{d}\left[\sum_{i=1}^{n}\left(\dfrac{\tilde{P}_i(m_n)}{F_{\text{avg}}(m_n)}\right)^2\right]}{\mathrm{d}m_n}$$

$$=\dfrac{2}{[F_{\text{avg}}(m_n)]^3}\sum_{i=1}^{n}(\tilde{P}_i(m_n)[\tilde{P}_i'(m_n)F_{\text{avg}}(m_n)-\tilde{P}_i(m_n)F_{\text{avg}}'(m_n)])$$

其中

$$\tilde{P}_i(m_n)=-(m_n+\delta_i)^2\times f_3(H_{p_i},V_{\text{TAS}_i},\Delta T_i,\Phi_i)+f_1(H_{p_i},V_{\text{TAS}_i},\Delta T_i)-f_2(H_{p_i},V_{\text{TAS}_i},\Delta T_i)$$

$$-(m_n+\delta_i)\left[V_{\text{TAS}_i}\dfrac{\mathrm{d}V_{\text{TAS}_i}}{\mathrm{d}t}+g_0\left(\dfrac{T_i}{T_i-\Delta T_i}\right)\dfrac{\mathrm{d}H_{p_i}}{\mathrm{d}t}+\dfrac{\mathrm{d}W_i}{\mathrm{d}t}V_{\text{TAS}_i}\right]$$

通过求解 $\sum_{i=1}^{n}(\tilde{P}_i(m_n^*)[\tilde{P}_i'(m_n^*)F_{\text{avg}}(m_n^*)-\tilde{P}_i(m_n^*)F_{\text{avg}}'(m_n^*)])=0$，即可求出 m_n 的值，表示如下：

$$m_n=f(H_{p_i},V_{a_i},T_i,\Delta T_i,\Phi_i,\delta_i) \tag{4.11}$$

$$\delta_i=F(H_{p_i},V_{a_i},\Delta T_i,H_{p_{i-1}},V_{p_{i-1}},\Delta T_{i-1}\cdots H_{p_{n-1}},V_{p_{n-1}},\Delta T_{n-1})$$

由此可以看出，要计算第 n 个航迹点处的航空器质量，需知道第 i 个点到 n 个点的航空器的飞行真空速、高度、温度信息等，即可以根据历史航迹信息估计未来航空器在各个航迹点对应的质量。

4) 高度剖面预测

为推算飞行高度剖面，引入航空器爬升率(或下降率)ROCD 公式：

$$\text{ROCD}=\dfrac{T-\Delta T}{T}\left[\dfrac{(\text{Thr}-D)V_{\text{TAS}}}{mg_0}\right]\cdot f\{M\} \tag{4.12}$$

其中，T 表示大气温度，单位为 K；ΔT 表示温度差，单位为 K；V_{TAS} 表示真空速，由地速和风速的差可以获得；m 表示航空器质量，由上一小节中的公式计算估计所得；$g_0=9.80665\text{m/s}^2$ 表示重力加速度。

$F\{M\}$ 表示能量比例因子，表示在沿着固定的速度剖面爬升过程中，分配给爬升的能量与分配给加速的能量的比值。其表达式如下：

平流层中固定马赫数飞行：

$$f\{M\}=1.0$$

说明：在对流层顶之上，温度、声速恒定，保持等马赫飞行不需要任何加速度，所有的能量都分配给了高度变化。

平流层下固定马赫数飞行：

$$f\{M\} = \left[1 + \frac{\kappa R \beta_T}{2g_0} M^2 \frac{T - \Delta T}{T}\right]^{-1}$$

说明：对于 0.8Mach 的等马赫飞行，$f\{M\}$=1.09。

$f\{M\}$ 超过 1 是因为，在对流层中，温度、声速随高度增加而减小，在爬升过程中保持等马赫意味着真空速随高度增加而降低，因此用于爬升的能量除了分配之外，额外多一份动能转换过来的势能。

平流层下恒定校正空速飞行：

$$f\{M\} = \left\{1 + \frac{\kappa R \beta_T}{2g_0} M^2 \frac{T - \Delta T}{T} + \left(1 + \frac{\kappa - 1}{2} M^2\right)^{\frac{-1}{\kappa - 1}} \left[\left(1 + \frac{\kappa - 1}{2} M^2\right)^{\frac{-1}{\kappa - 1}} - 1\right]\right\}^{-1}$$

说明：$f\{M\} < 1$，对于 0.6Mach 飞行，$f\{M\}$=0.85。

数值小于 1 是因为，密度随高度增加而减小，在爬升过程中保持等 CAS(Calibrated Air Speed)意味着 TAS(True AirSpeed)随高度增加而增大，因此额外能量需要用于加速过程。

平流层上恒定校正空速飞行：

$$f\{M\} = \left\{1 + \left(1 + \frac{\kappa - 1}{2} M^2\right)^{\frac{-1}{\kappa - 1}} \left[\left(1 + \frac{\kappa - 1}{2} M^2\right)^{\frac{-1}{\kappa - 1}} - 1\right]\right\}^{-1}$$

对于非等马赫、等表速 CAS 的情况，使用以下数值：

加速下降：$f\{M\}$=0.3；减速下降：$f\{M\}$=0.3；减速爬升：$f\{M\}$=1.7；加速爬升：$f\{M\}$=1.7。

上述能量分配因子计算方法同样适用于下降阶段，虽然下降阶段可分配的能量均为负值。

得到航空器爬升率(或下降率)ROCD 之后，可以计算出高度增量。

$$\Delta h = \text{ROCD} \cdot \Delta t$$

3. 速度剖面预测方法

飞行速度剖面表示在飞行过程中，由航空器的运行速度与高度描述的二维关系。由于空气密度和音速都会随着高度的升高而发生变化，校正空速(Calibrated Air-Speed, CAS)、真空速(True Air-Speed, TAS)与马赫数也随之改变，如图 4.8 所示。

在实际飞行中为方便飞行员操纵，通常划定一个转换高度(Transition Altitude, TA)，在此高度之下采用等校正空速飞行，在此高度之上考虑压缩性的影响，按固定的马赫数飞行。

根据总能量方程(4.1)以及式(4.12)给出的爬升下降率ROCD，可获得航空器加速度 a：

$$a = \frac{\text{Thr} - D}{m} - \frac{g_0 \cdot \text{ROCD}}{V_{\text{TAS}}}$$

进而计算出速度增量：

$$\Delta V = a \cdot \Delta t$$

根据速度增量计算路程增量，路程增量：

$$\Delta s = V_{GS} \cdot \Delta t \cdot \cos(\gamma) \quad (4.13)$$

其中，γ 表示交通航迹角，由前一个计算周期计算，公式如下：$\gamma = \Delta h / \Delta s$。

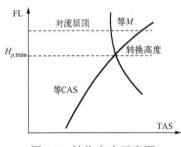

图 4.8 转换高度示意图

4.1.3 基于大气模型修正

气象因素特别是高空风对于飞行速度影响很大，所以在建立航空器交通航迹速度模型时，需要根据气象因素中的高空风数据对计算模型进行修正。高空风是指距离地表一定距离的高空中处于水平流动状态下的空气流(一般空气的垂直流动不定义为高空风)。由于飞行器在飞行的大部分时间内都处于高空风环境中，因此高空风速将直接影响飞行器地速，从而影响最后的航迹形成。目前可使用的稳定高空风预测数据源是美国和英国的格点 GRIB (Grid Data Binary)气象报，提供次日 6 小时有效、12 小时有效和 24 小时有效的三种气象预报，它描述了指定的全球 3447 个经纬格点处的大气基本参数(包括高空风速)。基于该数据可建立一种动态网格模型来描述气象信息。

气象信息对于飞机的性能预测有着重要的影响。对于飞机预测来说，气象信息的内容包括风、温度和压力。精确的风和温度预测将很大地优化计算和达到时间预报的能力，以及减少实际的油耗和飞行时间。在未来的系统中，天气预报数据将以定期的方式被自动上传给 FMS，以提供最新预报。报告点不是必须沿着当前飞行计划，而是可以在任意的纬度、经度和高度点，以便允许评价供选的路径和利用邻近飞机所提供的风数据。实际测量的风和温度数据也要定期下传，供其他飞机使用。

四维航迹预测应用大气模型提供沿着垂直剖面各个位置上的预测温度、压力和风。温度和压力模型是典型的国际标准大气(ISA)模型。预测大气压力是通过一个单独的模型来提供的，与飞行阶段和测量条件无关。预测温度是通过温度模型来提供的，该模型以标准条件来计算偏离。以标准条件来预测温度偏离的方法根据飞行阶段的不同进行变化。同样的，预测风是通过风模型来提供的，预测方法也是根据飞行阶段的不同进行变化。温度和风模型使用多个信息源(即：通过输入、数据链以及传感器)。预测温度偏离和风是预报和测量数据的混合组合。

1. 温度模型

温度数据可以按照航路点输入,或者是适合于整个飞行的单一值。同样,对流层高度(在此高度上温度开始成为常量)也可以由飞行员输入。

温度模型由两个函数组成:一个函数根据预测高度和温度偏差来计算温度,另一个函数预测沿垂直剖面的温度偏差。设定温度比 θ 为周围环境空气温度 T 与标准海平面空气温度 T_0 的比,则可用如下关系描述温度比:

$$\theta = \frac{T}{T_0} = \frac{C + 273.16}{288.15}$$

温度比 θ 作为高度和温度偏离的函数来进行预测,应用下列公式:

$$\theta = 1 - H_p 6.87535 \times 10^{-6} + \frac{\text{ISA}\Delta}{288.15}, \quad H_p \leq 36089$$

$$\theta = 0.75187 + \frac{\text{ISA}\Delta}{288.15}, \quad H_p > 36089$$

其中,H_p 为气压高度(ft);ISAΔ 为国际标准大气的温度偏离值(℃)。

2. 大气压力模型

气压可用于校正空速、马赫数和真空速之间的速度转换。大气压力模型根据预测高度计算大气压力比 δ,它是环境静压 P 与标准海平面静压 P_0 的比:

$$\delta = \frac{P}{P_0}$$

大气压力比 δ 是高度的函数:

$$\delta = (1 - 0.0000068753 \times H_p)^{5.2561}, \quad H_p \leq 36089$$

$$\delta = 0.22336 \times e^{(4.8063 \times (36089 - H_p)/100000)}, \quad H_p > 36089$$

3. 风模型

对于风场信息的采集和处理,可通过获得实时气象数据文件实现,并对其内在的编码形式进行解码与读取,根据等压面与全球经纬度间隔,将其拆分出各经纬度网格点的高空风、温度与对流层顶高度等信息存储至数据库中供航迹构建使用。

航迹预测中,航空器的实时位置不会精确地处于网格点上。而且 GRIB 数据点连成的网格并不是规则的矩形网格,而是近似梯形,因此为了确定航空器所处经纬度上的风矢量信息,需找到该经纬度相邻的四个格点数据,如图 4.9 所示。

$O(x_0, y_0)$ 为飞机当前位置,$O_{i,j}(x_i, y_j)$,$O_{i,j+1}(x_i, y_{j+1})$,$O_{i+1,j}(x_{i+1}, y_j)$,$O_{i+1,j+1}(x_{i+1}, y_{j+1})$

四个点为 GRIB 数据点，$M(x_0, y_{j+1})$ 和 $N(x_0, y_j)$ 为和 $O(x_0, y_0)$ 在同一经线上的两个点，其纬度分别和网格数据点纬度相同。

由两点线性插值方式，可以求得 M 点的东西方向风分量 $u(M)$：

$$u(M) = u_1 + (u_2 - u_1)\frac{x_0 - x_{i+1}}{x_i - x_{i+1}}$$

其中，u_1 是 $O_{i+1, j+1}$ 点的东西方向风分量，u_2 是 $O_{i, j+1}$ 点的东西方向风分量。

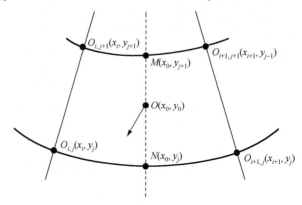

图 4.9　航迹点网格气象数据

同理，通过类似的线性插值可以求得 M 点的南北方向风分量 $v(M)$ 和温度值 $T(M)$，也可以求得 N 点的东西方向风分量 $u(N)$、南北方向风分量 $v(N)$ 和温度值 $T(N)$。

再利用同样方式，可求得 O 点处的 $u(O)$、$v(O)$ 和温度值 $T(O)$。从而得到 O 点处风的大小和方向。

$$v_{\text{wind}} = \sqrt{u(O)^2 + v(O)^2}$$

方向角：

$$\varphi_{\text{wind}} = \begin{cases} \arctan(u(O)/v(O)), & u(O) > 0, v(O) > 0 \\ 180 - \arctan(u(O)/(-v(O))), & u(O) > 0, v(O) < 0 \\ 180 + \arctan(u(O)/v(O)), & u(O) < 0, v(O) < 0 \\ 360 + \arctan(u(O)/v(O)), & u(O) < 0, v(O) > 0 \end{cases}$$

南北方向，南风(从南向北吹)为正；东西方向，西风为正(从西向东吹)。

在风合成方面，爬升阶段典型的风模型是以指定高度输入风的大小和方向为基础的。从地面零高度开始，在指定高度之间的任何高度上，风的值是通过插值并和当前探测到的风的值混合计算得出的。在巡航阶段使用的风模型通常在途中航路点上允许输入多个高度的风的大小及方向。可通过地面维护的当前地理风网格数据库由数据链上传获得航路风。航路点之间风的计算方法是通过在两个输入之间插值实现的,或者使用前面输入的值直到飞到下一个输入了数据的航路点。将预报的风和从传感器数据获得的风混合在一起,这种方法是给靠近飞机的风赋予较重的权并且集中到传感器,测量到的风作为依次排列的对应航路点的预报风。下降阶段的风模型使用了一组高度风向量。在任何高度通过航路风值混合当前传感器测的风值来预报风的机载输入,如图 4.10 所示。

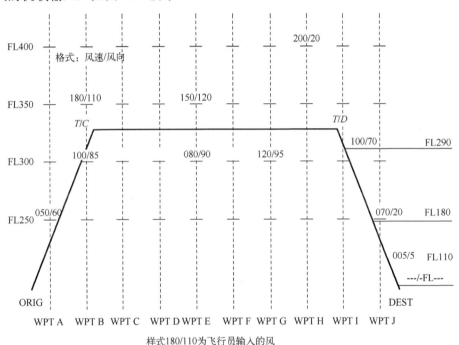

图 4.10 预报风的输入

计算机根据飞机上的大气数据能实时给出飞机当前位置的实测风。实测风和预报风相结合来确定预测风,如图 4.11 所示。10000ft 以上从起始点到预测点随高度变化是线性的,超过 400 海里从起始点到预测点随距离变化也是线性的。该方法允许风预测值突出靠近飞机当前位置的沿剖面点的实测值。沿剖面被选择的点,随着离飞机位置距离的增大,预测风更多强调预报数据。飞行管理中使用上述合成算法,用预报风和从传感器数据获得的测量风,合成飞机前方各点上的预测风,具体比例关系如图 4.12 所示。在飞机当前位置处使用 100%测量风矢量;在飞机前方 200 海里位置使用 50%测量风矢量和 50%预报风;在飞机前方 200 海里之外距离逐渐减少测量风直到非常接近 100%预报风。在爬升和下降飞行阶段,风的合成使用相同的方法,以高度值 5000ft 作为比例关系的转换阈值。

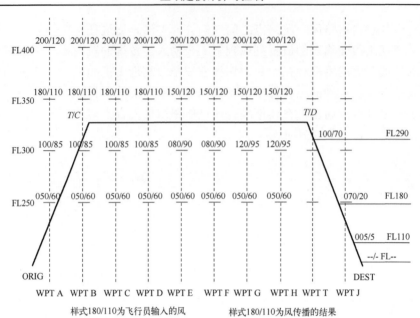

图 4.11 基于预报风的传播结果

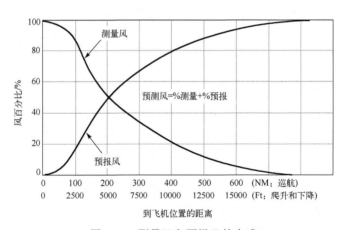

图 4.12 测量风和预报风的合成

风合成是高度和距离的函数。对高度从起始点到预测点超过 10000ft 的变化进行线性合并,对距离从起始点到预测点超过 400 海里的变化进行线性合并。

如果 $B \leqslant A$,则:$w_p = \dfrac{(A - B \cdot W_m) + B \cdot W_f}{A}$

如果 $B > A$,则:$w_p = w_f$

其中,w_p 为垂直剖面上期望点的预测北向或东向风分量;w_m 为飞机当前点的测量北向或东向风分量;w_f 为垂直剖面上期望点的预报北向或东向风分量;A 为 400 海里(巡航风预测)或 10000ft(爬升或下降风预测);B 为从飞机当前位置到垂直剖面上期望点的距离(巡航风预测)或飞机当前高度与垂直剖面上期望高度的高度差(爬升或下降风预测)。

4. 航迹预测大气修正

根据预测位置、高度信息,调用高空风数据,获取计算的航迹点所在位置的风速 V_{TAS},与性能模型计算出的该点真空速为 V_{TAS} 进行矢量运算,如图 4.13 所示,获取航空器地速 V_{GS} 大小,实现高空风对航迹预测结果的修正。

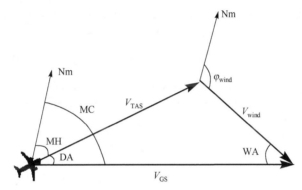

图 4.13 速度计算示意图

速度计算数学模型如下:

$$WA = \varphi_{wind} - MC$$
$$DA = \arcsin[V_{wind}/V_{TAS} \times \sin(WA)]$$
$$V_{GS} = V_{TAS} \times \cos(DA) + V_{wind} \times \cos(WA)$$
$$\Delta S = V_{GS} \times \Delta t$$
$$MH = MC - DA$$

其中,φ_{wind} 为风向;V_{wind} 为风速;V_{TAS} 为真空速;V_{GS} 为地速;WA、DA、MH、MC 等为图中对应角度,Nm 为基准方向;ΔS 为飞行距离并由式(4.13)计算,Δt 为飞行时间。

对于速度计算数学模型中的真空速预测方法原理与质量的估计原理是一样的,基本思想是基于总能量方程,在获取航空器的质量估计值后,基于最小二乘法估计未来航空器过航迹点的真空速,具体公式表示如下:

$$V_{TAS_j} = \mathop{\arg\min}\limits_{V_{TAS_j}} \sum_{i=k}^{j} (\text{Power}_i(V_{TAS_i}) - Q_i(V_{TAS_i})m_i)^2$$

式中，航空器航迹点 k 到航迹点 j 对应的质量是已知的，由式(4.11)计算所得，$\text{Power}_i(V_{\text{TAS}_i})$ 以及 $Q_i(V_{\text{TAS}_i})$ 由式(4.6)和式(4.7)给出。

4.1.4 基于机载数据修正

地面管制系统在预测交通航迹时会用到航空器质量、速度剖面、推力设置等相关参数，但是这些参数通常使用的是通用参数，与实际航空器具体参数可能存在偏差。在交通航迹运行中，由于机载系通过能力的提升，可以将机载预测航迹下传给管制自动化系统，地面可以通过提取相关的参数对预测航迹进行修正和同步。

如表 4.1 所示，列出了机载航迹和地面预测航迹的数据来源，从中可以发现航空器除了交通管制限制外，能够获取用于航迹预测的参数相对于地面系统均更加精确，因此利用机载下传的 EPP(Enhance Parallel Port)数据可以对地面系统的预测模型进行改进,用于冲突解脱、航迹重新规划等过程中的航迹计算，提高航迹管理工具的精度和效率。

表 4.1 对比机载和地面的航迹预测数据

航迹预测数据	机载(EPP)	地面预测
航空器性能模型	由制造商提供具体参数	通用参数
实际航空器质量	已知	未知
成本指数	已知	未知
推力设置	已知	未知
爬升/下降速度剖面	已知	未知
气象预报	已知	已知
交通管制限制/意图	导航数据库	全部限制

地面管制系统的航迹预测模型主要利用下面的公式：

$$\left(\frac{\text{Thr}-D}{m}\right)V_{\text{TAS}} = V_{\text{TAS}}\frac{dV_{\text{TAS}}}{dt} + g\frac{dh}{dt} + (\dot{\vec{W}}\vec{V}_{\text{TAS}} - gW_{U_p})$$

其中的推力和阻力均为来自于性能模型的经验数据，质量 m 为假定或推测的质量；速度剖面根据经验预先设定的速度计划。而机载下传的 EPP 数据中包含了航空器的实际质量、关键点的高度、速度和时间等相关信息，利用这些数据可以对以上的公式进行修正：

$$c\frac{[\text{Thr}-D]_{\text{APM}}}{m_{\text{EPP}}}(V_{\text{TAS}})_{\text{EPP}} = \left[V_{\text{TAS}}\frac{dV_{\text{TAS}}}{dt} + g\frac{dh}{dt} + (\dot{\vec{W}}\vec{V}_{\text{TAS}} - gW_{U_p})\right]_{\text{EPP}}$$

其中的参数 c 为修正参数，利用航空器在起飞之前下传的 EPP 数据，可以通过最小二乘法等对其进行拟合，计算得到不同高度范围内对应的参数 c，可以对地面系统航迹模型中采用的推力和阻力进行修正，同时结合管制意图对航迹进行重新计算，生成更加准确的飞行剖面。

4.2 战术阶段航迹规划

交通航迹包含了航空器在时空上的运行状态信息,即经度、纬度、高度三维坐标及其在时间轴上的变化等;空域网格是一种时空网格,即经度、纬度、高度三维坐标及其随时间的变化。本书的航迹规划基本思想是,将航迹途经空域的冲突探测消解建立在空间区域中分割为若干个空间-时间的网格上,每个网格单元的长度、宽度及高度按照标准间隔距离进行设定,从而将连续航迹规划问题转变为离散网格占用问题;然后,将航空器航迹都对应到设定好的网格之中,对分配至网格中的航空器间航迹位置进行冲突探测;通过对所有航空器航迹的航路点进行冲突探测,可累加得到航班集合内存在的潜在冲突次数,获得航空器的网格通行价值。对此本节将建立三维空间立体网格,通过智能学习算法对雷达数据、飞行数据、地面障碍物状况等数据与决策约束条件,进行三维空间立体网格价值迭代计算,生成空域网格的通行价值图。基于空域网格的态势感知,建立空域使用、冲突消解、最佳航迹规划等策略,形成基于空域网格的无冲突航迹规划新方法。

4.2.1 航迹规划理论模型

1. 基于初始放飞时刻调整的航迹规划

通常在运输航班飞行中,航空器依据预先制定的飞行计划沿着航路航线飞行。此时的航迹规划的核心是解决多航空器在航路航线上的飞行冲突。基于初始放飞时刻调整的规划策略,是指对航空器初始放飞的时间进行相应的延迟调配,以控制航空器航迹间的时空分离,该调整策略在运输效率上会造成一定的损失,但在整体运行安全性上会有明显的提升。

设有 n 个航空器 $(F_1, F_2, \cdots, F_n)$,每个航空器 F_i 由若干个航迹点组成,记为 $F_i = \{p_i^k, k \in N^+\}$,依据航空器飞行安全间隔标准,运用基于空域网格的飞行冲突探测算法,结合上一节介绍的交通航迹预测模型进行飞行冲突初筛探测,然后针对初筛后的潜在冲突航迹点,实施基于几何法的飞行冲突精确探测,最后获得一个冲突矩阵 C:

$$C = \begin{bmatrix} C_{11} & C_{12} & \cdots & C_{1n} \\ C_{21} & C_{22} & \cdots & C_{2n} \\ \vdots & \vdots & & \vdots \\ C_{n1} & C_{n2} & \cdots & C_{nn} \end{bmatrix}_{n \times n}$$

其中：

$$C_{ij} = \begin{cases} 1, & F_i 与 F_j 冲突且 i \neq j, \\ 0, & 其他, \end{cases} \quad i,j = 1,2,\cdots,n$$

定义 4.1 航空器延迟起飞时间集合 $D = \{\delta_i \in T, \forall 1 \leqslant i \leqslant n, i \in N\}$，其中 T 表示离散延迟时刻点的集合，即 $T = (0, \text{ts}, 2\text{ts}, \cdots, \delta_{\max})$，其中 $\delta_{\max}$ 表示最大允许延迟时间；ts 表示延迟时间的间隔周期。为了减少冲突次数与平均延迟时间，设定综合控制总剩余冲突数量与延迟时间的目标函数 $F_{\max}$，其最大值即为总剩余冲突数量最少、总延迟时间最小，其函数表达式如下：

$$F_{\max} = \frac{n - \sum\limits_{i=1}^{n} \dfrac{\delta_i}{\delta_{\max}}}{1 + \text{nrc}}$$

其中，n 表示航空器数量；nrc 表示剩余航空器间的总冲突数量，其计算表达式为：

$$\text{nrc} = \sum_{i=1}^{n} \sum_{i<j}^{n} C_{ij}$$

通过分析可知，上述问题是一个大规模、长时间范围的组合优化求解问题，我们很难降低其算法的复杂性。假设有 800 个航空器，最大延迟时间设为 $\delta_{\max} = 90\min$，采样间隔为 ts = 20s，此时延迟时间 δ 有 270 个可能的变量，按照复杂度公式计算发现，该组合搜索空间非常庞大，并且目标函数呈非线性关系，无形中也加大了优化算法的复杂程度。

2. 基于动态分组策略的协同无冲突航迹规划

为了处理大规模航班交通航迹规划问题求解难度，提高规划效率并简化算法复杂性，本节提出一种动态分组策略的协同无冲突航迹规划方法，该方法首先根据航空器间的冲突或动态关系进行动态分组，随后针对每组中的冲突航空器，通过运用遗传算法调整各航空器的初始放行时刻来避免冲突或相互干扰影响，最终通过协同进化各分组航空器的交通路径获得最佳的航迹规划。该算法不仅最大程度降低了冲突次数，减少了平均延迟时间，而且有效降低了大规模规划的复杂度，提高了预测航迹的飞行安全性，其具体规划流程，如图 4.14 所示。

动态分组策略的基本思想主要是，将相互间有冲突或相互间有影响干扰的航空器归纳到同一个组中，便于对这些存在冲突的航空器统一实施调配，相对总体航空器规划而言，在一定程度上有利于降低算法的复杂性。依据动态分组策略将航空器按照飞行冲突分成了不同的组，分组步骤：

首先将集合 F 中的某一个航空器分在第一组，记为 group$_1$，此时如果集合 F 中剩余航空器与组 group$_1$ 中航空器有冲突，则将集合 F 中的冲突航空器移到组 group$_1$

中，当集合 F 中的航空器都不与组 $group_1$ 中航空器冲突时，则重复循环执行 $group_1$ 分组，直到集合 F 为空集。

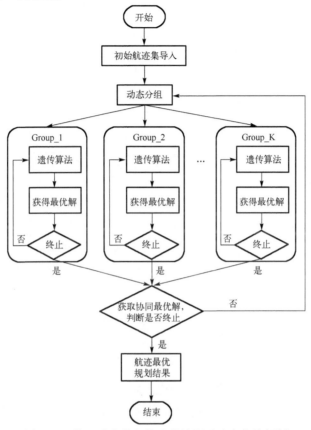

图 4.14　基于动态分组策略的协同无冲突航迹规划

具体算法流程，如图 4.15 所示。

定义 4.2　航空器分组集合。所有航空器的集合 F 由 K 个组构成，记为：
$$F = \{group_1, group_2, \cdots, group_K\}$$
其中，K 满足 $K < n$，并且：
$$group_k = (F_k^1, F_k^2, \cdots, F_k^{m_k}), 1 \leq k \leq K, 1 \leq m_k < n, \sum_{k=1}^{K} m_k = n$$

式中，m_k 表示组 $group_k$ 中航空器的总数量；F_k^j 表示在组 $group_k$ 中第 j 个航空器。

该动态分组策略能够将相互间有冲突或存在影响干扰的航空器划分在同一组中，相互间没有冲突或关联的航空器划分在不同的组中，即满足如下相关性：
$$\begin{cases} \forall F_k^i \in group_k, & \exists F_k^j \in group_k \Rightarrow C_{ij} = 1 \\ \forall F_k^i \in group_k, & \forall F_k^j \in group_l \Rightarrow C_{ij} = 0 \end{cases}$$

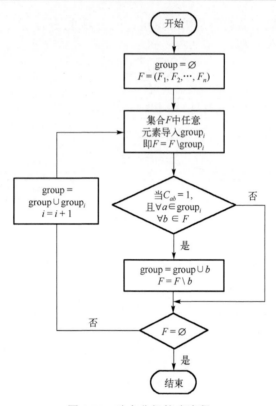

图 4.15 动态分组策略流程

特别地，当各个航空器间没有冲突或干扰，即满足：
$$\forall i \neq j, \ i, j \in F \Rightarrow C_{ij} = 0$$

在此情况下，运用随机分组策略将航空器分成具有与航空器数量相同的 K_{same} 组。在每次动态分组之后，不同的组之间由于初始放行时刻的调整，可能会产生新的冲突，因此每次分组后需要根据动态时刻调整分析结果，判断是否需要再次调节动态分组。

在确定航空器之间存在关联影响时，通常会考虑以下的几种具体情况：①超过空域容量限制。单位时间内经过关键点或者进入指定空域的航空器数量，超过设定的容量值，则认为这些航空器之间存在相互的影响干扰。②违反空管部门指定的最小间隔要求。当存在气象影响等情况下，管制部门通常会增加航空器移交间隔要求，以确保空中交通的有序运行；当航空器之间的纵向间隔低于指定的阈值时，则认为这些航空器之间存在相互影响干扰。③存在飞行冲突。当两个航空器在经过某个关键点时的水平和垂直间隔同时小于最小安全间隔时，则认为两者之间存在相互影响干扰；通常最小垂直安全高度为 300 米。为简化计算，最小水平间隔通常采用时间间隔，具体数值根据运行实际情况进行确定。

在航空器的航迹调配过程中，将15分钟作为时间单元，逐时段通过调整空域进出点时间和高度改变四维航迹，以解决航班飞行之间存在的相互影响干扰，其中遵循的主要策略如下：一是优先调整航空器放飞或进出空域的时间，当仅调整到达时间无法完全消除相互影响干扰时，考虑调整航空器的飞行高度；二是当单位时间内的航空器预计过点或进出空域的流量超出设定容量时，将超出的航空器后移到下一个时段；三是优先处理从前序时段后移到本时段的航空器；四是优先将航空器的控制到达时间确定在预计到达时间之后，当航空器在预计到达时间和本时段结束时刻之间没有可用的时隙时，考虑将航空器的控制到达时间确定在预计到达时间之前，以满足最大的容量利用。

3. 基于概率网格的冲突消解方法

根据第3章空域描述方法介绍，我们实现了航迹与空域网格的关联映射，本节在上述基于网格实现航迹冲突探测的基础上，研究冲突消解问题。

首先计算空域网格被某一特定因素（航空器/雷暴/对空射击等）占用概率，它可表示为：

$$P_i = p(C_i)$$

其中 C_i 是一个随机变量，表示第 i 个导致空域网格被占用的因素，其中空域占用的因素包括：空域网格内有航空器、可变环境（雷暴）、特殊用空计划或者过点时间冲突等。

空域网格的赋值设定如下：空域网格被航空器占用的概率用 0.1 表示；可变环境（雷暴）以圆形表示，且概率是以圆心为中心对称分布的，圆心处的概率为 0.5，以圆心为起点沿着半径的概率值减小，减少速度为 0.1km；空域网格被特殊用空计划占用的概率用 0 和 1 表示，0 表示空域网格为非特殊用空，1 表示空域网格被特殊用空计划占用；过点时间冲突概率与航空器因素联合使用，用 0 和 1 表示，0 表示过点时间不冲突，1 表示过点时间冲突。

然后计算空域网格至少被一个因素占用的概率，可用联合概率分布来表示，具体如下式所示：

$$\overline{P} = 1 - \prod_{i=1}^{n}(1-p_i)$$

其中，n 表示空域网格被占用的因素个数，$\prod$ 表示连乘符号。

由此可由如下公式计算所有导致空域网格被占用的因素的累积总概率 $\overline{P_l}$：

$$\overline{P_l} = 1 - (1-p_i)(1-\overline{P_{l-1}})$$

其中，$\overline{P_{l-1}}$ 表示包括空域网格被 C_i 占用前的所有导致空域网格被占用的因素的累积总概率。

如图4.16所示，给出了空域网格被航空器占用的累积总概率，图4.17给出了空域网格被可变环境(雷暴)占用的累积总概率,图中灰色圆形区域为可变环境(雷暴)区域,且被可变环境(雷暴)占用的空域网格的概率是以圆心为中心对称分布的。根据计算所得的累积总概率将空域网格内的累积总概率分为三类进行处理:①累积总概率小于等于 0.2 为低风险冲突的空域网格,则暂时不做冲突解脱处理;②累积总概率大于0.2 小于0.5 为中风险冲突空域网格,则判断导致冲突的因素是不是航空器,如果是航空器,则需进一步判断是不是过点时间有冲突,如果两者都满足,则需要进行冲突解脱,否则认为空域网格内航迹无冲突;③累积总概率大于等于 0.5 为严重风险冲突空域网格,则需进行航迹冲突解脱。如图 4.17 所示,虚线框标记的空域网格累积总概率大于 0.5(雷暴中心+航空器途经网格区域),属于严重风险冲突空域网格。

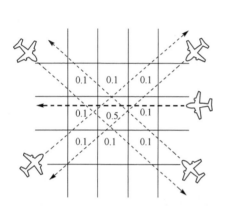

图 4.16 航空器占用的累积总概率

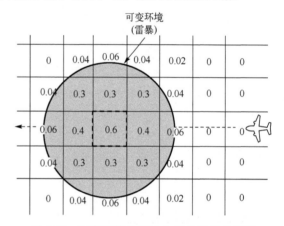

图 4.17 可变环境(雷暴)占用的累积总概率

针对需要进行冲突解脱的空域网格,计算未来一段时间 T 内与冲突空域网格相连的空域网格的占用因素的特征均值,根据计算结果选取特征均值最小的空域网格作为冲突航迹的新的占用空域,以此实现冲突解脱。

4.2.2 规划机器学习算法

在交通航迹的大量历史数据中,存在过去的诸多先验经验,如果将这些经验提取出来,参与到交通航迹规划中,可有效降低大规模航班飞行的航迹规划复杂度。对此本书研究了基于机器学习的空域态势感知与航迹规划方法。

1. 基于价值图迭代的航迹路径规划

我们根据实时的交通航迹数据和机载雷达探测数据,通过空域占用状态和趋势建模出马尔可夫决策过程,利用价值迭代网络推导最优航迹路径的价值图。

1) 马尔可夫决策过程(Markov Decision Process, MDP)建模

航迹规划的目的是寻找一条由当前位置到目标位置的路径点序列。在规划的过

程中，需根据某种策略在当前路径点的位置向某个方向移动，以获得新的路径点，重复上述过程即可得到一条路径。

强化学习中将策略 π 定义为状态 s 到任意可行动作 a 的概率映射。为便于画图，这里将地图简化为二维绘制，如在图 4.19(a)所示的网格地图 M 上规划任务路径，状态 s 为在网格中的位置 (i,j)，即：

$$s = \langle i,j \rangle, \quad i,j \in \text{range}(M)$$

动作为飞机在状态 s 时可移动的方向。如图 4.18(b)所示，代理在每个时间步可以向周围相邻的 8 个网格移动、也可以停留在原地。在此将动作定义为 $a_{\Delta i,\Delta j}$，其中 $\Delta i,\Delta j \in \{-1,0,1\}$，将动作的集合记作 A。当在状态 s 采取动作 $a_{\Delta i,\Delta j}$ 时，状态的迁移方程为：

$$s' = \text{trans}(s, a_{\Delta i,\Delta j}) = s.i + \Delta i, \quad s.j + \Delta j$$

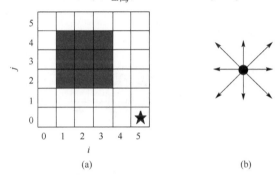

图 4.18　(a)网格地图(黑色为障碍，星为目标)；(b)可选择的移动方向

强化学习中将状态 s 的价值 $v(s)$ 定义为：飞机从 s 出发沿着使用策略 π 选择的路径到达目标位置所获得的奖励的期望，其中奖励 $r(s)$ 为代理在状态 s 选择动作 a 时环境给予的反馈，以鼓励或抑制该动作。策略 π 的选择多种多样。当采用贪心策略时，对于图 4.18(a)所示的网格地图，若每个状态 s 的价值 $v(s)$ 如图 4.19(a)所示时，可以选择周围价值最大的网格位置作为从当前位置移动的目标。如图 4.19(b)所示，从 0,5 出发到目标位置 5,0 的一条可行路径为 $0,5 \to 1,5 \to 2,5 \to 3,5 \to 4,4 \to 4,3 \to 4,2 \to 4,1 \to 5,0$。

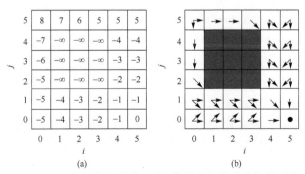

图 4.19　(a)各状态的价值；(b)使用贪心策略选择的动作

在此，将图 4.19(a)所示的由不同状态价值组成的网格图称为通行价值图。当通行价值图中每个状态的价值为最优价值的时候，根据该通行价值图选择的路径为最优路径。

当网格地图中的障碍位置不随时间变化时，飞机可以安全高效地沿根据最优通行价值图获得的最优路径向目标位置移动。但是当网格地图中的障碍位置随时间变化而变化时，由初始时刻网格地图所规划的最优路径的安全性和高效性就无法得到保证。例如图 4.20 所示的动态变化网格地图中，时刻 T 根据图 4.19(b)获得的从 0,5 出发到目标位置 5,0 的最优路径 $0,5 \rightarrow 1,5 \rightarrow 2,5 \rightarrow 3,5 \rightarrow 4,4 \rightarrow 4,3 \rightarrow 4,2 \rightarrow 4,1 \rightarrow 5,0$ 需要 8 步才能到达目标位置。而实际上由于障碍的移动，从 0,5 可以直接经 $1,4 \rightarrow 2,3 \rightarrow 3,2 \rightarrow 4,1 \rightarrow 5,0$ 到达目标位置，仅需要 5 步。

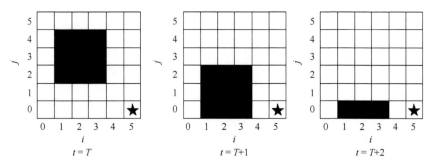

图 4.20　动态变化的网格地图

在动态环境中，由于障碍位置随时间变化而变化，同一网格位置的通行价值也随时间的不同而不同。因此图 4.19(a)所示的二维空间的通行价值图已经不能满足动态环境中路径规划的需求，需要将其沿时间维度拓展为考虑时间的通行价值图。如图 4.21(a)所示，时刻 t 位置 i,j 的价值表示在时刻 t 从该位置出发到达目标位置的奖励的期望。根据该四维时空通行价值图，由贪心策略在时刻 t 时状态 s 应选择 $t+1$ 时刻具有最大价值的相邻状态作为移动的目标，具体的动作选择如图 4.21(b)所示。

2) 三维空间的价值迭代算法

如果想建立四维时空的价值迭代算法(Value Iteration, VI)[21]推导交通航迹价值图，则首先需要在三维空间进行价值迭代，然后再进行时间维度的价值迭代。

三维空间通行价值图中的值，表示飞机从任意位置出发沿着使用策略 π 选择的路径到达目标位置所获得的奖励的期望。从起始位置 s 开始选择一系列途径位置到达目标位置的决策过程可以看作是马尔可夫决策过程。在马尔可夫决策过程中，决策者称作代理，与决策者进行交互的其他所有事务称作环境。代理与环境不断地进行交互，代理选择某个行动，环境随之做出回应并以新的形势反馈给代理。同时，环境也会给予代理一个回报，代理则通过选择一系列的行动来最大化回报。

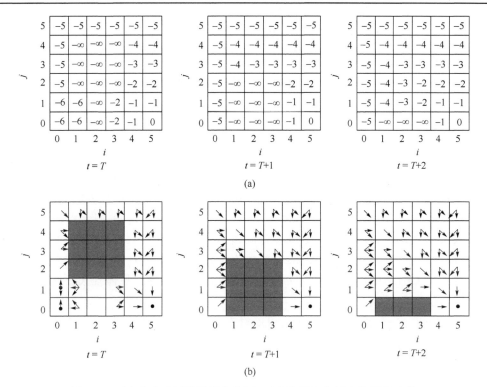

图 4.21 (a)考虑时间的通行价值图；(b)使用贪心策略选择的动作

马尔可夫决策过程是一个离散过程，代理在每个时间步 t 与环境进行交互。对于每个时间步 t，代理有状态 s_t，并采取某个动作 a_t，代理收到采取动作 a_t 而获得的回报 r_t。下一个时间步，代理的状态由于行动的影响转移至 s_{t+1}。随着代理和环境的不断交互，可以获得下面序列：

$$s_0, a_0, r_0, s_1, a_1, r_1, \cdots$$

对于一条由状态 s 组成的 N 次迭代路径，该路径的价值为：

$$R_t \doteq r_t + \gamma r_{t+1} + \cdots + \gamma^N r_{t+N} = \sum_{k=0}^{N} \gamma^k r_{t+k}$$

其中折减系数 $\gamma \in [0,1]$。

在三维空间通行价值图的计算过程中，状态 s 为代理在某一时刻网格地图 M 中的位置 (i,j,k)，即：

$$s = i,j,k, i,j,k \in \text{range}(M)$$

动作为代理在状态 s_t 时可移动的方向。代理在每个时间步可以向周围相邻的 26 个网格移动、也可以停留在原地。在此将动作定义为 $a_{\Delta i, \Delta j, \Delta k}$，其中 $\Delta i, \Delta j, \Delta k \in \{-1, 0, 1\}$，将动作的集合记作 A。当在状态 s 采取动作 $a_{\Delta i, \Delta j, \Delta k}$ 时，状态的迁移方程为：

$$s' = \text{trans}(s, a_{\Delta i, \Delta j, \Delta k}) = s.i + \Delta i, s.j + \Delta j, s.k + \Delta k$$

状态 s 组成的路径的价值，应体现出从初始状态到达目标状态的通行成本。因此，此处暂时将回报函数定义为：

$$r(s) = \begin{cases} -\infty, & s \in S_{\text{obstacle}} \\ -1, & s \notin S_{\text{obstacle}} \\ 0, & s = s_{\text{goal}} \end{cases}$$

其中，S_{obstacle} 为除了当前代理外环境中其他元素(如障碍/雷暴/对空射击等)所占据的网格位置集合 $\{i,j,k_{\text{obstacle1}}, i,j,k_{\text{obstacle2}}, \cdots\}$，在三维空间通行价值图计算过程中，$S_{\text{obstacle}}$ 始终不变。

因此对于上述公式描述的回报函数，当折减系数 $\gamma=1$ 时，可以知道一条安全的(未通过障碍区域)的路径其价值的绝对值等于路径长度。对于一条不安全的路径，其价值为负无穷。根据价值函数的不同，通行价值图中值的具体含义不同，后续将说明价值函数的组成。

由初始状态 s 到达目标状态 s_{goal} 可能存在多条路径。因此对于不同的策略 π，由于在状态 s 下选取的动作不同，状态 s 的价值也不同。价值函数 v_π 被用来计算在策略 π 的支配下，状态 s 的价值期望：

$$v_\pi(s) = E_\pi[R_t|s_t=s] = E_\pi\left[\sum_{k=0}^{N}\gamma^k r_{t+k}|s_t=s\right]$$

类似地，在策略 π 的控制下，在状态 s 选择动作 a 后，获得的期望回报记作 $q_\pi(s,a)$，称作动作价值函数：

$$q_\pi(s,a) = E_\pi[R_t|s_t=s, A_t=a] = E_\pi\left[\sum_{k=0}^{\infty}\gamma^k r_{t+k}|S_t=s, A_t=a\right]$$

根据马尔可夫链模型，当一个随机过程在给定现在状态及所有过去状态的情况下，其未来状态的条件概率分布仅依赖于当前状态，简而言之，随机过程中某状态的发生只取决于它上一个时刻的状态，那么此随机过程即具有马尔可夫性质，设 p 为迁移的条件概率，则价值函数可以被分解为：

$$v_\pi(s) = \sum_a \sum_{s',r} p(s',r|s,a)[r + \gamma v_\pi(s')]$$

对于一个策略 π，当在该策略的控制下期望回报大于另一个策略 π' 的时候，则策略 π 优于 π'。因此总是存在一个最优策略 π_* 其伴随的价值函数为最优价值函数：

$$v_*(s) = \max_{\pi} v_{\pi}(s)$$
$$= \max_{a} q_*(s,a)$$
$$= \max_{a} E[r_t + \gamma v_*(s_{t+1}) | s_t = s, a_t = a]$$
$$= \max_{a} \sum_{s',r} p(s',r|s,a)[r + \gamma v_*(s')]$$

根据三维空间通行价值图的定义，最优价值函数所计算的各状态的值，即为通行价值图的值。最优价值函数可以通过下面公式迭代计算：

$$v_{k+1}(s) = \max_{a} E[r_t + \gamma v_k(s_{t+1}) | s_t = s, a_t = a]$$

对于每轮迭代都有：

$$v_{k+1}(s) \geq v_k(s)$$

当价值函数 v 收敛时 $v_{k+1} = v_k$，因此公式可写为：

$$v_k(s) = \max_{a} \sum_{s',r} p(s',r|s,a)[r + \gamma v_k(s')]$$

上式与最优价值函数公式完全相同，因此 v_k 为最优价值函数 v_*。根据最优价值函数 v_*，最优策略 π_* 可以使用贪心策略通过下面式子获得：

$$\pi(s) = \arg\max_{a} \sum_{s',r} p(s',r|s,a)[r + \gamma V(s')]$$

根据上述公式将价值函数迭代的过程称作价值迭代，当价值函数收敛时获得最优价值函数 v_* 和相应的最优策略 π_*。由于在状态 s 采取动作 a 后的状态迁移是确定的，因此公式可以简化为：

$$v_{k+1}(s) = \max_{a} r + v_k(s')$$

当状态 s、动作 a、回报函数 r 的定义如前面所述时，使用下面价值迭代算法即可获得最优价值函数。当最优价值函数 V 使用三维数组实现时，该数组即为三维空间的通行价值图。在实现过程中，由于此处定义的回报函数 $r(s)$ 只与 s 有关，因此可以提前计算每个状态 s 的回报，将计算后的结果存储于三维数组 R 中，该数组称作回报图。计算过程如图 4.22 简化示意图所示，以二维网格形式表示三维网格。首先根据网格地图使用回报函数计算各个位置的回报，将其存储于回报图中，然后对通行价值图进行价值迭代，直到通行价值图收敛。在对通行价值图进行迭代的过程中，对任意位置（黑色网格）的通行价值图进行更新时，选取其周围网格通行价值（灰色网格），计算新的通行价值。

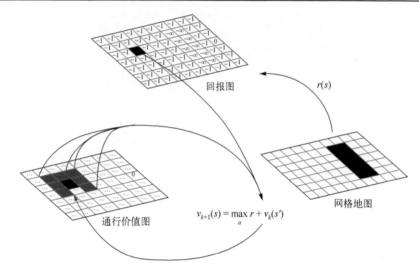

图 4.22 三维空间价值迭代算法工作示意

3) 四维时空的价值迭代算法

当环境动态变化的时候，三维网格地图不能完整地描述环境中障碍物(如雷暴/空域动态限制使用等)的运动情况。因此需要将三维网格地图沿时间轴拓展为四维网格地图。在四维时空的通行价值图中，状态 $s=(t,i,j,k)$ 由时间和位置共同描述。由通行价值图规划的最优路径也是由时空位置的四元组组成的状态序列来描述：

$$(t_o,i_o,j_o,k_0) \to (t_1,i_1,j_1,k_1) \to \cdots \to (t_N,i_{\text{goal}},j_{\text{goal}},k_{\text{goal}})$$

由于时间是正向流动的，因此在一条路径序列中，相邻两个路径点 s_t 和 s_{t+1} 除了位置相邻外，时间也按顺序增加：

$$(t_o,i_o,j_0,k_0) \to (t_0+1,i_1,j_1,k_1) \to \cdots (t_0+N,i_{\text{goal}},j_{\text{goal}},k_{\text{goal}})$$

因此在四维时空中，动作 $a_{\Delta i,\Delta j,\Delta k}$ 所引起的状态迁移重新定义为：

$$s' = \text{trans}(s,a_{\Delta i,\Delta j,\Delta k}) = s.t+1, s.i+\Delta i, s.j+\Delta j, s.k+\Delta k$$

即状态在四维时空中沿时间增加方向，向相邻的位置进行移动。

回报函数 $r(s)$ 的定义与三维情况基本相同，稍有不同之处在于，由于网格地图是随时间变化的，因此障碍物所占据的状态集合 S_{obstacle} 也随时间变化。因此在计算状态 s 的回报时，需要选用 s 所处时刻 $s.t$ 的网格地图中障碍物集合 $S_{\text{obstacle}_{s.t}}$。

计算过程如图 4.23 所示。为简化示意，以二维网格形式表示三维网格。首先根据四维网格地图计算四维回报图，回报图中的值表示在时间 t 处于网格位置 (i,j,k) 时给予的回报值。然后基于回报图对通行价值图进行价值迭代。在价值迭代的过程中，对于任意状态 $s=(t,i,j,k)$（黑色网格），首先选取下一时刻的相邻状态

$\{(t+1,i+\Delta i,j+\Delta j,k+\Delta k)\}$（灰色网格），其中 $\Delta i,\Delta j,\Delta k \in \{-1,0,1\}$。然后更新状态 (t,i,j,k) 的通行价值。

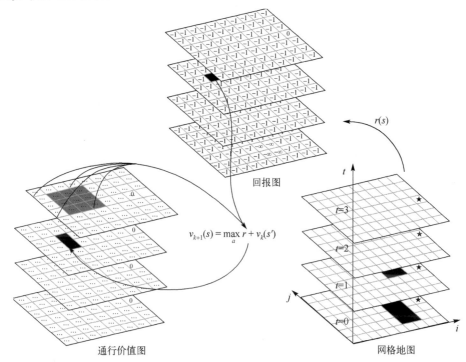

图 4.23　四维时空价值迭代算法示意

在迭代算法的初始化阶段，需要将所有时刻除目标位置外的所有位置的价值均设为 $-\infty$，所有时刻的目标位置的价值设为 0。由于时间是正向流动的，在更新状态 $s=(t,i,j,k)$ 的价值的时候，需要选取下一时刻的相邻状态进行计算。若进行价值迭代的网格地图的帧数为 N，最后时刻 $t=N-1$ 的通行价值图中，由于价值迭代的过程中没有 $t=N$ 时刻的通行价值图可用，因此除了目标位置的通行价值为 0 外，其余位置的价值都保持初始值 $-\infty$ 不变。在 $t=N-2$ 时刻中，仅有目标位置相邻网格的价值得以更新。以此类推，当 $t=0$ 时，仅有那些距离目标的路径长度小于 $N-1$ 的位置的价值能够得以更新。如图 4.24 所示的示例，当输入帧数 $N=3$ 时，迭代完成后 $t=0$ 时刻价值图中仅有路径长度小于 3 的网格位置的价值得以更新。当 $N \geq 5$ 时，$t=0$ 时刻价值图中所有的网格价值都得以更新。

因此，若获知 $t=0$ 时刻网格中各位置到达目标位置的最长路径长度为 N，即可将算法的输入地图帧数设为 N，使价值迭代完成后 $t=0$ 时刻所有位置的价值都得到更新，可以从任意位置开始进行路径规划。在静态地图中，各位置到达目标的路径长度上限可以通过网格地图的尺寸计算(对于尺寸为 $M \times N \times P$ 的网格地图,路径长度

不超过 $M \times N \times P$)。但在动态网格地图中由于存在折返、停留等情况，使得到达目标位置的路径长度上限无法计算。

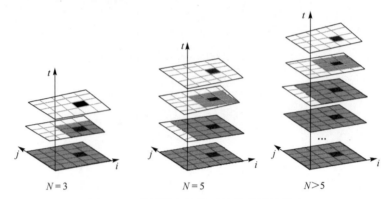

图 4.24　不同输入帧数对迭代结果的影响
(黑色网格为目标位置，灰色网格为通行价值得以更新的位置)

对于图中 $N>5$ 时所示的情况，可以通过将算法的输入地图帧数设为一个远大于最长目标路径长度的值，使价值迭代完成后 $t=0$ 时刻所有位置的价值都得到更新。但是同样由于动态网格地图中到达目标位置的最长路径长度无法提前估计，且考虑到交通航迹预测算法的精度，不能无限增加动态网格地图的持续时间，仍然存在由于输入地图帧数不足而导致路径规划失败的可能。

这里可使用图 4.25 所示的方法解决上述问题。设 N 为价值迭代算法的最大输入帧数。在计算时首先使用三维空间价值迭代算法以静态地图方式使用最后一帧网格地图计算最后时刻的通行价值图。当最后时刻的通行价值图收敛后，再以四维时空

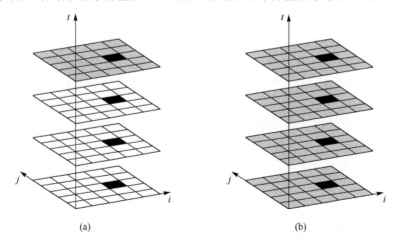

图 4.25 (a) 使用三维空间价值迭代算法计算最后时刻通行价值图；
(b) 使用四维时空价值迭代算法计算其他时刻通行价值图
(黑色网格为目标位置，灰色网格为通行价值得以更新的位置)

价值迭代方法计算其他时刻的通行价值图。由于最后一帧通行价值图已经使用三维空间价值迭代算法计算并收敛,以此为计算基础的其他时刻的通行价值图中,所有位置的通行价值最终均得以更新。

在对 $t=N-21$ 时刻(倒数第二帧)通行价值图进行价值迭代的时候,根据价值迭代方程,由于最后时刻通行价值图中的值 $v_k(s')$ 已经使用三维空间价值迭代算法计算并收敛,因此对于 $t=N-1$ 时刻任意状态的通行价值 $v_{k+1}(s)$ 仅需要一次迭代就可收敛。以此类推,当使用三维空间价值迭代的方法计算完最后时刻通行价值图后,以时间倒序依次对各时刻的状态进行一轮迭代,即可使各时刻状态收敛。

$$v_{k+1}(s) = \max_a r + v_k(s')$$

使用修改后的四维时空价值迭代算法初始化四维通行价值图。以静态三维空间的价值迭代方式计算 T 时刻的通行价值图。按时间倒序计算各时刻通行价值图,由于 T 时刻通行价值图已经收敛,因此对于每个时刻只需要一次遍历即可令该时刻的通行价值图收敛。

4) 时空价值迭代网络

四维时空的价值迭代算法在工作的过程中需要对状态进行多次遍历。为了提高算法速度、充分发挥硬件的计算能力,本书提出 TVIN(Time-space Value Iteration Network)模型,以卷积神经网络的方式实现三维空间价值迭代算法。TVIN 模型的所有参数均由人工指定,模型无需训练即可工作,模型输出即为三维空间的通行价值图。

价值函数按照下面公式进行更新:

$$v(s) = \max_a r + v(s')$$

上面公式分两步进行,首先对状态 s,计算不同动作 a 迁移至不同相邻状态 s' 所获得到动作价值:

$$q(s,a) = r + v(s')$$

然后,再计算所有的动作价值中最大的值作为状态 s 的价值:

$$v(s) = \max_a q(s,a)$$

上述过程可以通过如图 4.26 所示的卷积操作和池化操作完成,为简化示意图,以二维网格形式表示三维网格。

计算时,首先将通行价值图和回报图叠加作为一张两通道的图像,然后使用 27 个不同的 3×3×3 卷积核选择并计算向不同方向移动的动作价值 $q(s,a)$。卷积的结果是一张 27 通道图像,位置 (i,j,k) 的每个通道的价值表示从该位置向不同方向移动的动作价值。然后使用 1×1×1 大小的最大池化操作,选择最大的动作价值作为该位置的通行价值。卷积核的定义,如图 4.27 所示。

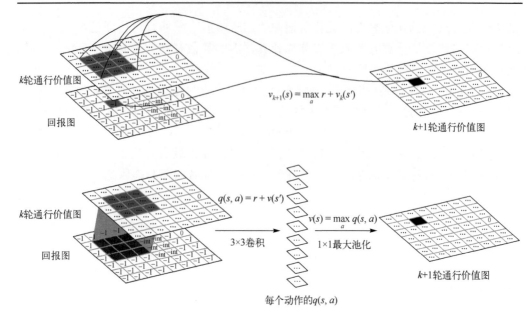

图 4.26 使用卷积和池化操作实现价值迭代公式

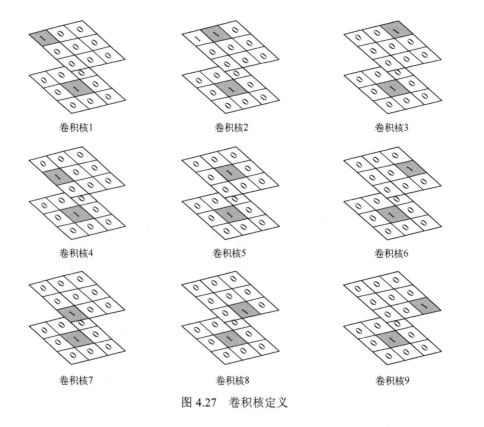

图 4.27 卷积核定义

每个卷积核上层，选择相邻状态的通行价值，灰色方格为选择的相邻状态。下层选择当前位置做出动作的回报，这里定义的回报只与当前位置有关，因此始终选择当前位置的回报即可。价值迭代模块的结构定义，如图4.28所示。该模块接收由通行价值图和回报图组成的双通道图像，输出经过一轮迭代的新的通行价值图。

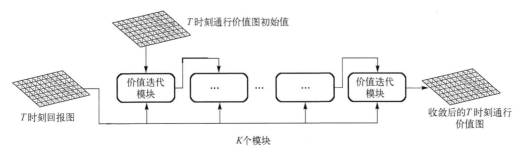

图4.28　使用价值迭代模块计算最后时刻通行价值图

通行价值图与回报图组成的两通道图形，通过价值迭代模块后，输出即为经过一轮价值迭代的通行价值图。通过价值迭代模块的组合，即可实现四维时空价值迭代算法。

对 T 时刻（最后时刻）通行价值图进行多轮迭代直至该时刻通行价值图收敛。可使用图4.28所示的结构实现该过程。T 时刻通行价值图的初始值依次经过 K 个价值迭代模块计算后即完成了 K 轮价值迭代，最终输出收敛后的 T 时刻通行价值图。模块数量（迭代轮数）K 与网格地图的大小和地图复杂程度有关，算法部署时应根据计算区域的大小和该区域交通状况进行迭代测试，以确定 K 取值。

按时间倒序对每一时刻的通行价值图进行迭代，进行一轮迭代即可使每一时刻的通行价值图收敛。可使用图4.29所示的结构实现该过程。每个价值迭代模块，使用前一模块输出的通行价值图与该时刻对应的回报图作为输入，输出该时刻的通行价值图。

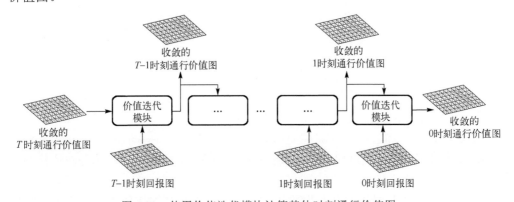

图4.29　使用价值迭代模块计算其他时刻通行价值图

完整的模型结构如图 4.30 所示,虚线框部分使用循环结构描述迭代过程。该模型由人工指定参数的价值迭代模块组合而成,以卷积神经网络的形式实现了动态计算过程。该模型既能发挥硬件计算优势,也使模型的结果可以解释,又能作为计算模块与其他神经网络模型协同工作。与基于大数据训练的神经网络模型相比,该模型的可解释特性使其更能满足自由飞行这一场景的安全性要求。

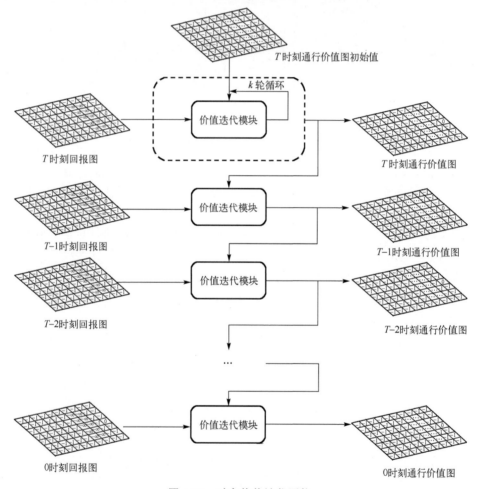

图 4.30　时空价值迭代网络

5) 基于价值迭代的交通航迹规划步骤

根据上述分析和建模,大规模交通航迹规划算法的具体流程,包括构建空域四维网格地图、构建策略函数及代理、初始化回报图和价值图等、迭代计算四维时空通行价值图。首先根据航迹数据构建四维网格地图,然后创建机器学习策略和代理,再后根据策略和网格地图初始化回报图和价值图,最后通过多轮迭代计算四维时空通行价值图，得到优化的交通航迹规划输出结果。

步骤 1：构建空域四维网格地图。根据空域地图(经度、维度、高度、时间)和起终点坐标，构建空域四维网格地图和障碍物(雷暴/空域限制/对空射击等)。

步骤 2：构建策略函数和代理。定义机器学习中的状态函数和奖励函数，构建策略函数，为回报图和通行价值图计算提供马尔可夫决策过程模型。根据飞机的飞行起终点坐标和策略函数，创建机器学习代理。

步骤 3：初始化回报图和价值图。基于定义的状态函数和回报函数，根据输入网格航迹数据、空域地图和飞行起终点数据，初始化回报图和价值图。

步骤 4：迭代计算四维时空通行价值图。通过卷积和池化方法实现时空价值迭代算法。根据初始化的通行价值图和回报图，通过多轮迭代，计算 T 时刻收敛的三维空间通行价值图。根据 T 时刻三维空间通行价值图，依次通过一轮迭代得到 $T-1$，$T-2$，…，0 时刻的四维时空通行价值图，得出结论。

2. 基于多源融合认知的交通航迹规划

基于价值图迭代的交通航迹规划方法，它以单航迹规划为核心进行路径寻优，得到优化的交通路径可行解，该解只考虑空域的其他因素占用情况，也较易陷入局部优化求解中。据此，我们提出基于多源融合认知的交通航迹规划方法，它通过融合飞机本地价值图与空域系统的整体价值图，基于价值图上的优化算法，实现最佳的交通航迹规划。

1) 基于空域态势和地面威胁信息进行全局通行价值图的构建

飞机的代理在进行路径规划的时候，需使用机载传感器探测环境，再根据探测到的环境信息进行路径规划。因此，机载传感器对环境探测的精细程度(如探测距离、探测信息丰富程度等)极大地影响了代理的路径规划优劣程度。代理不仅可以使用机载传感器探测环境，也可以通过通信技术与周围其他代理、基础设施通信，交换各自的状态以及各自探测的环境信息，从而拓宽代理的感知范围、细化感知的粒度，使代理能够建立更完整的环境信息，以提高路径规划的质量。

随着代理的感知范围拓宽和感知粒度细化，更完整的环境信息带来的另一个问题是处理大量环境信息所需要的计算能力也水涨船高，过高的算力需求使计算的成本代价提高。空空协同和地空协同可解决代理算力不足的问题。尽管代理与其他地面和空中计算节点的通信时延相对可控，但是对于路径规划这一任务来说，如何从路径规划算法本身降低时延对安全飞行的影响，仍具有积极的意义。传统的路径规划算法在环境剧烈变换的时候性能急剧下降，对此这里提出的基于通行价值图的路径规划算法，无论是规划路径的高效性还是规划的时间性能等，都稳定保持在较高水平，更适用于真实环境中代理的路径规划任务。

另一方面，这里提出的四维时空通行价值图，它反映了从任意位置、任意时刻出发到达目标位置的成本。因此当地空计算节点计算出其负责区域的最优通行价值图后，将最优通行价值图下发至区域中的各个代理，尽管代理获得通行价值图时存在延迟，也可从通行价值图上根据当前位置及时地选择出一条最优路径。这极大地减小了通信和计算时延对规划路径的时效性影响，从而提高了飞行安全。同时也做到了协同计算节点的一次计算，提高了计算资源的利用效率。

为了更进一步降低探测信息过期对路径规划的影响，代理在收到其他计算节点计算的全局通行价值图后，可以使用机载传感系统和局部范围内其他代理探测的少量环境信息，对全局通行价值图进行局部更新，以提高代理的周围局部区域通行价值的时效性，进一步提高所规划路径的高效性。

综上所述，基于通行价值图的协同路径规划算法可分为三步：①首先地面或空中计算节点通过多代理的通信，从其负责区域中的代理节点和感知设备中获得各自探测的局部环境信息，建立对全局环境信息的完整认知。②然后该计算节点使用全局交通态势认知信息，计算全局通行价值图，并将其下发给其他飞机。③接着，智能网联代理，通过联网技术获取其周围范围内少量其他节点感知的环境信息，建立对局部区域的完整认知，接着根据局部的认知信息对全局通行价值图进行局部更新，以提高规划路径的时效性。

全局通行价值图的构建过程，主要分为以下三步：①首先地面或空中计算设备利用联网技术收集当前区域航行的代理和预先安置的空域监视设备探测环境信息，根据该信息构建当前区域的动态网格地图。②然后该计算节点，利用回报函数和网格地图计算各时刻各位置的价值回报，构建回报图。③最后基于回报图，使用价值迭代算法计算通行价值图。当构造动态网格地图时，首先需获得障碍物(雷暴/空域限制等)区域的形状，并对障碍物在今后一段时间内的位置进行预测。当障碍物为联网代理时，代理可以主动广播代理的区域信息和预测变化，以提高其他代理对该飞机航迹的预测精度。对于非网联障碍物，可以根据障碍的速度、加速度、移动信息等进行预测。

当获得了各障碍物的区域和移动信息后，可以使用简单的投影算法将代理不同时刻的外形投影至对应时刻的网格地图上。网格地图可以使用 0 和 1 分别表示该网格的占用情况，其中当网格值为 1 时表示该网格存在障碍物。另外，在进行投影之前应将障碍尺寸进行膨胀，以留够安全距离。网格地图的尺寸和动态网格地图的离散时间间隔，共同决定了路径规划的航行速度上限。在计算通行价值图时，状态 s 向下一时刻的相邻位置迁移，因此代理移动速度上限(代理可保持原地不动)为：

$$v = \text{grid\_size}/\text{time\_step}$$

其中，grid_size 为网格尺寸；time_step 为动态网格地图的采样时间间隔。因此在构建动态网格地图之前，地面或空中计算节点首先要根据算力及该路径限速规定，确定网格尺寸和时间间隔。

使用价值迭代算法计算通行价值图的核心是回报图的构建。回报图反映了当前环境中各要素对各网格位置通行价值的影响。计算通行价值图时，目标位置通行价值初始化为 0，表示该位置到达目标位置没有任何成本。进行价值迭代的时候，可使用下式进行通行价值的更新：

$$v_{k+1}(s) = \max_a E[r_t + \gamma v_k(s_{t+1})|s_t = s, a_t = a]$$

为了保证在最终的通行价值图中，目标位置的通行价值最大，因此回报函数对其他位置的回报都设为–1。除此之外为了避开障碍位置，将障碍存在位置的障碍回报设为 $-\infty$，则

$$r(s) = \begin{cases} -\infty, & s \in S_{\text{obstacle}} \\ -1, & s \notin S_{\text{obstacle}} \\ 0, & s = s_{\text{goal}} \end{cases}$$

这里重新将回报函数进行定义为：

$$r(s) = \begin{cases} 0, & s = s_{\text{goal}} \\ \gamma f^p(s) + \alpha f^b(s) + \beta f^e(s) - 1, & \text{其他} \end{cases}$$

其中，系数 α, β, γ 的取值范围为[0,1]。静态回报函数 f^b 取值范围为 $(-\infty, 0)$，该函数计算地图中的静态对象。动态回报函数 f^e 的取值范围为 $(-\infty, 0)$，计算环境中的动态障碍，表示移动的代理、障碍物等对通行价值的影响。趋势回报函数 f^p 的取值范围为[0,1]，地空计算节点通过跟踪区域内代理的实际交通航迹，使航迹频繁经过的区域有着更高的通行价值。这个定义中，还间接体现了无法观测的因素，如飞行习惯、未被探测到的障碍等对通行价值的影响。如图4.31所示，综合回报图可以由上述函数处理得到的静态回报图、动态回报图和趋势回报图叠加而成。

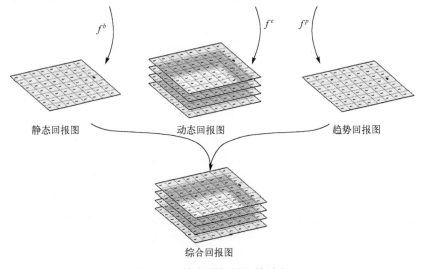

图4.31 综合回报图计算过程

静态回报函数，计算环境为静态条件下的空域交通要素对通行的影响。静态交通要素包括空域限制、空中固定障碍物等。环境中的静态要素可通过高精地图获得。在计算静态交通要素对通行的影响时，可使用下式计算其对通行的具体影响：

$$f^b(s) = -\sum_{s_o \in S_{\text{static}}} \frac{1}{\sqrt{(s.i-s_o.i)^2 + (s.j-s_o.j)^2 + (s.k-s_o.k)^2}}$$

其中，$s=(i,j,k)$，S_{static} 为静态障碍所处的网格的集合。当距离障碍物越近时值越大，在通行价值图中该位置的价值越低，进行路径选择的时候更倾向于避开该位置。

动态回报函数，计算环境中的动态交通要素对通行的影响。动态交通要素包括移动的各种代理等可以被探测系统感知的障碍信息，如天气信息。计算节点在利用联网技术从代理和空域态势感知系统中获得环境中动态交通要素信息后，构建当前环境的动态环境地图。然后根据下式计算动态交通要素对通行的影响：

$$f^e(s) = -\sum_{l=0}^{N} \sum_{s_o \in S_{\text{dynamic}}^{t=s.t+l}} \gamma^l \frac{1}{\sqrt{(s.i-s_o.i)^2 + (s.j-s_o.j)^2 + (s.k-s_o.k)^2}}$$

其中，$s=(t,i,j,k)$，$S_{\text{dynamic}}^{t=s.t+l}$ 为时刻 t 时动态障碍所占据的网格集合，$\gamma \in [0,1)$ 为折减系数，N 为迭代帧数。该函数不仅考虑当前时刻障碍物对某个位置通行的影响，也将未来时刻该位置可能出现的障碍影响折算到当前进行计算。

在空中交通环境中可能存在着很多无法直接探测到，但是仍会对空域的可通行性产生影响的因素。为弥补上述缺陷，计算节点可通过跟踪区域内代理的实际飞行路径来间接获得上述信息。在计算时，地空计算节点首先筛选完整有效的飞行路径，然后按下式计算路径对每个位置空域网格通行性的影响，即趋势回报函数：

$$f^p(s) = \frac{\sum_{p \in \text{Paths}} \text{contain}(p,s)}{\sum_{p \in \text{Paths}} \text{length}(p)}$$

其中，$s=(i,j,k)$，Paths 为有效路径的集合，p 为由网格位置组成的序列。函数 contain 计算当前位置 s 是否存在于路径 p 中：

$$\text{contain}(p,s) = \begin{cases} 1, & s \in p \\ 0, & \text{其他} \end{cases}, \quad \text{length}(p) \text{是集合Paths包含网格数}$$

函数 length 计算路径包含的位置数量。计算后的 $f^p(s)$ 表示路径通过该网格的概率。该项在公式中系数为正，当网格更可能被路径通过的时候，拥有相对更高的价值。如图 4.32 所示，(a)为该区域中代理的真实交通航迹，经过公式计算后的趋势回报如图(b)所示，其中亮度越高区域价值越大，代理越倾向于向该位置移动。

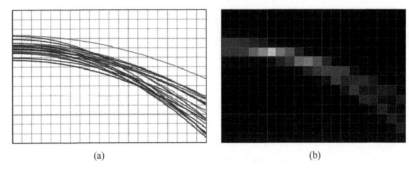

图 4.32 (a)代理的真实行驶航迹，(b)趋势回报图，颜色越亮价值越高

2) 基于路径价值图的路径规划

由于计算四维时空通行价值图的时候，需要首先确定目标位置 s_{goal}，而地空计算节点负责的区域往往包括不同方向的交通流。因此，地空计算节点应当为不同方向飞行的交通流，分别计算其通行的价值图，然后再将对应的通行价值图下发给代理。

地空计算节点计算的辖区内全局四维时空通行价值图，可以规划从任意时刻任意位置出发到目标位置的全局最优路径。该特性缓解了通信时延、计算时延引起的价值图过期的问题。代理在收到地空计算节点计算的全局通行价值图后，可根据实时探测的代理周围局部区域环境信息，对全局通行价值图进行局部更新，以进一步降低时延对通行价值图时效性的影响。

尽管代理在收到全局通行价值图的时候，所有区域的交通态势都可能发生变化，但是距离代理较远的区域，其交通态势变化对代理附近通行价值的影响更小，而距离代理较近的区域，其交通态势变化对代理附近通行价值的影响更大。因此仅对代理附近局部范围的通行价值图进行更新，即可使通行价值图的时效性获得提升。由于更新是局部进行的，与计算全局通行价值图相比，对代理的计算负担较小。为提高全局通行价值图的时效性，代理根据周围局部区域的实时环境信息，构建局部动态网格地图，计算局部区域的综合回报图，再使用价值迭代算法对全局通行价值图的局部进行迭代更新。局部动态网格地图的构建与在地空计算节点进行的计算相同。不同的是，代理仅通过机载感知系统和通信技术获取周围有限范围内的感知信息，对探测到的交通要素位置进行预测并构建动态网格地图。局部综合回报图使用下面回报函数进行计算，其中符号的定义同前一节相同。

$$r(s) = \begin{cases} 0, & s \in S_{\text{goal}} \\ -\alpha f^b(s) - \beta f^e(s) - 1, & \text{其他} \end{cases}$$

代理在对通行价值图进行局部更新的时候，只考虑静态障碍和动态障碍对通行的影响。另外还需进行目标状态集合 S_{goal} 的选取。

网格的通行价值在迭代之前被初始化为 $-\infty$，目标位置的通行价值为 0。在迭代过程中，回报函数始终将目标位置的回报设为0，其他位置给予一个负的回报。因此进行价值迭代的过程中，目标位置的通行价值始终为最大值0，其余位置的通行价值为负数，保证了使用贪心策略可以从任意位置出发获得一条到达目标位置的路径。

$$v_{k+1}(s) = \max_a E[r_t + \gamma v_k(s_{t+1})|s_t = s, a_t = a]$$

在代理对全局通行价值图进行局部更新的过程中，由于仅使用代理周围局部区域环境的感知信息，对该部分的通行价值图进行更新，因此首先需要在该局部区域中选择部分网格节点作为中转目标，使其价值在更新过程中保持不变，然后才能进行价值迭代对局部区域的通行价值进行更新。更新完成后，从局部区域的任意位置出发，总是要经过中转目标，然后再经过局部区域以外的部分到达全局通行价值图中的目标位置。因此，中转目标应当在处于局部区域内部边界的网格集合中寻找。

并不是所有的边界网格都可以作为中转目标，其在价值迭代过程中固定且价值不变。只有不依赖于局部区域的内部网格的边界网格，才可以作为目标位置。根据价值迭代公式，若使$v_{k+1}(s')$值最大的相邻状态为s，则状态s'依赖于相邻状态s。

$$v_{k+1}(s) = \max_a r + v_k(s')$$

状态s'依赖于状态s，意味着从s出发使用贪心策略进行路径选择，下一步将到达s'。因此如果边界网格依赖于局部区域内部网格，而内部网格的通行价值由于局部更新会发生变化，该边界网格的价值也将要重新计算，则其不能作为目标位置将其价值固定。

如图4.33所示，在对图4.34(a)所示的全局通行价值图进行局部更新之前，首先应当以当前时刻为基准，丢弃全局通行价值图中当前时刻以前的过期图层，以避免不必要的计算。然后以局部区域的网格地图为基准，从全局通行价值图中裁剪出局部网格地图对应的部分，以对其进行局部更新。

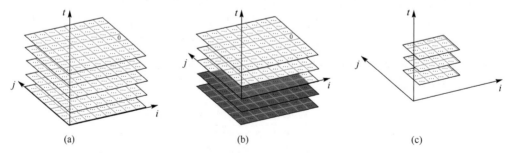

图4.33 (a)全局通行价值图；(b)丢弃过期图层(深色图层)；(c)裁剪局部区域的通行价值图

在对裁剪后的局部通行价值图进行更新时，根据前一节计算的局部综合回报图和中转目标集合使用如图4.34所示的方法，对局部通行价值图进行更新。

代理完成对通行价值图的局部更新后，即可根据通行价值图进行最优飞行路径的计算。最优飞行路径的计算，分为路径控制点选择和路径平滑两部分。首先，根据通行价值图，选择一条最优飞行路径，该路径为网格坐标组成的飞行路径控制点序列，再由路径平滑算法，根据代理的物理特征与动力学特性，对路径控制点序列进行平滑。

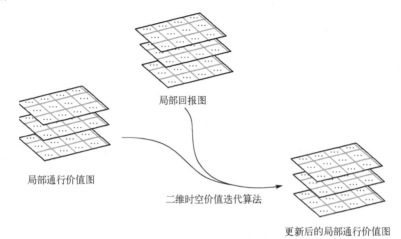

图 4.34　使用价值迭代算法更新局部通行价值图

根据通行价值图选择最优路径时，从代表当前时刻当前位置的状态 $s_0 = (t_0, i_0, j_0, k_0)$ 出发，按照下式依次选择后续状态作为路径控制点，直到抵达目标状态为止：

$$\text{next}(s) = \max_a v(s')$$

其中，$s' \in \text{trans}(s, a)$ 为 s 的相邻状态。

尽管路径平滑算法会根据代理的物理特征与动力学特性，对路径控制点序列进行平滑，但当控制点存在过于尖锐的转角时，平滑后的飞行路径可能偏离控制点较远，致使代理无法严格按照路径控制点规划的飞行路径行驶，影响交通安全。并且路径中的尖锐转角也严重影响代理飞行体验。因此可将转角变换角度和通行价值一起作为路径控制点选择的依据。将路径控制点选择公式重写为：

$$\text{next}(s, \theta) = \max_a v(s') + \gamma f^a(\theta, \theta')$$

其中，θ 为状态 s 时的朝向。初始状态 s_0 的朝向，根据代理当前的朝向确定。相邻状态 s' 的朝向，根据 s 的朝向以及 s 与 s' 的相对位置进行计算。如图 4.35 所示，在此假设代理会以与状态 s 和 s' 连线相同的角度穿过两点。

因此使用下式进行计算状态 s' 时的朝向：

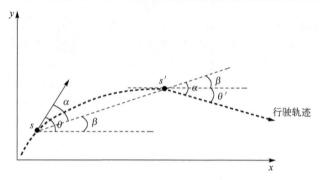

图 4.35　路径点朝向计算图示

$$\theta' = 2 \cdot \arctan\left(\frac{s'.y - s.y}{s'.x - s.x}\right) - \theta$$

函数 f^α 设计，可由状态 s 迁移至状态 s' 造成的转角变化，对通行价值的影响来确定。函数 f^α 应根据代理的机型和乘客的飞行偏好而定，当代理的转弯盘旋性能更好时，其对转角变化不敏感，当乘客的价值偏好更保守时，对转角变化就会更敏感。这里就不给出函数 f^α 的定义。

3) 基于多源融合认知的交通航迹规划步骤

该算法流程主要包括基于通行价值图计算代理的移动方向、更新地图和循环规划交通航迹。首先根据四维时空通行价值图，规划代理下一时刻的交通航迹，然后更新网格地图中的代理坐标和障碍物坐标，直至代理到达终点位置或与障碍物发生碰撞。

步骤 1：规划下一时刻的交通航迹。代理在每个时间步，可以向周围相邻的 27 个网格移动、也可停留在原地；融合空域态势和地面威胁进行全局通行价值图构建；根据四维时空通行价值图，基于代理坐标和障碍物坐标，选择下一时间步通行价值最大的代理坐标。

步骤 2：更新网格地图。代理在网格地图中按照路径规划进行移动；更新网格地图中的代理坐标和障碍物坐标。

步骤 3：循环规划交通航迹。根据时空通行价值图规划交通航迹，若代理尚未到达终点位置且未与障碍物发生碰撞，循环执行以上两步；若代理到达终点位置或与障碍物发生碰撞，则结束路径规划过程。

3. 交通航迹规划算例测试

如图 4.36 所示，典型的交通航迹规划处理流程。通过基于机器学习的空域态势认知，获取四维时空的通行价值图，据此开展基于价值图的路径规划。

1) 交通航迹规划过程的关键指标可视化

在交通航迹规划中，最重要的指标之一就是通行价值图的迭代变化。由于价值

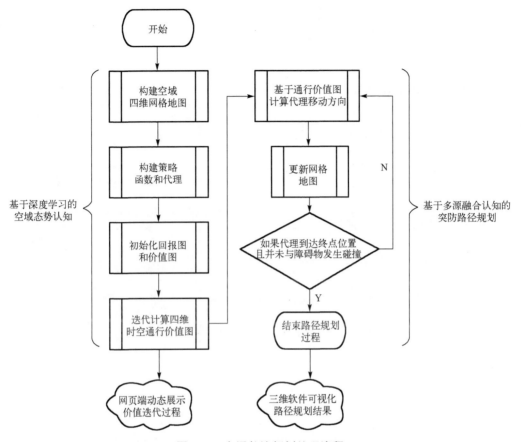

图 4.36 交通航迹规划处理流程

图是三维空间里的时间变化序列,为了对价值图的变化过程进行更直观的可视化展示,这里将三维空间分解为多个二维的位平面并按时间线进行动态展示。例如 (X,Y,Z,T) 代表四维时空通行价值图,首先按 Z 轴 $(z_0,z_1,z_2,\cdots,z_k)$ 将价值图分解为 n 个二维的 (X,Y,T) 平面,并按时间 T 的变化,对于 (X,Y) 平面动态进行可视化展示。其中,特别的是,为了更加直观地显示价值图的变化,在可视化前,对数据进行特化处理:将价值图中小于−10000 的点(无法通行的障碍物点)映射为一个与其他价值相近但不可能出现的价值点(例如,测试中将价值点设为 5)。

如图 4.37 所示,将通行价值图分解成 20 个二维 (X,Y) 平面,通过可视化工具,利用网页形式展示最终收敛的价值图结果。

如图 4.37(a)所示,在价值迭代开始时,所有网格的价值都被初始化为−10000,只有飞行终点网格的价值被设置为 0;如图 4.37(b)所示,随着价值迭代计算,飞行终点网格周围的网格逐渐开始迭代收敛,价值图由内到外进行迭代更新,最终得到如图 4.37(c)所示的收敛的价值图。网格的颜色越深,代表价值越小;颜色越浅,代表价值越大。图中,明显与其他网格颜色变化规律不同的网格是障碍物点。考虑到障碍物有不同的危险等级,其对应的奖励值也不同,因此障碍物网格有着不同的颜色。

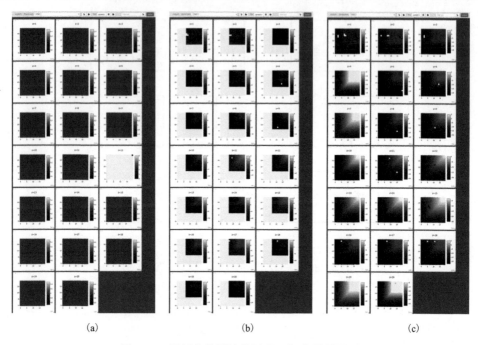

图 4.37 通行价值图迭代过程可视化结果展示

2) 交通航迹规划结果输出

输出交通航迹规划结果,即 T 个时间步的路径坐标序列: $(t_0,i_0,j_0,k_0) \to (t_1,i_1,j_1,k_1) \to \cdots \to (t_N,i_{\text{goal}},j_{\text{goal}},k_{\text{goal}})$,如图 4.38(a)所示;如图 4.38(b)所示,展示了路径规划序列的简单示意图,其中散点表示障碍物网格,曲线表示路径规划结果。可以看出,代理在做决策的时候会避开障碍物,根据飞行起终点做出最优路径规划。

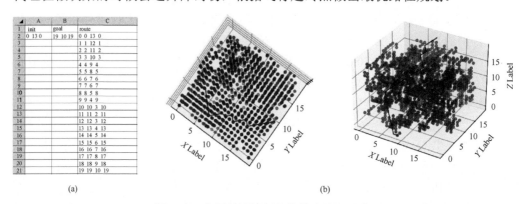

图 4.38 交通航迹规划文件输出结果示意

3) 算法测试环境

可在 20×20×20 大小的网格地图上进行，为简化示意图，以二维网格形式表示三维网格，如图 4.39 所示。网格地图中随机生成障碍物，测试时将在任意三条相对的边缘网格上分别随机生成代理的起始位置和目标位置，再由路径规划算法把网格地图作为输入，规划出一条最优路径，并驱使代理沿所规划路径前进。

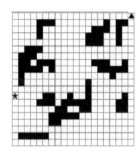

图 4.39　网格地图示例，星标为起始点，三角标为终点

使用"障碍密度"衡量网格地图中障碍的稠密程度。障碍密度的计算方法如下式所示，测试时通过设置不同的障碍密度参数，随机生成相应障碍密度的网格地图，如图 4.40 所示，以测试路径规划算法在不同障碍密度下的性能。

$$障碍密度 = \frac{障碍网格数量}{网格总数量}$$

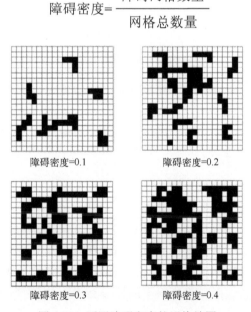

图 4.40　不同障碍密度的网格地图

障碍物被设置具有不同的危险程度，对应不同的奖励值。其中，若障碍物不可

通过,则其奖励值被设置为-10000。障碍物包括空中固定障碍物(静态)和空域限制区(动态)。

网格地图随时间变化而变化。使用"地图变换周期"来衡量网格地图变化频繁程度。地图变换周期以步为单位,当代理移动若干步,地图发生一次变化。如图 4.41 所示,当地图变换周期为∞时,地图不随时间变化而变化。当地图变换周期为 2 时,每 2 个时间步,地图发生一次变化,以此类推。

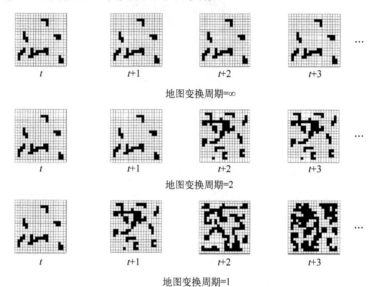

图 4.41 不同地图变换周期的网格地图序列

当地图变换周期为 1 时,使用随机游走方式生成每步网格地图的障碍物。障碍物在网格地图 M 中的位置为:

$$d = i,j,k, i,j,k \in \text{range}(M)$$

障碍物位置的变换方程为:

$$d' = d.i + \Delta i, s.j + \Delta j, d.k + \Delta k$$

其中,$\Delta i, \Delta j, \Delta k \in -1,0,1$,每个障碍物随机生成每步的 $\Delta i, \Delta j, \Delta k$。

如图 4.42 所示,网格地图由地图队列保存。测试开始前将以一定频率随机变化的网格地图压入队列中,测试中每完成一帧仿真后,从队列中弹出最旧的网格地图并压入一帧新生成的网格地图。测试时,通过设置不同的地图变换频率参数,以测试路径规划算法在不同地图变换频率下的性能。

这里采用 TVIN(Time-space Value Iteration Network)模型,算法需要将未来 N 帧的地图作为输入来规划最优路径。测试时,将地图队列中存放的地图数据,作为未来 N 帧的网格地图输入到路径规划算法中。输入的网格地图数量也影响路径规划算法的性能,在本书中对于使用 N 帧地图的 TVIN 算法记作 TVIN-N。测试分别将对 TVIN-20、TVIN-10、TVIN-5 进行测试。

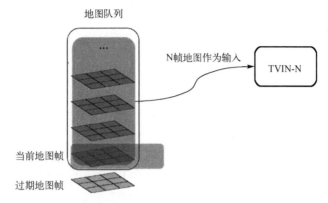

图 4.42　为不同规划算法提供不同数量的地图帧作为输入

测试所使用的软硬件环境,如表 4.2 所示。

表 4.2　软硬件环境表

项目	参数
CPU 型号	Intel(R) Core(TM) i7-10750H
CPU 主频	2.60GHz
内存	32.0 GB
操作系统	Windows 10 家庭中文版
编程环境	Python 3.7.9
三方库	Numpy 1.16.6
	PyTorch 1.6.0
	Visdom 0.1.4
	Matplotlib 3.3.2

测试路径规划算法在不同参数网格环境中的工作性能。实验主要测试路径规划算法所规划的路径的优劣程度以及算法的时间性能。规划路径的优劣程度由"模拟通过率"和"平均移动步数"衡量。算法的时间性能由"平均单步耗时"衡量。

对于路径规划算法,以相同的随机数种子生成随机网格地图进行测试。当代理从起始位置安全到达目标位置后,记为成功通过一轮模拟。若在移动的过程中与障碍发生碰撞,则本轮模拟失败。对于每种规划算法运行多轮模拟,统计安全完成模拟的轮数记为"通过轮数"。使用下式计算"模拟通过率":

$$模拟通过率 = \frac{通过轮数}{模拟总轮数}$$

同时对于安全完成的模拟,统计实际到达目标位置需要的真实步数,并使用下

式计算平均每轮模拟所需要的平均步数记为"平均移动步数":

$$平均移动步数 = \frac{代理移动总步数}{通过的模拟轮数}$$

对于安全完成的模拟,统计从模拟开始到模拟结束的过程中,运行路径规划算法所花费的总时间,并使用下式计算平均每步移动路径规划算法所需要的运行时间记作"平均单步耗时":

$$平均单步耗时 = \frac{算法运行总时间}{代理移动总步数}$$

4) 算法测试结果分析

当障碍密度为 0.3,地图变换周期逐渐减小时,算法的测试结果如表 4.3~表 4.5 所示。

表 4.3 动态地图中规划算法的模拟通过率

规划算法 \ 变换周期	10	5	3	1
TVIN-5	100.00	100.00	100.00	100.00
TVIN-10	100.00	100.00	100.00	100.00
TVIN-20	100.00	100.00	100.00	100.00

表 4.4 动态地图中规划算法的平均移动步数

规划算法 \ 变换周期	10	5	3	1
TVIN-5	20.05	20.56	20.77	21.04
TVIN-10	20.14	20.25	20.14	20.22
TVIN-20	19.64	19.94	19.81	19.83

表 4.5 动态地图中规划算法的平均单步耗时

规划算法 \ 变换周期	10	5	3	1
TVIN-5	30.70	30.07	29.65	29.29
TVIN-10	18.32	18.10	18.19	18.27
TVIN-20	11.19	11.72	11.55	11.53

当网格地图为动态地图时,算法均能安全通过所有模拟,且平均移动步数基本相同,均为最优路径。使用不同地图帧数作为输入的 TVIN 算法,在相同地图上的运行时间不同。

路径规划算法的平均单步耗时,受到算法本身的时间复杂度和算法调用次数影响。为了降低算法的平均单步耗时,路径规划算法在应用时可以缓存上次调用时的输入地图以及上次调用时的中间计算结果。当路径规划算法被再次调用的时候,若本次的输入与上次缓存的输入地图相同时,即可直接使用上次调用的中间计算结果选择最优路径,而无需重新进行计算,以减少规划时间。

对于 TVIN 算法,计算结果的过期时间与算法采用的地图帧数有关。当地图帧数为 N 时,首次算法被调用时采用时刻地图帧作为输入,计算未来 N 步的最优路径。当第二次调用时,若本次输入的时刻地图与上次调用时的输入相同,则上次调用的计算结果的最优性不变,可直接输出未来 $N-1$ 步的最优路径。以此类推,直到第 $N+1$ 次调用重新采用长度为 N 的地图帧作为输入,计算未来 N 步的最优路径。因此 TVIN-20 有着更少的调用次数,其平均每轮模拟的规划耗时小于 TVIN-10 与 TVIN-5。

当地图变化速度加快时,本算例的 TVIN 系列算法,在由多帧地图组成的四维时空中寻找最优路径。当算法输入的多帧地图与模拟环境的变化趋势相同时,尽管环境发生变化,最初规划路径的安全性和最优性仍能得到保证,使得算法安全通过了所有的模拟场景(模拟通过率均为 100%)。并且随着 TVIN 系列算法输入地图帧数的增加,算法所规划的路径性能不断提高,平均移动步数也随之降低至最低水平。当算法输入的多帧地图与模拟环境的变化趋势相同时,TVIN 系列算法的调用次数仅与算法采用的地图帧数有关,使得其在任何地图变换周期中都保持着稳定的算法调用次数和较低的平均单步耗时,如表 4.6 所示。

表 4.6 动态地图中规划算法的平均调用次数

规划算法 \ 变换周期	10	5	3	1
TVIN-5	5.24	5.44	5.51	5.59
TVIN-10	3	3	3	3
TVIN-20	1.53	1.68	1.67	1.69

5) 障碍物随机游走环境中的测试结果

通过障碍物随机游走模拟空域环境中的动态障碍物。当障碍物每步随机游走一个网格时,地图变换周期为 1 时,算法的测试结果如表 4.7~表 4.10 所示。

表 4.7 障碍物随机游走地图中规划算法的模拟通过率

规划算法 \ 障碍密度	0.3	0.1	0.05	0.01
TVIN-5	100.00	100.00	100.00	100.00
TVIN-10	100.00	100.00	100.00	100.00
TVIN-20	100.00	100.00	100.00	100.00

表 4.8　障碍物随机游走地图中规划算法的平均移动步数

规划算法 / 障碍密度	0.3	0.1	0.05	0.01
TVIN-5	19.72	19.31	19.19	19.08
TVIN-10	19.26	19.1	19.06	19.04
TVIN-20	19.43	19.02	19.01	19

表 4.9　障碍物随机游走地图中规划算法的平均单步耗时

规划算法 / 障碍密度	0.3	0.1	0.05	0.01
TVIN-5	33.33	34.76	37.3	37.87
TVIN-10	20.64	21.43	22.39	24.75
TVIN-20	9.76	7.06	6.99	7

表 4.10　障碍物随机游走地图中规划算法的平均调用次数

规划算法 / 障碍密度	0.3	0.1	0.05	0.01
TVIN-5	5.19	5.06	5.02	5.01
TVIN-10	3	3	3	3
TVIN-20	1.39	1.02	1.01	1

由测试结果分析可知，这里提出的基于四维时空价值迭代的路径规划算法，在障碍物随机游走的四维时空环境中，仍然能保持较高的模拟通过率、较短的路径长度和较快的规划速度。由于本算法在规划时考虑了环境的变换趋势，其所规划的路径是四维时空中的最优路径。当环境变化时前一轮的规划结果仍能够继续使用，由此本书提出的本算法具有更高的规划连续性和更少的算法调用次数，使其更能够适应快速变化环境中的路径规划任务。

4.3　战术阶段间隔控制

目前航空运输业的迅猛发展导致空域资源抢占现象，已使得现有空域固定划设管理模式造成的潜在安全问题日益增加。在未来航路和终端空域逐渐向高密度、高复杂性和高动态方向发展的背景下，当前预先确定航路和隔离空域的交通运行方式对人工经验的依赖性较大，难以应对复杂的空域和航路环境，且由于人工经验决策的泛化能力较差，使现有方法难以满足未来智能化空域管理的需求。此外随着机载算力的大幅升级，空中交通运行安全和效率的保障必然需要飞机具有一定程度的自治性，使用自动空中交通控制系统分析空域冲突并形成自主解脱能力，并在保持安全和效率前提下辅助提升自动化决策水平,降低飞行员的工作负荷。对此本书提出基于多智能体深度强化学习的空域冲突解脱方法,它通过深度网络结构的设计与模拟环境的构建,利用飞机与环境进行交互产生的状态数据对深度神经网络进行训练,以优化飞行计划与实时航迹,消减潜在的空域冲突,并可采用改进的近端策略优化的算法网络结构,通过智能体与飞行仿真系统的交互,对飞机自动保持安全间隔与冲突解脱的能力进行训练,为形成更高效的交通航迹规划能力打下基础。

4.3.1 冲突识别消减模型

1. 多航空器之间的飞行冲突快速筛选识别

飞行冲突探测是指在航空器预测的交通航迹基础上,推断航迹间是否会发生飞行冲突或危险接近,它通过计算判断航空器的航迹之间的间隔,是否小于规定的最小飞行安全间隔标准。预先对潜在的冲突进行探测,不仅能够提前预知冲突危险位置,而且还为管制员预留出充足的时间对冲突航空器实施解脱,降低飞行安全事故的发生率,保障航空器运行安全顺畅。传统的以飞机为中心的飞行冲突探测,存在局限:即特定空域内飞机之间的两两判决,计算时间复杂度较高,产生预测时间尺度复杂问题。本节主要结合飞机尾流与碰撞风险模型,共同得到飞行安全包络来确定空域网格单元大小,基于空域网格单元进行冲突探测初筛,再基于运动学模型进行精确探测,从而降低计算的复杂性和时延效应问题,提升冲突探测的可信度。

1) 基于空域网格的飞行冲突初筛

近年来,国内外在飞行冲突探测研究方面形成了两种算法:基于几何确定型算法与基于概率分析型算法。前者针对航空器交通航迹是确定的情况下,通过比较航空器之间的相对距离是否满足飞行安全间隔标准,以判定航空器间是否存在冲突或危险接近。后者针对航空器交通航迹不确定的情况下,通过讨论航空器之间发生潜在性冲突的概率,判定航空器间是否存在潜在冲突或危险接近。实际计算中,由于基于几何方法探测冲突是通过航迹点间的对比判断,其烦琐性会很高,必然也会导致运行效率很低。此外,基于几何方法探测并没有涉及时间量,如果再加入时间变量,无形中又大大提升了整个算法的复杂性。而概率分析方法根据航空器的交通航迹预测分布概率,对同一时空内可能出现两架航空器的概率进行计算,形成对潜在冲突的判断,但需要预先建立经验性的交通航迹预测分布的概率密度函数,往往较为困难。

为了能够更高效地探测出大规模航迹中的冲突点,这里提出了一种基于网格的飞行冲突初筛算法,该方法用一个四维的时空网格离散整个飞行空域,每个网格单元大小按最小飞行安全间隔标准设定。此时航空器的离散航迹点就被分配到相应的网格中,通过检查每个非空的相邻网格,即可探测出潜在的飞行冲突点。一般地,网格中共存不同航空器的航迹点或相邻网格中有不同航空器的航迹点，即可判断存在潜在的飞行冲突，如图 4.43 所示。

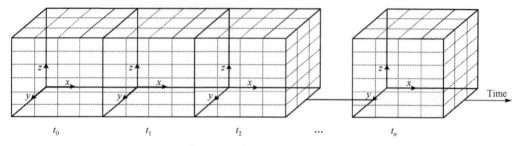

图 4.43　四维时空网格示意

设 (x_0, y_0, z_0, t_0) 为网格时空位置的坐标原点，虽然时间轴是连续变化的，但在实际运作时不可能做到任意时刻下的冲突判断，只能按一定时间间隔实现离散时间段 $\Delta \tau_0$（足够小）的冲突判断。

为能够实现基于网格的飞行冲突初筛，设定任意一架参考航空器 i 的坐标为 $(x_{ij}, y_{ij}, z_{ij}, t_{ij})$，其中 j 为航迹点编号，定义其落在 $t_n = t_{ij}$ 时间段上的空域网格单元 a_{ij}^0 中。为了判断该航空器航迹是否存在潜在冲突危险，即需要判断其在每一时间段对应网格或者邻域网格是否有其他航空器的航迹点共存，定义网格 a_{ij}^0 与其邻域的 $3^3 - 1 = 26$ 个网格所组成的"三维"矩阵为 $A_{ij} = [A_{ij}^1 \quad A_{ij}^2 \quad A_{ij}^3]$，其中：

$$A_{ij}^1 = \begin{bmatrix} A_{ij}^{111} & A_{ij}^{112} & A_{ij}^{113} \\ A_{ij}^{121} & A_{ij}^{122} & A_{ij}^{123} \\ A_{ij}^{131} & A_{ij}^{132} & A_{ij}^{133} \end{bmatrix}_{3\times 3}, \quad A_{ij}^2 = \begin{bmatrix} A_{ij}^{211} & A_{ij}^{212} & A_{ij}^{213} \\ A_{ij}^{221} & A_{ij}^{222} & A_{ij}^{223} \\ A_{ij}^{231} & A_{ij}^{232} & A_{ij}^{233} \end{bmatrix}_{3\times 3}, \quad A_{ij}^3 = \begin{bmatrix} A_{ij}^{311} & A_{ij}^{312} & A_{ij}^{313} \\ A_{ij}^{321} & A_{ij}^{322} & A_{ij}^{323} \\ A_{ij}^{331} & A_{ij}^{332} & A_{ij}^{333} \end{bmatrix}_{3\times 3}$$

如图 4.44 所示，矩阵 A_{ij}^1, A_{ij}^3 分别表示网格 a_{ij}^0 上层和下层的九网格邻域；A_{ij}^2 表示网格 a_{ij}^0 本层的九网格邻域，网格 A_{ij}^{222} 与 a_{ij}^0 是代表同一个网格。

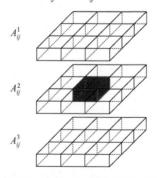

图 4.44　空间"三维"矩阵示意

定义 4.3　潜在飞行冲突识别。当 a_{ij}^0 及邻域任意网格中存在其他航空器航迹点时，即矩阵 A_{ij} 中存在任意元素 $A_{ij}^{mnk}=1$，其中 $m,n,k \in \{1,2,3\}$，表明存在潜在的飞行冲突。否则，所有元素都为零即满足式(4.14)时，表明不发生冲突。

$$\sum_{m=1}^{3}\sum_{n=1}^{3}\sum_{k=1}^{3}A_{ij}^{mnk}=0 \qquad (4.14)$$

该潜在冲突检测方案使用哈希表数据结构实现，对于一个给定的离散航迹，每个采样点都映射到每一个网格单元中，并在相应的网格中存储了一系列的飞行标识信息。数据结构中不需要存储坐标，从而大大减少了所需的内存空间。在飞机初始放飞时刻修改后，也能容易地更新潜在冲突总数。

2)基于几何法的飞行冲突精确探测

由于仅仅根据划分的 27 个网格断定是否发生飞行冲突，无形之中扩大了 3 倍的安全间隔标准，很容易造成过多的虚假警报。因此，针对网格探测方法判断得到的潜在飞行冲突情况，仅仅是一个初筛的过程，要想获得精确的冲突探测，还需要做进一步的飞行冲突判断。结合本章研究方向，这里主要针对预测的交通航迹进行飞行冲突探测，它采用几何确定型算法，通过预测的航迹推断出航空器之间的航迹点矢量差是否小于最小安全间隔标准 s，来实现飞行冲突探测。

假定通过基于网格的飞行冲突初筛算法，已确定了在时间段 t' 时，两架航空器预测航迹(编号分别为 i,j)上的航迹点间存在潜在飞行冲突，对应的三维空间坐标分别记为 $p_i^k(x_i^k,y_i^k,z_i^k)$ 和 $p_j^l(x_j^l,y_j^l,z_j^l)$，则航空器之间的相对位置矢量表示为 $\overline{p}_{i,j}^{k,l}=(\Delta x_{i,j}^{k,l},\Delta y_{i,j}^{k,l},\Delta z_{i,j}^{k,l})=p_A-p_B$。设定航空器 A 作为参考航空器，以该航空器 A 为圆心划设的安全飞行保护区示意图，如图 4.45 所示。

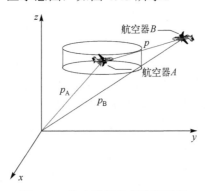

图 4.45 航空器间几何位置示意

当参考航空器 A 与测试航空器 B 间存在确定性的飞行冲突时，满足如下方程组：

$$\begin{cases} \sqrt{(\Delta x_{i,j}^{k,l})^2+(\Delta y_{i,j}^{k,l})^2}<s \\ |\Delta z_{i,j}^{k,l}|<H \end{cases}$$

其中，H 为飞行保护区的最小垂直安全间隔，即圆柱保护区的高；s 为飞行保护区的最小水平安全间隔，即划设的圆柱保护区半径。若两航空器间的水平距离小于最小水平安全间隔标准且相对高度小于最小垂直安全间隔，则将会发生冲突，否则两机不会冲突。

2. 多航空器之间的飞行冲突精细探测

这里以两机冲突探测为例，将航空器近似为质点，忽略其姿态，不妨设其真空速为 v_{TAS}，地速为 v_{GS}，航向角为 φ，航迹角为 θ，在偏流角较小的条件下：$\varphi \approx \theta$，则其在地面惯性参考坐标系 (x,y) 中的运动学方程为：

$$\begin{cases} \dot{x} = v_{\text{TAS}} \cos\varphi + w_1 = v_{\text{GS}} \cos\theta \approx v_{\text{GS}} \cos\varphi \\ \dot{y} = v_{\text{TAS}} \sin\varphi + w_2 = v_{\text{GS}} \sin\theta \approx v_{\text{GS}} \sin\varphi \end{cases}$$

假设航空器 A 初始状态 $\boldsymbol{x}_A(0) = [x_A, y_A]^\top$，地速为 $\dot{\boldsymbol{x}}_A = [v_{\text{GS},A} \cos\varphi_A, v_{\text{GS},A} \sin\varphi_A]^\top$，航空器 B 初始状态为 $\boldsymbol{x}_B(0) = [x_B, y_B]^\top$，地速为 $\dot{\boldsymbol{x}}_B = [v_B \cos\varphi_B, v_B \sin\varphi_B]^\top$。在地面惯性参考坐标系中航空器 B 相对于航空器 A 的相对位置可以表述为：

$$\begin{cases} \boldsymbol{x}_r = \begin{bmatrix} x_B - x_A \\ y_B - y_A \end{bmatrix} = \begin{bmatrix} x_r \\ y_r \end{bmatrix} \\ \varphi_r = \varphi_B - \varphi_A \end{cases}$$

不妨设航空器水平最小安全间隔为 $d_{\min}$，则可以用下式判断两架航空器之间是否存在冲突，当 $\Delta > 0$ 时，两架航空器之间当前不存在飞行冲突，反之则存在飞行冲突。

$$\Delta = \| \boldsymbol{x}_r \| - d_{\min}$$

为便于根据航空器当前状态判断航空器之间未来的冲突趋势，也可以采用相对运动法。由于每架航空器的保护区半径均为 $R = d_{\min}/2$。两条与航空器 B 保护区相切并且平行于 $\dot{\boldsymbol{x}}_B - \dot{\boldsymbol{x}}_A$ 的直线之间形成区域称为航空器 B 沿航空器 A 运动方向的飞行走廊。若航空器 B 的飞行走廊和航空器 A 的保护区之间有交集，就说明存在潜在的飞行冲突，如图 4.46 所示。

在惯性坐标系中，两航空器的相对方位矢量与航空器运动方向的夹角为：

$$\beta = \left| \varphi_A - \tan^{-1}(y_r/x_r) \right| \tag{4.15}$$

两航空器相对速度矢量与航空器 A 的运动方向的夹角 α 为：

$$\alpha = \tan^{-1} \left| \frac{v_{\text{GS},B} \cdot \sin\varphi_r}{v_{\text{GS},B} \cdot \cos\varphi_r - v_{\text{GS},A}} \right| \tag{4.16}$$

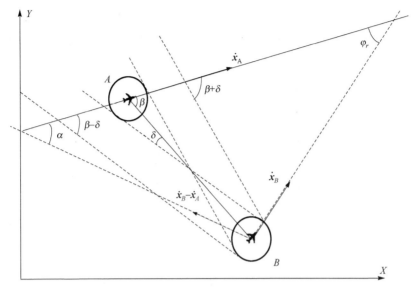

图 4.46 两航空器潜在飞行冲突的检测

显然，当航空器 B 的飞行走廊与航空器 A 的飞行方向的夹角大于 $\beta+\delta$，或者小于 $\beta-\delta$ 时，航空器 A 的保护区与航空器 B 的飞行走廊有就不会有交集，即不存在潜在飞行冲突。因此避免飞行冲突发生的条件为：

$$|\alpha - \beta| \geqslant \delta \tag{4.17}$$

其中：

$$\delta = \sin^{-1}\left(\frac{d_{\min}}{\|\boldsymbol{x}_r\|}\right) \tag{4.18}$$

3. 多航空器之间的飞行冲突消减方法

首先考虑两架航空器在固定航路飞行条件下，通过调整航空器航向角解脱冲突，整个冲突解脱过程中地速保持不变，仅通过调整航空器 B 的航向角来进行冲突解脱。

如图 4.47 所示，当航空器 B 运行到 $\boldsymbol{x}_P$ 点处时，开始执行解脱程序，根据式(4.16)可以计算 α 并求得：

$$\alpha = \tan^{-1}\left|\frac{v_{\mathrm{GS},B} \cdot \sin(\varphi_r + \Delta\varphi_B)}{v_{\mathrm{GS},B} \cdot \cos(\varphi_r + \Delta\varphi_B) - v_{\mathrm{GS},A}}\right| \tag{4.19}$$

在固定航路飞行条件下，航空器 B 冲突解脱过程前后的运行航迹，如图 4.47 所示，上下两条虚线 L_1、L_2 表示航路边界，设在地面惯性参考坐标系中，航路中心为 $L_0: \boldsymbol{l}_B \cdot \boldsymbol{x}_B = c_B$，$\boldsymbol{l}_B = [l_1, l_2]$，航路宽度为 $2w$。

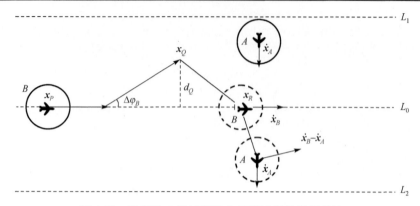

图 4.47 航空器 B 通过调航向解脱冲突的运行航迹

航空器 B 到达 x_Q 之后以相反的航向角变化 $-\Delta\varphi_B$ 回到航路中心线上运行，假设 x_Q 点距离航路中心的距离为 d_Q，根据式(4.17)因此在 x_Q 点处应满足如下不等式：

$$\begin{cases} d_Q \leq w \\ |\alpha_Q - \beta_Q| \geq \delta_Q \end{cases} \tag{4.20}$$

当航空器 B 运动至 x_R 点时航向回归 φ_B，若两架航空器之间的相对方位矢量与相对地速矢量内积大于零，说明航空器相对运动将继续增大其间隔，若此时两架航空器的飞行保护区没有重叠，表明飞行冲突解脱结束，因此在冲突解脱结束点 x_R 处应满足如下约束：

$$\begin{cases} \boldsymbol{l}_B \cdot \boldsymbol{x}_R - c_B = 0 \\ \boldsymbol{x}_r \cdot (\dot{\boldsymbol{x}}_B - \dot{\boldsymbol{x}}_A) \geq 0 \\ \|\boldsymbol{x}_r\| - d_{\min} > 0 \end{cases} \tag{4.21}$$

忽略航空器 B 调整航向角所花费的时间，冲突解脱过程所消耗的时间表示为：

$$\Gamma_1 = \frac{2d_Q}{v_{\text{GS},B} \cdot \sin\Delta\varphi_B} \tag{4.22}$$

此外还可以在航空器性能许可的范围内，通过调整航空器 B 的飞行地速来解脱冲突。假设两架航空器在整个冲突解脱过程中航向保持不变，定义航空器 B 的地速调整量为 $\Delta v_{\text{GS},B}$，此时飞行走廊与水平轴的夹角为：

$$\alpha = \tan^{-1}\left|\frac{(v_{\text{GS},B} + \Delta v_{\text{GS},B}) \cdot \sin\varphi_r}{(v_{\text{GS},B} + \Delta v_{\text{GS},B}) \cdot \cos\varphi_r - v_{\text{GS},A}}\right| \tag{4.23}$$

假设当航空器 B 运行到 x_P 点处时，开始执行解脱程序。航空器 B 在到达 x_Q 之后以相反的地速调整量 $-\Delta v_{\text{GS},B}$ 回到其原始速度，具体如图 4.48 所示，假设 x_R 点距

离 x_P 的距离为 l_R。当航空器 B 运动至 x_R 点时地速回归 $v_{GS,B}$，冲突解脱结束点 x_R 点的约束，仍然满足式(4.21)，则解脱完成。

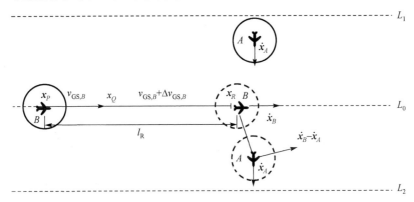

图 4.48　航空器 B 通过调速度解脱冲突的运行航迹

航空器 B 调整地速所花费的时间为 $2\Delta v_{GS,B}/a_B$，其中 a_B 为其加速度，保持地速 $v_{GS,B}+\Delta v_{GS,B}$ 的时间为 $[l_R-|(v_{GS,B}+\Delta v_{GS,B})^2-v_{GS,B}^2|/a_B]/(v_{GS,B}+\Delta v_{GS,B})$，将两者花费时间相加，得到解脱所消耗的总时间表示为：

$$\Gamma_2 = \frac{2\Delta v_{GS,B} \cdot (v_{GS,B}+\Delta v_{GS,B}) + a_B \cdot l_R - |(v_{GS,B}+\Delta v_{GS,B})^2 - v_{GS,B}^2|}{a_B \cdot (v_{GS,B}+\Delta v_{GS,B})} \tag{4.24}$$

此外，还可以根据已知的航空器初始位置和性能限制，求出冲突解脱时间最短情况下的航空器 B 的航向角调整量 $\Delta\varphi_B$ 和地速调整量 $\Delta v_{GS,B}$。

4. 多航空器之间的飞行冲突优先级设定方法

将两架航空器的场景拓展至多航空器冲突场景，考虑到多机高密度运行过程中航空器冲突交互关系复杂，避撞机动空间进一步压缩，解脱过程容易引发冲突级联效应(即冲突解脱过程中产生新的二次冲突)，对此这里引入了航空器解脱机动优先级概念，以均衡航空器冲突解脱的责任，避免出现"极端"不宜飞行(non flyable)的冲突解脱策略，以保证飞行安全。

首先，定义航空器灵活性概念，用以表征航空器的避障机动空间大小，其计算过程可采用速度障碍方法(Velocity Obstacle, VO)。其次，为灵活性较低的航空器分配较高的解脱优先级，使其仅承担较少的冲突解脱责任。而灵活性较高的航空器分配较低的优先级，以避免灵活性较低、解脱空间不足的个体产生极端解脱策略，即出现"强者越强、弱者越弱"的现象。最后，将冲突解脱问题分解为一系列有顺序的优化子问题，进行迭代求解直到解决所有冲突问题。

将航空器 i 的灵活性 L_i 定义为：可采用的无冲突速度集合的长度。即：

$$L_i = \sum_{\alpha=1}^{n_\alpha} (v_{ub,i}^\alpha - v_{lb,i}^\alpha)$$

其中，n_α 为航空器 i 周边探测到的航空器数量，$v_{ub,i}^\alpha$ 和 $v_{lb,i}^\alpha$ 分别为下一个时间窗航空器 i 不与周边机 α 产生飞行冲突的可采用速度子集的下限和上限。将航空器的优先级定义为灵活性的倒数，则航空器 i 的解脱优先级为：

$$\mu_i = L_i^{-1} = \left[\sum_{\alpha=1}^{n_\alpha} (v_{ub,i}^\alpha - v_{lb,i}^\alpha) \right]^{-1}$$

将多架航空器根据优先级大小进行排序，进而根据解脱策略确定机动顺序。最简单的优先级顺序可采用基于航空器的应答机号确定，这一顺序没有考虑实时的空中交通环境，如冲突发生的紧急程度，航空器可执行的机动避让措施等。为了解决这个问题，这里所提出的基于速度可达集的优先级确定方法，冲突场景中灵活性较低将被赋予较高的机动优先级，使其承担较少的解脱责任，在冲突解脱中进行较小的解脱机动操作。给定优先级顺序后，采用"标签(token)"分配策略，可迭代地选择主机和入侵机，主机通过调整速度或航向，避免与入侵机冲突，直至所有冲突解脱。

具体步骤如下：

步骤 1：根据多架冲突航空器之间的优先级，优先级较低的航空器获得优先级较高的航空器分配的一个"标签"。例如，航空器 i 与航空器 j 发生冲突，且 $\mu_j(\tau) > \mu_i(\tau)$，则航空器 i 获得航空器 j 分配的"标签"。而如果航空器与其他航空器均无冲突，则该航空器获得的"标签"数量为 0；

步骤 2：在迭代过程中，"标签"数量为 0 的航空器作为主机，记作航空器 i。而与主机存在冲突的航空器，以及"标签"数量为 0 的其他航空器均为入侵机。此时，主机需要进行机动调整，避免与入侵机的冲突；

步骤 3：此后主机向周围空域广播重新规划的理想航迹，而在上一迭代步骤中，所有从航空器 i 获得"标签"的航空器删除该"标签"。根据步骤 2 重新确定主机和入侵机，并对主机进行航迹调整。经过迭代，使所有航空器获得的"标签"数量均为 0，即完成冲突解脱。

如表 4.11 所示的例子，说明基于优先级的冲突解脱次序的计算过程。表中 5 架航空器的飞行灵活性次序为 $F_1 > F_4 > F_3 > F_5 = F_2$，因此航空器优先级次序为 $\mu_2 = \mu_5 > \mu_3 > \mu_4 > \mu_1$。然后，根据优先级次序，航空器 1、2、3、4、5 分别得到 4、0、2、3、1 个"标签"。假设冲突探测的结果为任意两航空器之间均存在冲突，因此冲突解脱问题需要分为 5 个迭代步完成，表中给出了每个迭代步中航空器获得的"标签"数量。在步骤 1 中航空器 2（0"标签"）不考虑其他航空器的影响，即航空器 2 保持初始理想航迹。步骤 1 结束后，航空器 2 删除对航空器 5、3、4、1 分配的

"标签"。在步骤2中,主机5(0"标签")在重新调整航迹时必须考虑航空器2(0"标签"),即航空器2为入侵机。步骤2结束后,航空器5删除对航空器3、4、1分配的"标签"。在步骤3中,主机3(0"标签")在重新调整航迹时必须考虑航空器2(0"标签")和航空器5(0"标签"),即航空器2、5为入侵机。步骤3结束后,航空器3删除对航空器4、1分配的"标签"。在步骤4(0"标签")中,主机4在重新调整航迹时必须考虑航空器2、5、3即航空器2、5、3为入侵机。步骤4结束后,航空器4删除对航空器1分配的"标签"。在步骤5中,航空器1在重新调整航迹时必须考虑航空器2、5、3、4,即航空器2、5、3、1为入侵机。上述五步迭代执行完毕后,该场景中的冲突完全被解脱。

表4.11 航空器的"标签"分配表

	步骤1	步骤2	步骤3	步骤4	步骤5
航空器1	4	3	2	1	0
航空器4	3	2	1	0	
航空器3	2	1	0		
航空器5	1	0			
航空器2	0				

4.3.2 冲突决策机器学习

1. 基于机器学习的冲突解脱

基于机器学习的冲突解脱是一类方法的统称,存在着很多不同的框架,代表性方法包括美国国家航空航天局提出的交叉口管理策略,由集中的智能体确定飞机的无冲突时段;文献[22]提出基于消息传递的多智能体蒙特卡罗树搜索(Monte-Carlo Tree Search, MCTS)计算方法;文献[23]提出在自由空域解决冲突的图神经网络方法,以可伸缩的方式防止碰撞和冲突;文献[7]提出了深度多智能体强化学习框架,实现航路空域的空中交通自主避撞,能够处理扇区中可变数量的飞机,并且复杂性不会随着交叉口的数量增加而增加。

1) 强化学习

强化学习(Reinforcement Learning, RL)[24-26]是机器学习的一个分支,是一种顺序决策,目标是在未知动态的给定环境中进行学习。在一个交互环境中,智能体可以选择不同的操作,从而导致环境中的变化而使决策出现发散性。

令t代表当前的时间步长,强化学习问题的环境可以建模为马尔可夫决策过程(S,A,P,R,γ),其中S和A分别为环境状态集合和系统动作集合。对于每个状态$s \in S$、动作$a \in A$和下个状态$s' \in S$,状态转移概率函数为$P(s'|s,a): S \times A \times S \rightarrow [0,1]$,

即时奖励函数为 $R(s,a,s'):S\times A\times S\to R$。此外，$\gamma\in[0,1]$ 为奖励折扣因子，用于实现即时奖励和长期奖励的折中。马尔可夫决策过程的策略定义为 $\pi(s,a):S\times A\to[0,1]$，表示智能体在状态 s 时执行动作 a 的概率。马尔可夫决策过程的最优策略定义为 $\pi^*(s,a)\in[0,1]$。

Q-学习[27]是一种常用的无模型强化学习方法，使智能体通过与环境的不断交互（即观测、动作和奖励）来学习最优策略。因此，可定义 Q-函数 $Q:S\times A\to R$ 来评价一个"状态-动作"组合的质量。具体地，策略 π 的 Q-函数表示智能体在状态 s 执行动作 a 且后续动作服从策略 π 时的期望累积奖励。

$$Q^{\pi}(s,a)=E_{\pi}\left[\sum_{i=0}^{\infty}\gamma^{i}r(i+t)\,|\,s(t)=s,a(t)=a\right]$$

其中，r 为根据奖励函数 R 所得到的即时奖励。Q-学习旨在找到收获最大长期奖励的最优策略。为此，最优 Q-函数定义为：

$$Q^*(s,a)=\max_{\pi}Q^{\pi}(s,a)$$

因此，最优策略 π^* 是指在状态 s 时执行动作 $\mathrm{argmax}_{a}Q^*(s,a)$ 的策略。通过利用时间差分迭代公式，Q-函数可以进行迭代更新：

$$Q_{k+1}(s,a)=Q_{k}(s,a)+\beta(r+\gamma\max_{a'}Q_{k}(s',a')-Q_{k}(s,a))$$

其中，$s'\in S$ 表示下个状态，β 为学习率。在选取恰当 β 的情况下，$Q_k(s,a)$ 可以明确收敛到 $Q^*(s,a)$。

深度 Q-学习使用神经网络学习 $Q^*(s,a)$，更适合于具有庞大复杂状态空间的高维环境。这个神经网络通常称作深度 Q-网络（Deep Q-Network, DQN），表示为 $Q(s,a;\theta)$，其中 θ 为网络参数。DQN 通过最小化以下损失函数进行训练：

$$L(\theta)=E[(z-Q(s,a;\theta))^2]$$

其中，$z=r+\gamma\max_{a'}Q(s',a';\overline{\theta})$ 为目标 Q-值，需要使用 θ 来周期性更新 $\overline{\theta}$。但是，普通 DQN 会过高估计动作值，从而使训练过程不稳定。为解决该问题，双 DQN 将动作选择与目标 Q-值计算解耦，它的目标 Q-值计算方法为 $z=r+\gamma Q(s',\mathrm{argmax}_{a'}Q(s',a';\theta);\overline{\theta})$。

2）多智能体深度强化学习

多智能体强化学习（Multiagent Deep Reinforcement Learning, MADRL）[28]涉及共享同一环境的一组智能体。每个智能体都有自己的目标，并且不一定共享环境信息。被称为独立 Q-学习的一种方法是将其他智能体视为环境的一部分，智能体之间不通信，由于每个智能体都在更改自己的策略，并且智能体如何更改策略将影响其他智能体的策略，学习结果将会不稳定。

另一种方法是集中学习和分散执行，可以通过开放的通信渠道应用集中方法同时训练一组智能体。利用所有智能体的经验可以提高学习效率。每个智能体可以根据其局部观察采取行动,在部分可观测性和执行期间的有限通信条件下具有优势。分散策略的集中学习已成为多智能体环境中的标准范例,因为学习过程可能发生在没有通信约束的模拟器中,并且有额外的状态信息可用。

根据任务类型,多智能体强化学习可以分为完全合作、完全竞争和混合型。在完全合作的随机博弈中,奖励函数对于所有智能体都是相同的,即 $R_1 = R_2 = \cdots = R_n$,因此回报也相同,多智能体的目标就是最大化共同回报。如果 $n=2, R_1 = -R_2$,那么两个智能体有相反的目标,随机博弈就是完全竞争的。此外,存在既不完全竞争也不完全合作的策略,称其为混合策略。

在完全合作的随机博弈中,回报可以共同最大化。在其他情况下,智能体的回报通常是不同且相关的,它们不可能独立最大化。因此,指定良好的、通用的 MADRL 目标是一个难题。已有多智能体深度强化学习方法对学习目标的定义,其主要可以概括为两个方面:稳定性和适应性。稳定性指智能体的学习动力的稳定性以及策略会收敛至固定。适应性确保智能体的表现不会因为其他智能体改变策略而下降。收敛至均衡态是稳定性的基本要求,即所有智能体的策略收敛至协调平衡状态,最常用的是纳什均衡。适应性体现在理性或无悔两个准则上。理性是指当其他智能体稳定时,智能体会收敛于最优反馈;无悔是指最终收敛的策略的回报不能差于任何其他策略的回报。

针对目前数字报表图书馆(Digital Statement Library, DRL)在多智能体学习的最新研究进展,根据 DRL 中的神经网络内部各智能体的信息交互发生阶段,MADDRL 算法可以分为以下三类:

(1) 全通信集中决策架构。该决策架构中,多智能体间的通信过程发生在神经网络内部,多智能体通过自我学习通信协议,决策单元接收各智能体处理后的局部观测信息,并对观测信息进行融合处理,获得全局信息表征,进而集中决策产生联合动作,以通信的方式指导单智能体运行动作,如图 4.49(a) 所示。全通信集中决策架构通过信息融合感知全局信息,降低了环境噪声带来的信息损失,此外通过集中决策方式,有力地对单智能体的动作进行了协调,使得多智能体能够按照一致的目标开展行动。但这一架构对系统的时效性要求较高,并对通信系统有很大的依赖,适用于通信时效性要求较低的强化学习场景或一台计算机对多个智能体控制的任务。

(2) 全通信自主决策架构。该决策架构中,多智能体间的通信过程发生在神经网络之前,单个智能体利用自组网通信拓扑,接收对手智能体的局部观测信息以及历史动作,采用嵌入式的方法对接收信息进行融合,并结合自身的观测信息(以及对对手的推断信息)自主决策,进而协作地完成任务,如图 4.49(b) 所示。全通信自主决策架构中各智能体通过通信获得环境的全局信息,结合对对手行为的推断,自我学习协作的动作,涌现出协同能力。该架构对智能体间的通信时效性要求相对较低,适用于具备通信条件的强化学习任务。相对于全通信集中决策架构,全通信自主决策架构在现实中应用更加广泛。

(3) 欠通信自主决策架构。在该决策架构中,多采用循环神经网络进行学习,代表智能体策略的神经网络之间没有信息交互,单智能体依靠自我观测的能力,获得部分(不完全)环境信息,结合对对手的观测与推断,进行自主决策,确定采取的行动,以期涌现出协同的联合行为,协调一致地完成任务要求,如图 4.49(c)所示。欠通信自主决策架构仅依靠自我观测能力,通过观测与推断对手行为,进行自主决策,进而涌现出协同能力。欠通信自主决策架构不依赖通信,适用任一多智能体环境。由于缺乏通信,欠通信自主决策架构相对上述全通信决策结构,对环境的观测是部分的、不完全的。这种部分观测不仅包含观测的信息有限,也包含观测带来的环境噪声,受环境不确定因素的影响更大。此外,该结构也面临着对手策略变化带来的环境非平稳性问题。

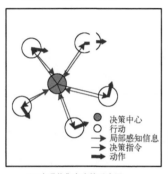 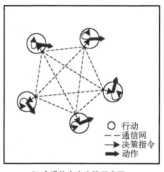 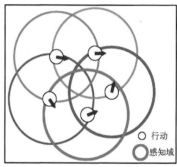

(a) 全通信集中决策示意图　　(b) 全通信自主决策示意图　　(c) 欠通信自主决策示意图

图 4.49　多智能体决策示意

3) 近端策略优化算法

强化学习可分为基于价值的算法和基于策略的算法。与基于价值算法相比,基于策略的算法能够学习随机策略。这在非通信多智能体环境中尤其有益,因为其他智能体的行为存在不确定性。基于策略的强化学习算法思想,在策略梯度方向中的一个步骤应该增加比平均动作更好的概率,并减少比平均动作差的概率。

近端策略优化(Proximal Policy Optimaization, PPO)是一种最新的基于策略的算法,使用神经网络来近似策略(actor)和值函数(critic)。PPO 改进了之前的方法,如 A3C(Asynchronous Advantage Actor-Critic),限制了从以前的策略到新策略的变化,并已被证明能带来更好的性能。令 θ_{old} 和 θ 表示时间 t 更新前后的神经网络权重,$\zeta_t\theta = \pi_\theta(a_t|s_t)/\pi_{\theta_{old}}(a_t|s_t)$ 是表示更新后策略变化率($\zeta_t\theta=1$ 表示更新后策略没有变化)。将策略变更率限制在 $[1-\varepsilon, 1+\varepsilon]$,策略和值函数的 PPO 损失函数可以公式化如下:

$$L_\pi(\theta) = -E_t[\min(\zeta_t(\theta) \cdot A_t, \text{clip}(\zeta_t(\theta), 1-\varepsilon, 1+\varepsilon) \cdot A_t)] - \beta \cdot H(\pi(s_t))$$

$$L_v = A_t^2$$

其中，ε 是限制策略变化率 $\zeta_t(\theta)$ 的超参数。方程第二项 $\beta \cdot H(\pi(s_t))$ 通过阻止过早收敛到次优确定性策略来鼓励探索。H 是策略分布的熵，超参数 β 控制熵正则化项的强度。A_t 是优势函数，衡量该行为是否比策略的默认行为更好或更差。一般使用广义优势估值器 $\text{GAE}(\psi, \lambda)$ 近似 A_t，定义为 k 步优势估值器的指数加权平均值：

$$A_t = (1-\lambda)(\hat{A}_t^{(1)} + \lambda \hat{A}_t^{(1)} + \lambda^2 \hat{A}_t^{(3)} + \cdots)$$

$$\hat{A}_t^{(1)} = -V(s_t) + r_t + \gamma V(s_{t+1})$$

$$\hat{A}_t^{(2)} = -V(s_t) + r_t + \gamma r_{t+1} + \gamma^2 V(s_{t+2})$$

$$\cdots$$

$$\hat{A}_t^{(k)} = -V(s_t) + \sum_{i=t}^{t+k-1} \gamma^{i-t} r_i + \gamma^k V(s_{t+k})$$

PPO 算法流程如下：

算法 A-4.1　PPO 算法

---
for iternation=1,2,⋯,do
　for actor=1,2,⋯,N do
　　在时间步长为 t 的环境中运行策略 $\pi_{\theta_{\text{old}}}$
　　计算优势函数 $\widehat{A_1},\cdots,\widehat{A_T}$
　End for
　优化 K 次关于 θ 的代理 L，且 $M \le NT$
　　$\theta_{\text{old}} \leftarrow \theta$
End for

---

2. 基于近端策略优化(PPO)冲突解脱步骤

为实现在复杂空域场景下的空中交通自主避撞，设计深度多智能体强化学习框架，其中每架飞机由一个智能体表示。每个智能体将感知当前的空中交通状况，并执行在线顺序决策，实时选择速度建议，以避免交叉口和沿线的冲突。为了处理扇区中可变数量的飞机，并且确保复杂性不会随着交叉口的数量增加而增加，智能体使用近端策略优化算法进行训练，该算法包括进行动作的 Actor 模块和进行评判的 Critic 模块，神经网络由所有智能体共享，以提高训练效率和网络的适应性。此外加入了注意力模块将有关周围交通场景的信息的重要性编码并控制为固定长度的向量。

步骤 1：构建分布式可观测马尔可夫决策过程环境。

每架飞机被表示为一个智能体，由智能体根据环境状态和自身状态选择相应动作，以保障空域冲突环境中的碰撞避免与平稳运行。将空域冲突解脱目标建模为部分可观测的马尔可夫决策过程（Decentralized Partially Observable Markov Decision Process，Dec-POMDP），表示为七元组 $(V,S,\{A_v\},\{O_v\},P,R,O)$，其中：

V 为智能体集合；

S 为全局状态集合，包含管制区域飞机状态；

A_v 为智能体 $v \in V$ 的可行动作集合，为每个智能体的加速度；

O_v 为智能体 $v \in V$ 对 S 的局部观测，包含飞机所处位置以及所处位置一定范围内的其他飞机状态信息；

$P(s'|s,a)$ 为联合状态的概率转移函数，表示在状态 $s \in S$ 下，执行联合动作 a（即每个智能体 $v \in V$ 执行动作 $a_v \in A_v$），转移到下个状态 $s' \in S$ 的概率；

$R(s,a)$ 为全局奖励函数，表示在状态 $s \in S$ 下，执行联合动作 a 所获得的奖励；

$O(s)$ 为联合观测函数，表示智能体集合 V 对状态 $s \in S$ 的观测结果，通常为 s 的近似值。

对于 Dec-POMDP，每个智能体 $v \in V$ 的策略 $\pi^v(o_v, a_v)$ 表示在其观测 $o_v \in O_v$ 下执行动作 $a_v \in A_v$，所有智能体的策略组成联合策略。最优联合策略是能够最大化系统长期奖励的策略，即：

$$\max E^\pi \left[\sum_{t=0}^{\infty} \gamma^t R(s^t, a^t) \mid s^0 = s \right]$$

具体对每个智能体，对其定义状态空间、动作空间、终止条件和奖励函数。

1）状态空间

状态空间包含智能体作出决策所需的信息。在多智能体环境中，智能体共享环境中的智能体位置和动态信息，通过注意力网络产生的向量收集和发送。对每个智能体而言，将满足以下条件的智能体定义为主机状态：冲突航线上的飞机必须未到达交叉口；飞机必须位于同一航线或冲突航线上飞行。主机状态信息包括到目标的距离、飞机速度、飞机加速度、航线标识符和分离距离。每架飞机位置表示为（到目标的距离、航线标识符）。入侵机的状态信息包括到目标的距离、飞机速度、飞机加速度、航线标识符、从主机到入侵机的距离、从主机到交叉口的距离以及从入侵机到交叉口的距离。

$$s_t^o = (d_{\text{goal}}^{(o)}, v^{(o)}, a^{(o)}, \text{LOS})$$

$$h_t^o(i) = (d_{\text{goal}}^{(i)}, v^{(i)}, a^{(i)}, r^{(i)}, d_o^{(i)}, d_{\text{int}}^{(o)}, d_{\text{int}}^{(i)})$$

其中，s_t^o 表示主机状态信息；$h_t^o(i)$ 表示可供主机使用的入侵机 i 的状态信息。主机状态信息中不包含交叉口信息，使得对于给定航线，状态空间的大小不随交叉口的数量而变化。将交叉口信息保持在入侵机状态，能够以可扩展的方法处理成对信息。

2）动作空间

为了限制发送给每架飞机的动作数量，每个智能体每 12 秒选择一个动作，以防止间隔损失。智能体的动作空间可定义如下：

$$A_t = [a_-, 0, a_+]$$

其中，a_- 表示减速（降低速度）；0 表示无加速（保持当前速度）；a_+ 表示加速（增加速度）。

3）终止条件

在每个事件中，扇区将生成一定数量的飞机，当所有飞机退出该扇区时，事件终止：

$$N_{\text{aircraft}} = 0$$

4）奖励函数

对所有智能体定义相同的局部应用冲突奖励函数和速度变化奖励函数，同时保证了安全性和平缓的速度变化。奖励函数是局部应用的，两个发生冲突的智能体将受到惩罚，但没有冲突的其余智能体将不会受到惩罚。冲突定义为两架飞机之间的距离小于 3 海里（$d^{\text{LOS}} = 3$）。奖励的设计需要同时兼顾安全分离和冲突解决。在现实环境中，只有当潜在的水平间隔缩小时，才应通知速度变化，否则飞机应保持其当前速度。将奖励定义如下：

$$R(s, a) = R(s) + R(a)$$

其中，$R(s)$ 和 $R(a)$ 定义为：

$$R(s) = \begin{cases} -1, & d_o^c < d^{\text{LOS}} \\ -\alpha + \delta \cdot d_o^c, & d^{\text{LOS}} \leq d_o^c < 10 \\ 0, & \text{其他} \end{cases}$$

$$R(a) = \begin{cases} 0, & a = \text{'hold'} \\ -\psi, & \text{其他} \end{cases}$$

其中，d_o^c 指从主机到最近入侵机的距离（以海里为单位）；α 和 δ 是较小的正常数，用于惩罚接近间隔距离损失的智能体。$R(a)$ 定义了速度变化的奖惩。若 $A_t = 0$，则 $R(a) = 0$；否则 $R(a) = -\psi$，最小化速度变化次数。为了确保学习策略实现安全分离，同时最小化速度变化，ψ 大小应远小于 α。奖励的定义中反映了当前飞机到最近飞机的距离，从而引导智能体学会选择维持安全间隔要求的行动。

步骤 2：构建多智能体深度强化学习框架。

将空域冲突解脱问题建模为一个深度多智能体强化学习问题，使用集中式学习和分散执行的框架，actor 和 critic 之间共享层，所有智能体共享神经网络，以训练出提高智能体联合预期回报的具有一般性的模型。

多智能体深度强化学习算法的神经网络架构，如图 4.50 所示。入侵机信息首先

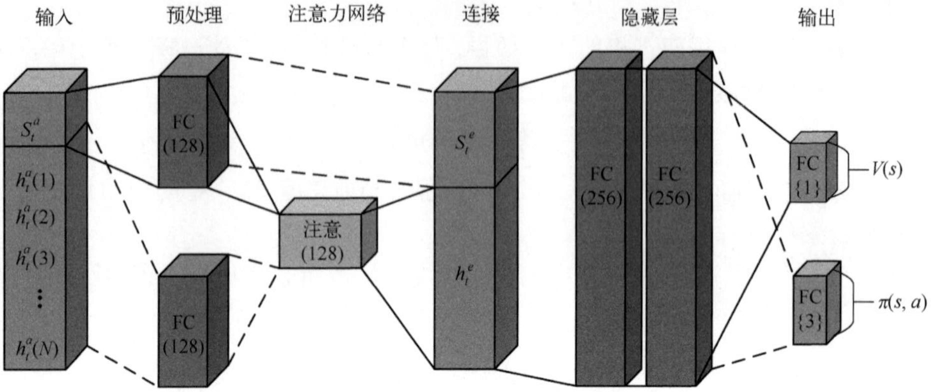

图 4.50　多智能体深度强化学习网络结构

通过全连接层进行预处理，保证特征尺寸一致。然后使用注意力网络对入侵机信息进行编码，将固定长度向量与所有权状态信息连接起来，通过 256 个节点的两个全连接层 (Fully Connected Layer, FC) 发送。然后使用注意力网络将入侵机的状态信息编码为固定长度的向量。令 i 表示预处理的主机状态，h_i 表示入侵机 i 的预处理状态 ($i \in 1,\cdots,n$)。则可以定义如下注意网络：

$$\text{score}(s, \overline{h}_i) = s^\top W_1 \overline{h}_i$$

$$\eta_{s,\overline{h}_i} = \frac{\exp(\text{score}(s, \overline{h}_i))}{\sum_{j=1}^{n} \exp(\text{score}(s, \overline{h}_j))}$$

$$c_s = \sum_{i=1}^{n} \eta_{s,\overline{h}_i} \overline{h}_i$$

$$a_s = f(c_s) = \tanh(W_{2c_s})$$

其中，$\eta_{s,\overline{h}_i}$ 是所有者相对于其他入侵机的注意力权重，c_s 是表示周围空中交通加权贡献的上下文向量，a_s 是表示对周围空中交通抽象理解的注意力向量。将主机状态与注意向量连接起来可以使智能体访问完全主机状态以及注意向量。最后从 4 个节点的输出全连接层获得策略和值。

在每个回合开始对所有飞机实施神经网络策略。由于环境具有随机性，根据一个事件评估策略的性能可能使策略在短时间内变化较大，产生不稳定性。因此，收集多个事件的经验(状态、行动、奖励、终端)来更新神经网络策略，使网络可以观察到同一策略的不同结果。

步骤 3：多智能体深度强化学习算法流程。

采用近端策略优化 (PPO) 算法学习并指导智能体的飞行，包含 actor 和 critic 两类智能体，通过与环境交互收到的反馈进行训练。

①对环境进行初始化，将飞机建模为智能体；

②actor 和 critic 网络参数初始化为随机值，首先进行动作选择，然后进行动作评价；

③智能体在环境中进行交互，对每个智能体，actor 获得主机与入侵机的状态后输入网络，生成动作。critic 根据智能体获得的奖励对网络参数进行更新。如果满足终止条件，则重新初始化环境进行训练；

④通过与环境不断交互，每 12 秒 actor 为智能体选择一次动作，重复③过程，actor 逐步收敛至最佳策略，critic 逐步收敛至准确动作值。

在训练阶段，critic 根据全局状态和奖励值更新网络，对 actor 进行间接的反馈，从而保证多智能体的分布式决策能够相互协调，实现全局优化目标；在分布式执行阶段，actor 则只需要利用策略网络根据实时观察的局部状态进行决策。

3. 基于深度学习的冲突消减算例测试

根据上述研究内容构建如图 4.51 所示的飞行冲突解脱框架。环境模拟模块在模型训练阶段利用飞行仿真平台提供的接口设置了对象及其各项参数，构建了空域冲突解脱的环境。

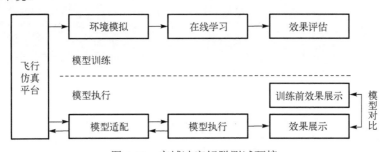

图 4.51 空域冲突解脱测试环境

效果评估模块将训练结果可视化，包括奖励与损失曲线和所有飞机的当前实时速度，分析当前模型的学习结果。模型适配模块封装软件接口，通过网页服务或远程调用的方式调用本软件的空域冲突解脱功能。

接口参数包括环境状态，接口的返回值即为飞机执行动作的建议。该模块根据专家给出的建议需要做出调整，未来将适配驾驶应用，便于飞行员操作。

模型执行模块在多智能体环境下，执行空域冲突解脱的神经网络模型，把建议的驾驶动作通过模型适配模块返回给仿真平台。

效果展示模块呈现训练前和训练后的仿真结果和可视化数据，并进行对比。

在线学习模块使用环境模拟模块构建的环境,对多智能体空域冲突解脱的神经网络模型进行训练,采用集中学习和分散执行的方式,当损失函数值稳定时,停止训练。具体训练结果如图 4.52 所示,仿真前后结果如图 4.53 和图 4.54 所示。

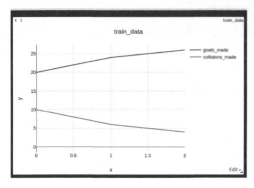 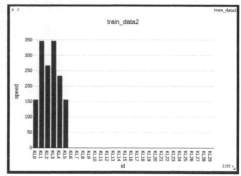

图 4.52　训练结果可视化

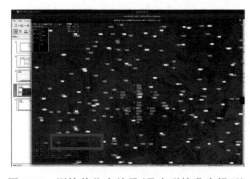 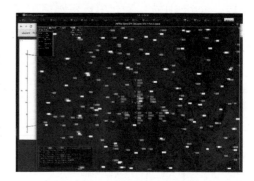

图 4.53　训练前仿真结果(具有碰撞发生提示)　　　图 4.54　训练后仿真结果

参 考 文 献

[1] Dimtris B, Sarah S P. The air traffic flow managemnet problem with enroute capacities[J]. Operations Research, 1998, 46(3): 1-46.

[2] Menon P K, Sweriduk G D, Bilimoria K D. New approach for modeling, analysis, and control of air traffic flow [J]. Journal of Guidance, Control, and Dynamics, 2004, 27(5): 737-744.

[3] FAA M. NextGen implementation plan[EB/OL]. 2010, Available: http: //www.faa.gov/nextgen/media/ng2011implement ationplan.

[4] Schuster W, Ochieng W. Performance requirements of future trajectory predictionand conflict detection and resolutiontools within SESAR and NextGen[J]. Journal of Air Transport Management, 2014, 35: 92-101.

[5] FAA/Eurocontrol common trajection prediction——realated terminology[R]. USA: FAA//Eurocontrol, 2004.

[6] Kaneshine J, Benavides J, Schuster W, et al. Implementation of a trajectory prediction function for trajectory based operations[C]. Proceedings of the AIAA atmospheric flight mechanics conference , AIAA, Austin, Texas, 2014: 2195-2198.

[7] 王超, 郭九霞, 沈志鹏. 基于基本飞行模型的4D航迹预测方法[J]. 西南交通大学学报, 2009, 44(2): 295-300.

[8] Sler M, Olivares A, Staffetti E.Multiphase optimal control framework for commercial aircraft four-dimensional flight planning problems[J].Journal of Aircraft, 2015, 52(1): 274-286.

[9] Hao S Q, Zhang Y P, Cheng S W. Probabilistic multi-aircraft conflict detectionapproach for trajectorybased operation[J].Transportation Research, Part C: Emerging Technologies, 2018, 95(8): 698-712.

[10] 谢丽, 张军峰, 隋东. 基于交互式多模型滤波算法的航迹预测[J]. 航空计算技术, 2012, 42(5): 68-71.

[11] Hwang I, Hwang J, Tomlin C. Flight-mode-based aircraft conflict detection using a residual-mean IMM algorithom[C]. AIAA Guidance, Navigation, and Contral Conference and Exhibit, AIAA, Austin, Texas, 2006: 1-11.

[12] Hwang I, Seah C E. An estimation alogrithms for stochastic linear hybrid systems with continuous-state-dependent mode transition[C]. Proceedings of the 45th IEEE Conference on Decision & Control, San Diego Conlifornia, 2006: 1-6.

[13] 张军峰, 隋东, 汤新民. 基于状态相关模态切换混合估计的航迹预测[J]. 系统工程理论与实践, 2014, 34(11): 2955-2964.

[14] Weitz L A. Derivation of a point-mass aircraft model used for fast-time simulation[R]. USA: MITRE, 2015.

[15] 张军峰, 蒋海行, 伍晓光, 等. 基于飞行模型4D航迹预测方法[J]. 西南交通大学学报, 2014, 49(3): 553-558.

[16] Zhang J F, Wu X G, Wang F. Aircraft trajectory prediction based on modified interacting multiple model algorithm[J]. Journal of Donghua University, 2015, 32(2): 180-184.

[17] Javier L L, Vilaplana M A, Gallo E. The aircraft intent description language: A key enabler for air-ground synchronization in TBO[C]. 26th digital avionics systems conference, Dallas, Texa, 2007: 654-657.

[18] Besada J A, Frontera G, Grespo J, et al. Automated aircraft trajectory prediction based on formal intent-related language processing[J]. IEEE Transation on Intelligent Transportation System, 2013, 14(3): 1067-1082.

[19] Leege A, Passsen M. A machine learning approach to trajectory prediction[C]. Guidance,

Navigation, and Conference, Boston, MA, 2013: 323-332.

[20] 王波涛, 黄宝军. 基于改进卡尔曼滤波的四维交通航迹预测模型[J]. 计算机应用, 2014, 34(6): 1812-1815.

[21] Yin C. Optimality cost relative value iteration Q-Learning algorithm based on finite samples[J]. Computer Engineering & Applications, 2002.

[22] Yang X, Wei P. Scalable multi-agent computational guidance with separation assurance for autonomous urban air mobility[J]. Journal of Guidance, Control, and Dynamics, 2020, 43(3): 1-14.

[23] Mollinga J, Hoff H V. An autonomous free airspace en-route controller using deep reinforcement learning techniques[J/OL]. https: //dio.org/10.48550/arXiv.2007.01599.

[24] Brinttain M, Yang X, Wei P. A deep multi-agent reinforcement learning approach to autonomous separation assurance[J/OL]. https: //dio.org/10.48550/arXiv.2003.08353.

[25] Kaelbling L P, Littman M L, Moore A W. Reinforcement learning: A survey[J]. Journal of Artificial Intelligence Research, 1996, 4: 237-285.

[26] Sutton R S, Barto A G. Reinforcement Learning: An Introduction[M]. Massachusetts: MIT Press, 39-46.

[27] Watkins C, Dayan P. Q-learning[J]. Machine Learning, 1992, 324(8): 279-292.

[28] Milind T, Jafar A, Yaser A, et al. Buiding agent teams using an explicit teamwork model and learning[J]. Artificial Intelligence, 1999, 110(4): 215-239.

第 5 章 安全风险评估模型

由于空域资源有限，如果不能对空域进行科学的规划和合理的使用，日益增长的飞行量将受到严重限制，就不能发挥最大的经济效益，也不能保证空中交通活动的安全。在空中飞行的飞机之间的间隔，其大小决定了一个特定空域的容量大小，即决定了该空域所能容纳最大航空器的数量。如果间隔设置得过大，则会浪费空域资源；设置得过小，则会威胁飞机在空中的飞行安全。因此，必须对空域飞行的最小间隔标准以及它所直接影响到的临近飞机间的碰撞危险进行研究。本章首先建立了一套空管安全的风险测量的指标体系，通过飞行信息的聚类分析，识别空域瓶颈，找出合适的间隔要求以保障满足安全风险概率，然后基于 CAP 模型(Consistency, Availability, Partition tolerance，即一致性、可用性与分区容错性)对参考基准间隔进行安全等级评估，最后得到一种飞机安全区域划分的新的描述方式——基于网格的紧密包络模型，为空域管制人员调配飞机运行间隔提供参考，促进飞机安全、高效运行。

5.1 安全风险测量

5.1.1 危险因素识别

空管危险源(危险因素)识别是指，对可能影响空管系统安全运行的不安全因素进行辨识的过程。危险因素识别作为风险量化和风险评估的基础内容，识别的危险因素是否准确、是否全面，直接影响了风险评估的可信度和有效度。本书参照中国民航局空管局对空管不安全事件的分类，以航空器整个飞行过程将管制任务划分为机场区域管制活动、进近和区域管制，在其管制程序中涉及人员的指挥、设备的应用以及和管制环境相关的因素，以管制活动展开过程中容易出现的问题(表 5.1)作为危险识别的初因素。

在风险因素识别时，为了确保重要的风险因素不被遗漏，应该按照设定的标准模式流程进行识别。同时，由于风险评估目的的不同，危险识别的程度也就不同。因此，需要确定危险识别的范围。目前，国际民航组织在《空中交通服务》《安全管理手册》中，认为空管安全管理范围主要包括人员、技术以及程序。其中，人员范围包括：管理人员、管制人员、工程技术人员和一些助理人员。技术包括：通信、导航、监视以及信息技术，而程序则包括运行程序和维修程序等，如图 5.1 所示。

表 5.1 1992—2001 年空管不安全事件分类统计结果

因素	差错原因	差错次数
个人因素	1. 注意力分配不当	29
	2. 个人违规操作	28
	3. 特情处置能力差	20
	4. 小流量，思想麻痹	16
	5. 未认真收听飞行员复诵	11
	6. 业务知识掌握不牢	11
	7. 管制员口误	5
	8. 技能有限，在大飞行量的情况下，管制混乱	5
	9. 疲劳上岗	4
	10. 漏发放行指令	1
	11. 地空通话用语不规范	1
	12. 失去雷达监控条件，管制员不适应	1
	13. 提供错误场压	1
	14. 未戴耳机	0
人际因素	1. 未实施有效监控	30
	2. 班组配合不当	17
	3. 教员对见习管制员放手量过大	16
	4. 管制移交协调不够	12
	5. 提前进行管制移交（协调管制员未干预）	3
	6. 未掌握航行情报资料	1
	7. 交接班有误	1
	8. 双语通话	0
设备因素	1. 雷达标牌未自动相关或相关错误	1
	2. 航空器未安装二次雷达	1
	3. 设备布局不合理	1
	4. 雷达虚假信号或信号丢失	0
环境因素	1. 室内噪声大	1
	2. 能见度差	0
	3. 地空通信频率严重干扰	0

美国联邦航空局在《空管安全管理体系手册》中，描述系统安全时也给定了空中交通管制应考虑的范围，并称其为"5M"（Man/Machine/Management/Media or Environment/Mission）模型，如图 5.2 所示。

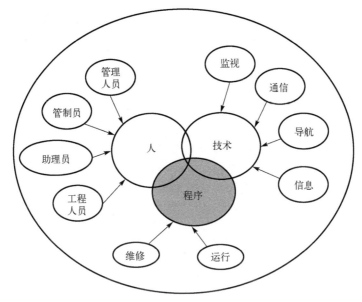

图 5.1　空中交通服务安全管理范围

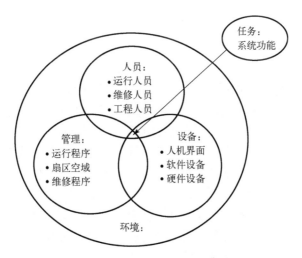

图 5.2　风险管理"5M"模型

目前，中国民航危险识别常用"人-机-环-管"MMEM（Man/Machine/Environment/Management）模型。与国际民航组织及美国联邦航空局的模型相比较，主要差别在于对模型概念的理解，首先，中国建立的模型认为，管理是其他因素的外围影响因素，而美国联邦航空局则认为是环境因素。此外，国外的管理因素指的是对管制程序的组织、实施过程，而中国则偏向于对文件的管理，以及规章制度的建设、组织结构是否合理，管制人员的培训等的内容。通过对国际民航组织及美国联邦航空局的空中交通

管理理念的理解,结合中国空管的实际运行情况,本书形成的空管危险因素识别范围:

(1) 人员因素主要是指区域管制、进近管制、塔台管制、报告室等管制运行及管理人员。

(2) 设备因素主要包括通信、导航、监视、气象设备及自动化系统的软件和硬件。

(3) 环境因素主要指影响管制运行的内部和外部环境情况。外部环境,主要是指机组原因、军航飞行训练等原因、恶劣天气、机场鸟击意外、升空物体以及发生在机场范围的突发事件、空域(管制扇区)、航路、流量等对空管工作造成的影响;内部环境,主要指管制员所处的工作环境。环境因素虽然不是管制自身问题,也不在管理可控范围之内,但这些因素增加了管制人员工作压力、管制设备工作负荷,并对空管系统的正常运行造成了潜在的安全隐患。

5.1.2 风险指标体系

1. 风险指标设计原则

为了使设计的风险指标能够真实、准确地反映空管运行过程中的风险特性,在设计指标时主要遵循以下几项原则:

(1) 科学性。以系统科学原理为指导,对所收集的信息进行筛选,并采用数据统计的形式,借助空管事故的历史数据,辨识出空管运行中的风险。风险指标的设计要能科学地反映这些风险的不同侧面,而且每个指标的概念尽可能不产生交叉和重复的现象。

(2) 可操作性。设计的指标是为了对空管运行系统的风险进行测量,因此要充分考虑指标在实际运行中的可操作性。一方面,用尽量少的指标来反映空管运行的风险状况,指标不能设计得过于细化或过于烦琐,即指标的覆盖性与概括性相结合;另一方面,指标的统计数据要能利用现有的统计渠道,辅以抽样调查能够获得结果,并且在量化方式下要便于实施和考核。

(3) 综合性。管制作为一个多部门保障的综合性单位,它主要包括塔台、进近、区调室、情报室、航站,还会涉及设备技术保障部门,以及机场有关的部门运行情况也会对管制产生影响,而且各个部门工作性质差异又很大。因此选取的指标在构成指标体系时,应能反映各个部门特性,又要综合反映整体特点。

上面几项原则在设计指标时起到导向性作用,在实际选取中,还要综合考虑其他要素,如指标可不可以量化、指标与其他指标的关联性、与其他指标的可比性等。

2. 风险指标构建方法

通常在建立风险指标体系时,可采用资料收集统计的方法,它基于现行的空中交通管理文件和现行空管系统运行记录数据等,按 2/3 的原则对相关评价指标作取舍,结合管制运行的实际危险源分析,初步建立其综合评价指标体系,而后再用数理方法对指标进行优化处理。在实际操作中,若有安全方面、空管方面以及运行方面专家参与,则可用德尔菲法建立指标的相关因素分析,再通过简单的数学工具对指标数量进行优化评估。

3. 风险指标选取方法

针对一个研究对象可设计很多反映其特性的指标,且通过事故分析可归纳出指标涉及面,但通常得到的指标过多。那么该如何来筛选指标,如何系统地将这些指标整理成一个体系,则是通常意义上的指标体系构建的关键问题。目前多指标选择的方法很多,概括起来分为定量和定性两种:①定量方法,依赖于庞大的初始统计指标数据,指标去留的关键在于数据的质量,由于我们需要建立一套可应用于实际操作的空管风险指标,则可采用定性方法中的层次分析法对指标进行选取,它的基本思想是利用人对复杂问题逐步简化的逻辑思考过程,将复杂问题分解成几个大的方面,然后对每个方面进一步分解成更细小的方面,如此层次递进,直至分解成可以利用数据直接描述的层次;②定性分析方法,它采用不同的人或专家对同一指标展开充分的讨论,充分吸收不同方面的意见,直至对指标采用达成一致的结论。

4. 空管风险指标

通过对空管系统的分析以及综合考虑指标设计原则、指标构建和指标筛选的方法,我们可给出如表 5.2 所示的一般意义的空管风险指标,并对指标所要表达和反映的意义予以解释。

表 5.2 空管风险指标与测量表

测量指标	表示含义	量化方式($\times 100\%$)
地面车辆指挥情况	衡量塔台管制员对于地面车辆的指挥、监控的能力	塔台指挥地面车辆出错次数/总的地面车辆活动频次
航空器滑错跑道	衡量塔台管制对于航空器运行与飞行进程单之间的符合情况	塔台管制指挥航空器入错跑道次数/总指挥起落架次
间隔调配失当	进近或区域对于航空器之间的间隔调配情况	间隔调配失当次数/总指挥起落架次
违反工作规章	对于管制员按规收听、佩戴耳机、制定飞行计划以及飞行计划的规范填写情况	违规工作条件下指挥航空器的次数/工作时间内指挥航班的总架次
飞行动态监控不力	反映管制员对于管辖范围内航空器的监视情况	进近或区域管制员对航空器漏监次数/总的指挥架次
设备配备情况	反映设备配备对管制安全的影响	需要定性或者参考审查相应条例
设备维修、维护	设备维修情况对管制安全的影响	需要定性或者参考审查相应条例
设备失效工作情况	设备失效或者不正常工作情况	设备失效工作时间/设备运行统计总时间
航路结构	反映航路交叉点情况	区域管制范围内航路交叉点个数/所属管制区内总的航路交叉点数

续表

测量指标	表示含义	量化方式(×100%)
空域划分情况	区管扇区距特殊使用空域情况	需根据空域划分情况进行定性量化
特殊活动影响情况	特殊飞行活动(含军事飞行、试验试飞、人工影响天气等)对按飞行计划飞行航班的影响	由于特殊飞行活动造成正常航班改航或者延迟的次数/该管制区航班飞行的总量
特殊天气影响	复杂气象条件下对管制员工作的影响	(以年或月为设定时间)考察期内复杂天气的天数/总的预定天数
大流量影响情况	飞行流量增加情况下管制员工作的影响	需根据机场的实际吞吐量来确定大流量的值对管制的影响
管制程序是否合理	由于管制程序设计的问题致使管制工作程序出错	与空中交通管理规则等文件要求程序进行对比,可通过定性定量指标进行描述
管制移交不及时或移交衔接问题	反映了管制信息通报的情况或者管制员疏忽、安全责任感不强等	管制移交问题次数/航班飞行总架次

5.1.3 无量纲化处理

在进行风险评价时,由于各指标计量单位不同,不能直接进行加权评价,此时需对指标进行无量纲化处理。所谓无量纲化处理,它通过数学变换消除原始指标单位及其数值的数量级影响的处理过程。指标无量纲化后的值,称为指标评价值,即无量纲化就是指标实际值转化为指标评价值的一种过程,而在转化之前先要对指标进行一致化的处理。

1. 一致化处理

按照指标的变化对空管风险的不同影响,可将指标分为正指标、逆指标和适度指标。正指标是指标值越大,表明空管运行的安全性能越好;逆指标是指标值越大,表示空管运行过程中潜在的风险值越大;适度指标可以看作是正指标和逆指标的组合,即指标值不应过大也不能过小。在指标变动区间内有一个适度点,指标达到适度点之前是正指标,到适度点之后即成为逆指标。由于存在着这几种不同的指标类型,在进行综合之前就必须将指标的类型做一致化的处理,一般的做法是将逆指标和适度指标转化为正指标。为了处理过程的简单明了,指标的转化方法不宜过于复杂。

逆指标转换位正指标时,假设逆指标为 x_i (设有 n 个样本值), y_i 为转换后的指标,可选用的简单变换公式如下所示:

$$y_i = \frac{1}{x_i} \tag{5.1}$$

由于在空管风险指标体系中没有负值指标,因此这种转化公式是成立的。同时该指标体系暂时没有涉及适度指标,故暂且不对适度指标的转化进行讨论。

2. 指标的无量纲化处理

指标无量纲化一般有三种处理方式：直线型无量纲化方法、折线型无量纲化方法和曲线型无量纲化方法。下面主要对直线型无量纲化方法进行介绍。直线型无量纲化方法是将指标实际值转化为指标评价值时，假定二者之间呈线性比例关系。其常用的方法有阈值法、比值法及标准化法。

(1) 阈值法也称临界值法。它是用指标实际值 x_i 与该指标的某个阈值相比，从而得到指标评价值的无量纲化方法。阈值往往采用指标的极大值、极小值、满意值、不允许值等，其衡量的是研究对象发展的一些特殊指标。

(2) 比值法。它是将指标的实际值转化为它在指标值总和中所占的比重，具体公式如下所示：

$$y_i = \frac{x_i}{\sum_{i=1}^{n} x_i} \tag{5.2}$$

(3) 标准化方法。按照统计学原理，对实际指标借助于标准化的方法来消除数据量纲的影响。具体的标准化公式如下所示：

$$y_i = \frac{x_i - \overline{x}}{s} \tag{5.3}$$

其中，y_i 为指标评价值；x_i 为指标实际值；$\overline{x}$ 为指标实际值的算术平均数，$\overline{x} = \frac{1}{n}\sum_{i=1}^{n} x_i$；$s$ 为指标实际值的均方差，$s = \sqrt{\frac{1}{n-1}\sum_{i=1}^{n}(x_i - \overline{x})^2}$。

前两种方法能实现对指标的无量纲化处理。但通过比较，标准化处理的优势在于通过标准化处理的数值，可以客观地体现不同评价对象对于某一指标实现的努力程度。

3. 空管指标的无量纲化处理

根据标准化无量纲化的思想，下面以空管塔台管制室为例说明其处理过程，空管其他管制单位进近、区调、情报室、航站以及设备保障部门等对风险数据的处理过程类似，如表 5.3 所示。

表 5.3 塔台指标的无量纲化处理表

指标	原始风险测量值			统计参数		无量纲化结果		
	塔台 1	塔台 2	塔台 n	均值	标准差 s	塔台 1	塔台 2	塔台 n

为了便于计算及减小误差，将[0 1]分布的原始风险值数据转化成百分制，假设

管制操作的违规率为 0.25，则转化为 25。处理后可多保留几位小数而不会影响计算的结果。无量纲化的处理过程按式(5.3)进行计算。

经过无量纲化处理，指标值分布在零的左右有正有负，为了综合结果直观比对，以六十分作为基点，转化公式如下：

$$y_i = 60 + \frac{x_i - \bar{x}}{10s} \times 100 \tag{5.4}$$

5.1.4 确立指标权重

1. 层次分析法确定指标权重的基本思想

层次分析法(The Analytic Hierarchy Process, AHP)是由美国著名运筹学家、匹兹堡大学萨蒂(T.L.Satty)教授首先提出来的[1]。其基本原理是：将研究目标分解为它的各个元素，把这些元素按一定的逻辑关系整理成树状递阶层次结构，对同一层次各个元素相对于上一层次指标两两比较其重要性，并将这些重要性按 1~9 标度法数值化，最后通过数学方法对这些数值矩阵进行计算以确定指标的权重系数。层次分析法的过程一般分为以下几个步骤：

1) 建立递阶层次结构

通过运用系统分析的方法，对复杂问题进行分解，形成一个层次分明的树状结构图。空管风险指标体系的建立过程，便是层次分析法递阶层次结构的建立过程。

2) 构造判断矩阵

通过指标体系的建立，指标层之间的隶属关系便得以确定。假定上一层指标所支配的下一层元素为 $C_1, C_2, \cdots, C_n$，构造 B_i 的判断矩阵即对 C 层的 n 个元素根据 1~9 标度重要度进行两两比较，并对其进行赋值。1~9 标度的具体含义，如表 5.4 所示。

表 5.4 标度 1-9 的含义

标度 C_{ij}	含义
1	i 元素与 j 元素同样重要
3	i 元素比 j 元素稍微重要
5	i 元素比 j 元素明显重要
7	i 元素比 j 元素强烈重要
9	i 元素比 j 元素极端重要
2, 4, 6, 8	介于以上两相邻判断的中间取值
1~9 的倒数	若 j 元素与 i 元素比较，得判断值 $C_{ji}=1/C_{ij}, C_{ii}=1$

有了数量的标度，按照指标两两指标比对的重要度，从指标体系的最底层开始，

构造成下面的判断矩阵 B，可表示为：

$$B = \begin{bmatrix} c_{11} & c_{12} & \cdots & c_{1n} \\ c_{21} & c_{22} & \cdots & c_{2n} \\ \cdots & \cdots & \cdots & \cdots \\ c_{n1} & c_{n2} & \cdots & c_{nn} \end{bmatrix} \quad (5.5)$$

3）判断矩阵的一致性检验

判断矩阵是专家根据自己的经验和知识对指标权重进行定量的过程，在两两指标之间的比较过程中，为了避免人为的逻辑错误，需要对判断矩阵的一致性进行检验，其基本步骤如下：

(1) 根据矩阵理论，需计算判断矩阵的特征值和特征向量。

$$B \times W = \lambda_{\max} \times W \quad (5.6)$$

其中，B 为判断矩阵，$\lambda_{\max}$ 为 B 的最大特征值，W 为对应 $\lambda_{\max}$ 的特征向量。

(2) 计算一致性指标 CI

$$CI = \frac{\lambda_{\max} - n}{n - 1} \quad (5.7)$$

CI 值越大，表明判断矩阵偏离完全一致性越严重。一般而言，判断矩阵的阶数 n 越大，则指标之间的关系就越难达成一致性。因此，需要对一致性指标 CI 进行修正，通常可采用平均随机一致性指标 RI 进行修正，修正值如表 5.5 所示。

表 5.5 平均随机一致性指标值

n	1	2	3	4	5	6	7
RI	0.0000	0.0000	0.5149	0.8931	1.1185	1.2494	1.3450
n	8	9	10	11	12	13	14
RI	1.4200	1.4616	1.4874	1.5156	1.5405	1.5583	1.5779

当 n 小于 3 阶时，判断矩阵完全一致。当大于等于 3 阶时，将判断矩阵一致性指标 CI 与同阶平均随机一致性指标 RI 的比值，称为随机一致性比率 CR。

$$CR = \frac{CI}{RI} \quad (5.8)$$

通常我们规定，当 CR<0.10 时，判断矩阵具有满意的一致性。否则，就认为初步建立的矩阵需要重新赋值，直到建立完全的一致性。

4）计算相对权重并进行排序

(1) 层次单排序，它确定出下层相对于直接隶属层的权重。利用判断矩阵计算权重的方法可采用和积法。和积法计算的思路，它将判断矩阵按列相加归一，然后按行相加除以矩阵的维数 n，即得到各指标的权重。

（2）层次总排序，底层的指标相对于评价目标的权重。其计算方法就是从最底层依次乘以其相邻层的相对权重直至总目标。

通过以上四步，用层次分析法就可计算出各指标的权重，为评价安全风险打下了基础。

2. 空管风险指标的权重计算

空管风险指标权重的计算方法，可采用上述所述的层次分析法。在空管风险指标体系层次的基础上，计算权重时还应考虑如下因素：①对于指标体系中的二级指标，为了衡量空中交通管制的整体状况，按照空域管辖范围内地形、天气等外界自然条件的影响划分管制区，且各管制区的管制工作对于空管运行的整体水平影响各不相同，并体现在权重差异上。由此在进行权重计算时，还要考虑管制区域中，对管制影响较大的气候特点以及地理特点等外界自然条件。因此在计算二级指标的权重时，应考虑气候以及地理特点。②三级指标是衡量管制区下属各机场的塔台、进近以及区域管制的风险因素，在计算权重时还需考虑各机场的交通流量，流量的差异将造成机场管制员工作负荷和工作压力的差异。一个管制区下属有很多机场时，主要计算一年内吞吐量或者起落架次较大的机场，其余则可以赋予较小的权值或者计算出结果后进行修正。由此在权重计算时，吞吐量或者起落架次比较高的机场要赋予较高的权重。最下一层的指标即为管制运行中的风险因素，它们对于空管风险的影响，主要通过层次分析法来确定。

5.2 安全风险识别

对航空器的安全风险识别，包括两个方面内容：一是对航空器飞行间隔进行理论数据分析，找出违反现有间隔标准的不安全事件，从而提出合适的间隔要求，以保障航空运行满足既定的安全风险概率；二是从航空器的历史运行数据中，提取安全风险有关的信息，确认安全隐患区域，并进行积极干预，以消减安全风险点。本节在前面空管安全风险测量理论分析基础上，从航空器监视信息中提取出空域内的交通航迹信息，进行交通航迹聚类分析和空域安全风险区域识别。

5.2.1 风险瓶颈识别

本节主要介绍风险瓶颈点识别方法，即根据交通航迹挖掘给定的时空范围内瓶颈点，具体方法如下：首先对交通航迹数据进行重复值、缺失值、异常值等的预处理，并以管制界限的大方形区域进行数据的筛选，分析管制区域上空的航迹数据；然后依据第 2 章的网格划分标准，对每一层空间单独进行生成，对每条航迹进行单独提取，统计单位时间段内经过各网格的航迹数量、各网格当日通过航迹总数量、平均数量，计算各网格各时间段的拥堵指数与高峰时间段；最后使用 LSTM 模型预测未来的拥堵指数，对超过拥堵频率超过阈值的区域，给出新增航路建议与相应的网格序列。

1. LSTM 模型

由于航空器航迹是一种长序列数据，本节使用循环神经网络(Recurrent Neural Network, RNN)挖掘数据之间的关联关系。同时由于交通航迹持续时间较长，普通的循环神经网络存在长序列训练过程中的梯度消失和梯度爆炸的问题，因此我们使用一种特殊的循环神经网络——长短期记忆(Long Short-Term Memory, LSTM)来解决这个问题[2,3]。

假设当前时刻 LSTM 的输入为 x^t，单元状态为 c^t，隐藏状态为 h^t，上一个状态传递下来的隐藏状态为 h^{t-1}，那么得到拼接的四个状态为：

$$Z = \tanh(W \genfrac{}{}{0pt}{}{x^t}{h^{t-1}})$$

$$Z^i = \sigma(W^i \genfrac{}{}{0pt}{}{x^t}{h^{t-1}})$$

$$Z^f = \sigma(W^f \genfrac{}{}{0pt}{}{x^t}{h^{t-1}})$$

$$Z^o = \sigma(W^o \genfrac{}{}{0pt}{}{x^t}{h^{t-1}})$$

其中，Z^i、Z^f、Z^o 是由拼接向量乘以权重矩阵以后，再通过一个 sigmoid 激活函数转换为一个 0 到 1 的值，作为门控状态。而 Z 将结果通过 tanh 激活函数转换成一个 -1 到 1 的值。

LSTM 内部主要有三个阶段：

(1)忘记阶段，这个阶段对上一个节点传来的输入数据进行选择性地忘记。具体来说，就是根据 Z^f 对上一个状态的 c^{t-1} 进行选择性遗忘。

(2)选择记忆阶段，对这个阶段的输入数据进行选择性地记忆。具体来说，就是根据 Z^i 对当前状态的 c^t 进行记忆。经过前两个阶段以后，当前时刻的单元状态 c^t 为：

$$c^t = Z^f \odot c^{t-1} + Z^i \odot Z$$

其中，$\odot$ 表示矩阵对应位置相乘。

(3)输出阶段，这个阶段决定哪些数据将会被当作结果输出。主要通过 Z^o 来实现。最后的输出 y^t 和其他循环神经网络类似，也是通过 h^t 变化得到。当前时刻隐藏层状态 h^t 更新为：

$$c^t = Z^o \odot \tanh(c^t)$$

最后的结果 y^t 为：

$$y^t = \sigma(W'h^t)$$

2. 特征选择

本书使用的特征，为经过乱序和归一化的监督数据。

1) 特征乱序

假设输入序列 S_{in} 为 $[X_1, X_2, \cdots, X_m]$，输出的预测序列 S_{out} 为 $[Y_1, Y_2, \cdots, Y_n]$，一条完整的航迹 S 为 $[P_1, P_2, \cdots, P_T]$。原始特征为输入序列和输出序列的拼接，从一条完整的交通航迹取出所有原始特征以后，需对所有原始特征做个乱序。使用乱序特征的原因如下：第一，即使特征乱序，对 LSTM 来说时间序列依然存在。由于这里采用乱序特征，因此后续特征训练中不能使用 SGD(Stochastic Gradient Descent, 随机梯度下降) 和 minibatch(mini-batch, 分批处理) 等方法，避免先输入的特征会获得更大的梯度；第二，特征乱序会削弱局部的时序关系影响力，提升整体训练效果。

2) 特征归一化

归一化具体作用是归纳统一样本的统计分布性，将所有的数据映射到[0,1]。无论是为了建模还是为了计算，首先基本度量单位要统一，神经网络是以样本在事件中的统计分布几率来进行训练(概率计算)和预测的，且 sigmoid 函数的取值是 0 到 1 之间的，网络最后一个节点的输出也是如此，所以经常要对样本的输出归一化处理。归一化是统一在 0 到 1 之间的统计概率分布，当所有样本的输入信号都为正值时，与第一隐含层神经元相连的权值只能同时增加或减小，从而导致学习速度很慢。另外在数据中常存在奇异样本数据，奇异样本数据存在所引起的网络训练时间增加，并可能引起网络无法收敛。为了避免出现这种情况及后面数据处理的方便，加快网络学习速度，可以对输入信号进行归一化，使得所有样本的输入信号其均值接近于 0 或与其均方差相比很小。

常见的归一化方法有 min-max 归一化、z-score 归一化、神经网络归一化。在这里将使用多种归一化方法，通过比较不同归一化方法计算速度和最后预测精度选择最合适的归一化方法。接下来将介绍这几种归一化方法。

(1) min-max 归一化。

对原始数据的线性变换，使结果落到[0,1]区间内，具体转换函数为：

$$x^* = \frac{x - \min}{\max - \min}$$

公式中的 min 和 max 指的是原始数据的最大值和最小值。这种归一化的优点是计算简单，但是缺点也很明显，新的数据加入可能导致 min 和 max 变化，需要对整体进行重新定义，如果存在大量航迹数据，重新定义的开销会大到无法被忽视。

(2) z-score 归一化。

将不同量级的数据转化为同一个量级，统一计算出 z-score 值以保证数据之间的可比性，提高损失函数的正确度，转换函数为：

$$x^* = \frac{x-\mu}{\sigma}$$

公式中的 μ 是总体数据的均值，σ 是整体数据的标准差。这种归一化可以有效地把数据转化为统一的标准。但是缺点是在现实的分析和挖掘中很难得到总体数据的平均值和方差，需要利用样本的平均值和方差作为替代。同时这种方法对数据的分布有一定的要求，正态分布最利于这种归一化方法。

(3) 神经网络归一化。

经常用在数据分布比较大的场景，通过一些特定的数学函数将原始值进行映射。可以根据具体使用场景选择对应的函数，这里我们以反正切函数为例：

$$x^* = \frac{2 \cdot \arctan(x)}{\pi}$$

这种归一化方法需注意的点在于，如果想映射的区间在[0,1]，则数据都应该大于等于 0，小于 0 的数据会被映射到[-1,0]上。

3. 模型训练与航迹预测

采用随机梯度下降算法进行模型的训练，利用欧几里得距离计算损失函数。

LSTM 神经网络是一种基于反向传播的循环网络，而梯度下降是机器学习中较常使用的优化算法，它主要通过损失函数 E 来更新网络模型的权重，以达到优化效果。随机梯度下降作为目前优化神经网络最基础的迭代算法，它是每次通过使用一个样本迭代来对参数进行更新：

$$W_j^{(t+1)} = W_j^t + \Delta W_j^{(t+1)}$$

$$\Delta W_j^{(t+1)} = -\alpha \frac{\partial E(W_j^t)}{\partial W_j^t}$$

式中，W_j^t 为 t 时刻的权重值，$W_j^{(t+1)}$ 为 $t+1$ 时刻的权重值，且 $j = f, i, c, 0$；$\Delta W_j^{(t+1)}$ 为每次迭代的更新部分；$E(W_j^t)$ 为 t 次迭代权重的损失函数，令期望值为 $Y = \{y_1, \cdots, y_t, \cdots, y_T\}$，则 $E = \sum_{t=1}^{T}(y_t - d_t)^2$；$d_t$ 为输入值与期望值之间的欧氏距离；$\frac{\partial E(W_j^t)}{\partial W_j^t}$ 为权重 w_j 在 t 时刻关于损失函数 E 的一阶梯度，简记为 $g_{t,j}$；α 为算法的学习率。

在大规模机器学习中，为了减少震荡、提高优化效率，每经过数轮迭代就需要更换一个较小的学习率。手动调节学习率工作量较大且很难快速找到当前模型环境下的最佳值。若设置的学习率过小，会使得优化进程缓慢；若学习率过大，会导致震荡且难以逼近最优解甚至逐渐远离最优解。为解决此问题,这里我们采用自适应调节学习率的随机梯度下降算法进行训练,选择 Adagrad 和 Adam 进行优化训练。

1) Adagrad(Adaptive Gradient)算法

Adagrad[4]通过对不同的参数分量进行拆分同时分配不同的学习率,即学习率适应参数变化,可以快速识别出那些低频或者高频、极具预测价值但容易被忽视的特征。其算法更新公式如下:

$$W_j^{(t+1)} = W_j^t + \Delta W_j^{(t+1)}$$

$$\Delta W_j^{(t+1)} = -\frac{\alpha}{\sqrt{G+\varepsilon}} g_{t,j}$$

式中,$G = \sum_{\tau=1}^{t} g_{\tau,j}^2$,则 $1/\sqrt{G+\varepsilon} = 1/\sqrt{\sum_{\tau=1}^{t} g_{\tau,j}^2 + \varepsilon}$,$\varepsilon$ 的取值为 10^{-8},目的是保证分母非 0,避免学习率无穷大,α 为全局学习率,则 $\alpha/\sqrt{G+\varepsilon}$ 自适应调节学习率。

Adagrad 算法的提出解决了手动调节学习率的问题,但仍需要一个人工调配的全局的学习率,而学习率设置得过大会使正则项过于敏感,对梯度调节幅度太大。

2) Adam(Adaptive Moment Estimate)算法

Adam 算法[5]又称作自适应矩估计算法,它也是一种自适应不同学习率的方法融入了矩估计的思想,并通过计算和校正每轮梯度的一阶矩、二阶矩来动态地调整超参数——学习率,其衰减方式类似动量,一阶矩 m_t 和二阶矩 u_t 的计算公式如下:

$$m_t = \beta_1 m_{t-1} + (1-\beta_1) g_{t,j}$$
$$u_t = \beta_2 \mu_{t-1} + (1-\beta_2) g_{t,j}^2$$

式中,$g_{t,j}$ 为 t 时刻的一阶梯度,$\beta_1, \beta_2 \in [0,1)$ 分别为一阶矩和二阶矩的指数衰减速率,通常取值为 $\beta_1 = 0.9$,$\beta_2 = 0.999$,偏差修正公式为:

$$\hat{m}_t = \frac{m_t}{1-\beta_1^t}, \hat{u}_t = \frac{u_t}{1-\beta_2^t}$$

Adam 算法的更新公式为:

$$W_j^{(t+1)} = W_j^t + \Delta W_j^{(t+1)}$$

$$\Delta W_j^{(t+1)} = -\frac{\alpha}{\sqrt{\hat{u}_t + \varepsilon}} \hat{m}_t$$

$$W_j^{(t+1)} = W_j^t - \frac{\alpha}{\sqrt{\hat{u}_t + \varepsilon}} \hat{m}_t$$

式中,$\frac{\hat{m}_t}{\sqrt{\hat{u}_t}}$ 称为信(SNR),SNR 越小,$\Delta W_j^{(t+1)}$ 越接近于 0,$\frac{\alpha}{\sqrt{\hat{u}_t + \varepsilon}}$ 为自适应调节学

习率。该算法擅长于处理稀疏梯度和非平稳目标的时间序列数集,因此,它适于高维空间和大数据集,适合飞行数据的处理。

3) 损失函数

在损失函数中我们采用欧几里得距离。欧几里得距离是欧几里得空间中两点间直线距离。点 $x=(x_1,\cdots,x_n)$ 和 $y=(y_1,\cdots,y_n)$ 之间的欧氏距离为:

$$d(x,y):=\sqrt{(x_1-y_1)^2+(x_2-y_2)^2+\cdots+(x_n-y_n)^2}$$

向量 $\vec{x}$ 的自然长度,即该点到原点的距离为:

$$\|\vec{x}\|_2=\sqrt{|x_1|^2+\cdots+|x_n|^2}$$

它是一个纯数值。在欧几里得度量下,两点之间线段最短。这里选择欧几里得距离因为其计算方便,是一种很好的相似性度量标准,后期会涉及坐标与编码的转化,其在不同的表示域变换后特征性质不变。

4. 算法测试

采用对大范围的交通航迹数据进行算法测试(中国领空内的空中交通航迹数据),输出的结果有三部分:第一部分是挖掘出来的当前时间的空域瓶颈点。第二部分是模型训练过程中的一些关键性指标。第三部分是预测出来的未来一定时间内的交通航迹以及预测的未来瓶颈点及预测准确度。

在模型训练中,输入数据为一定数量完整(这里的完整指的是从飞机起飞到降落全过程)的交通航迹,由于本模型为三层的 LSTM,整个网络的权重参数有二十万个,因此为提高预测准确度,训练使用的切割后的数据不得少于三百万条。一条固定长度的交通航迹,如果需要预测的时间跨度越大,这条交通航迹切割出来的数据就越少,因此本过程需要得到数据量的保证。输出数据为训练过程中的一系列指标,为了提高整个训练过程的掌控度,这里采用 Tensor Board 作为训练指标可视化工具,实时展示每个训练过程准确度。

在瓶颈点挖掘中,输入数据为当前的交通航迹序列,这里调用挖掘模块挖掘出整片空域的瓶颈网格后在三维显示软件上将瓶颈网格绘制出来。在预测未来瓶颈点中,输入数据为当前交通航迹序列以及预测瓶颈点的时间跨度,这里的识别方法可支持的时间跨度包括 5 分钟、15 分钟和 30 分钟。由于预测交通航迹过程中使用预训练的循环神经网络模型,它对交通航迹具有输入长度的限制,假设需预测 5 分钟以后的瓶颈点,那么输入的交通航迹最短长度为 12.5 分钟,如果交通航迹序列过短将导致预测服务无法使用。

5.2.2 航迹数据处理

一个航班的交通航迹由多个航迹点组成,且每个航迹点都带有多个字段信息(如时间戳、经度、纬度、高度、航向、速度等)。因此利用航班的交通航迹数据可以开发出很多有价值的应用,例如航空器飞行状态异常监控、航空器油耗与污染物排放计算、航班运行效率评估、航空数据统计与预测、空域运行质量评价及航空安全风险等级。航迹数据字段内容越丰富,其利用价值就越高。但是航迹数据的原始报文在传输过程中,由于自身存在着缺陷,如地形阻挡、电磁干扰、信号覆盖限制、信道堵塞等诸多不可避免因素,影响着航迹数据质量,如出现漏点、跳点、冗余、更新延迟等现象。因此在对交通航迹进行分析与应用之前,如何对航迹数据进行高效清洗(即预处理)是重中之重。这里建立针对已有的航迹样本进行数据清洗方法,使用基于 DBSCAN(Density-Based Spatial Clustering of Applications with Noise)的局部遍历聚类,找出特征字段离群点同时进行异常点检测与处理,通过航迹点的经纬度位置和地速对时间戳修正,对数据进行聚类分析。

1. 航迹数据清洗方法[6]

1)数据去重处理

为了保证异常检测与处理能够顺利进行,首先需要对航迹数据进行去重。对一个航班的历史交通航迹数据,去重主要分为三个步骤进行:①将所有航迹点按照时间戳从早到晚进行排序;②删除时间戳重复的航迹点;③删除经度和纬度同时重复的相邻航迹点。

2)特征字段提取

表 5.6 为广播式自动相关监视(Automatic Dependent Surveillance- Broadcast,ADS-B)的数据字段及对应含义。FID(航班唯一识别码)是对每一个 ADS-B 航迹点进行航班归属的直接依据,因此在进行 ADS-B 数据读取过程中,会自动按照 FID 进行航班归属,即具有相同 FID 的所有航迹点都归属于同一个航班航迹;其他字段都为对应时间戳 T 时刻的瞬时状态值。图 5.3 为 ADS-B 航迹(下降与进近阶段存在数据缺失情况)经过去重后的经度 Lon、纬度 Lat、气压高度 PA 和垂直速度 VS 等四个剖面。

表 5.6 广播式自动相关监视(ADS-B)样本数据字段表

符号	全称	描述	单位/格式	类别
FID	Flight Identification	全球唯一识别码	32 位字符	初始
T	Time Stamp	时间戳	HH:mm:ss	初始
Tc	Corrected Time	经过修正的时间戳	HH:mm:ss	扩展
Lon	Longitude	经度(WGS-84 大地坐标系)	deg	初始
Lat	Latitude	纬度(WGS-84 大地坐标系)	deg	初始
PA	Pressure Altitude	压力高度(基准为 1013mb)	m	初始
GS	Ground Speed	地速	km/h	初始

续表

符号	全称	描述	单位/格式	类别
GSc	Computed Ground Speed	经过计算得到的地速	km/h	扩展
TA	Track Angle	航迹角，即飞机运动方向	deg	初始
TAc	Computed Track Angle	经过计算得到的航迹角	deg	扩展
VS	Vertical Speed	垂直速度（气压高度）	ft/min	初始
VSc	Computed Vertical Speed	经过计算得到的垂直速度	ft/min	扩展

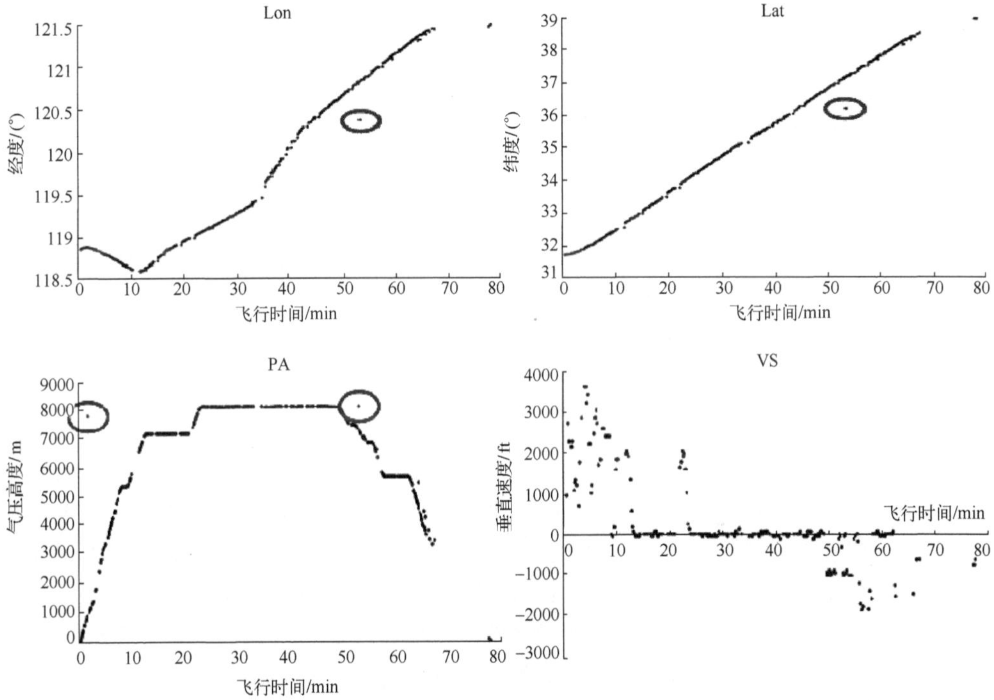

图 5.3 样本航迹经度 Lon、纬度 Lat、气压高度 PA 和垂直速度 VS 的剖面

可以看出，Lon、Lat 和 PA 剖面有着明显的趋势变化规律，异常点可以明显地被找出来（图中以圆圈进行标识）。而 VS 字段则不同，数值敏感，变化幅度大，原因是 VS 数据来源于机载垂直速度表，该仪表对气压变化敏感，尤其是航空器在高空遇到气流时，VS 变化速度会非常快。当时间戳间隔较长时（30s 以上），无论使用什么方法都很难判断 VS 数值是否异常，即与气压高度变化规律是否相符。为检查字段间的关联准确性，定义扩展字段（符号后缀为 c，意为 corrected 或 computed），即文中所建立的航迹模型基本类中的额外加入字段，可由相关条件进行计算得到。对由 N 个航迹点 P 组成的某一航班轨迹 $Traj = \{P_1, P_2, \cdots, P_N\}$，第 i 个航迹点 P_i 上的 TAc_i、GSc_i 和 VSc_i 由下式计算得到：

$$TAc_i = \text{Dir}_{\text{GreatCircle}}(i, i+1)$$

$$GSc_i = \text{Dist}_{\text{GreatCircle}}(i, i+1)/(T_{i+1} - T_i)$$

$$VSc_i = (PA_{i+1} - PA_i)/(T_{i+1} - T_i)$$

其中，$\text{Dir}_{\text{GreatCircle}}(i, i+1)$ 和 $\text{Dist}_{\text{GreatCircle}}(i, i+1)$ 分别为 P_i 到 P_{i+1} 点的大圆航线方位角和距离长度，可根据这两点的经纬度直接计算得到。

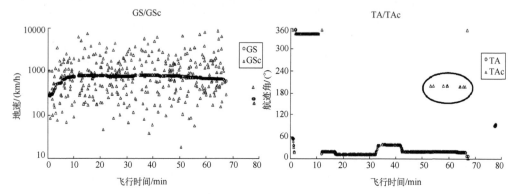

图 5.4 样本航迹地速/计算地速(GS/GSc)与航迹角/计算航迹角(TA/TAc)的对比剖面

从图 5.4 中的 GS/GSc 和 TA/TAc 的剖面对比，可以看出：

(1) GS 剖面有很好的数值连续性，符合各飞行阶段速度变化规律，而 GSc 剖面杂乱无序，同时更为严重的是，在飞行阶段多次出现远低于最小失速速度(取小型飞机开始失速时的最小真空速，并考虑风的影响将之减小 10%，最后取整为 90km/h)，以及远高于最大巡航速度(取标准海平面上的音速，并考虑风的影响将之增大 10%，最后取整为 1350km/h)。GSc 值超出合理范围的原因是航迹点时间戳 T 与经纬度位置(Lon, Lat)的更新不同步，导致航迹点之间预计飞行用时与时间戳间隔相差过大。

(2) TAc 剖面与 TA 剖面有较好的一致性，但在 TAc 剖面中可以找到在 TA 剖面中所没有的异常航向情况(红色圆圈中的几个 TAc 点)，即数值上与相邻航向相差 180°左右，原因是航迹点的时间戳与其经纬度位置不一致，它也是由时间戳与经纬度位置更新不同步造成的。

对以上字段数据分布的特征进行分析可知，VS 字段数据敏感且变化速度快，无法对其异常进行有效识别，而其他字段的异常都是可识别的，并且由 PA 与 T 可以计算得到 VSc 作为 VS 的参考值；但由于存在时间戳与经纬度位置更新不同步的问题，由此可通过对不同步造成的异常值进行检测，找出异常点位数据。据此可选取 Lon、Lat、PA、GS 和 TAc 作为异常检测的特征字段，即目标字段。

3) 异常检测与处理

对于航迹类数据，检测异常的方法主要有均值滤波、卡尔曼滤波、粒子滤波、隔离森林和密度聚类等。要实现高效的数据清理，就必须根据数据的特点选择合适的方法。如前所述 ADS-B 特征字段都可能存在着异常点，且发生位置具有随机性。当异常点恰好是航迹第一个点（边界点）时，使用滤波类方法则需要额外的预判处理且实现起来较为烦琐，而使用密度聚类方法则不会受到异常点位置的影响，但是当航迹点数目较多时，由于遍历次数的急剧增加导致检测效率大幅降低。由于特征字段都有着数值连续性的特点，为了能够高效且不受边界影响地检测出异常点，这里选择 DBSCAN 密度聚类方法，并在此基础上进行了优化，即在聚类过程中使用局部遍历，以提高聚类效率。

对某一特征字段的数据集 $D = \{x_1, x_2, \cdots, x_N\}$，其中 x_i 即为航迹点 P_i 的对应字段数值，定义 δ 为局部域长度，ε 为邻域距离阈值，MinPts 为核心点邻域内点数量阈值，并且满足 MinPts$\leq 2\delta$，则进行局部遍历的 DBSCAN 算法步骤为：

步骤 1：对任意数据点 x_i，在数量为 $2\delta+1$ 的局部域数据集 $L = \{x_{i-\delta}, \cdots, x_{i+\delta}\}$ 内计算字段距离函数 Dist(x_i, x_k)，其中 $k = i-\delta, \cdots, i+\delta$。

步骤 2：将满足 Dist$(x_i, x_k) \leq \varepsilon$ 的所有 L 域数据点加入到 x_i 的 ε 邻域 $N_{\varepsilon,i}$ 中。如果 $N_{\varepsilon,i}$ 内点数量 $\geq$ MinPts，则 x_i 被标记为核心点，并加入核心域 C 中；反之，则 x_i 被标记为离群点，并加入到离群域 O 中。

步骤 3：对下一个点 x_{i+1}，重复步骤 1 和步骤 2，直到最后一个点 x_N 计算结束。

步骤 4：将离群域 O 内的所有离群点及其邻域点，进行合并得到离群点集合 Outliers $= \{x_a, x_b, \cdots\}$；将核心域 C 内的所有核心点及其邻域点，进行合并得到正常点集合 Clusters $= \{\cdots, x_{a-1}, x_{a+1}, \cdots, x_{b-1}, x_{b+1}, \cdots\}$。

其中：

$$\text{Dist}_{\text{Manhattan}}(x_i, x_k) = |x_k - x_i|$$

$$\text{Dist}_{\text{Angle}}(x_i, x_k) = \text{Min}(|x_k - x_i|, 360 - |x_k - x_i|)$$

异常点被定义为与周围绝大数点距离大于 ε，且不符合变化规律的点。因此，需要判断集合 Outliers 中的任意离群点 x_m 是否为异常点，则需要采用均值滤波的思想进行异常检测，即将周围正常点 x_{m-1} 和 x_{m+1}（假设 x_m 为独立异常点）之间进行插值求解得一个参考点 $x_{m,\text{ref}}$，如果满足 Dist$(x_m, x_{m,\text{ref}}) \leq \varepsilon$，则 x_m 为正常点，否则 x_m 为异常点，并修正为 $x_{m,\text{ref}}$。而对于离群点 x_m 为边界的情况，由于边界插值缺少约束条件，可能导致偏差过大，因此这里将边界离群点 x_m 直接剔除，不再进行异常判断。另外，当存在连续离群点时，此方法也同样适用。

2. 基于时空数据挖掘管理的 FPR-Tree 索引

交通航迹数据集是以点记录的形式保存的，因此底层数据都基于这种形式进行存储。本节提出通过对历史航迹库的挖掘学习，建立相应的预测算法，并快速从历史库中决策出一条最符合当前输入的航迹，将它当作航班的四维航迹预测结果，这是由于通常情况下航班飞行具有历史相似性，基本都是按照既定的航路航线和设定时间飞行，这为从历史数据库搜索出匹配航迹进行预测提供了依据。为了准确、高效地从海量航迹数据集中查找满足一定条件的历史航迹，仅通过简单的关系数据库中的索引是无法完成的，所以我们结合空间数据挖掘和管理方法，提出了 FPR-Tree（Frequent Path-tree combined R-tree）索引结构[7]来完成这一目标，具体原理如图 5.5 所示。

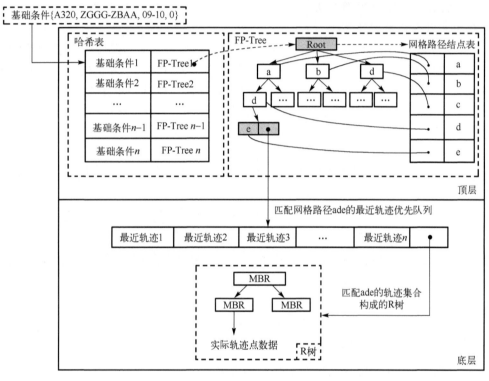

图 5.5　FPR-Tree 索引结构示意

由于对航迹数据的检索综合性较强，所以本节采用混合索引的方法对 FPR-Tree 进行建模。如图 5.5 所示，FPR-Tree 构建框架包含两层，第一层为顶层；第二层为底层。顶层中利用哈希表、频繁路径树（Frequent Path Tree）将从航迹数据集挖掘到的模式进行归纳保存，以便快速定位查询结果所在范围，从而加速底层的搜索效率；底层中利用优先队列和空间树，为实际的航迹点数据建立混合索引，以便快速定位每一个航迹点或航迹。FPR-Tree 采用数据集划分的思想来构建索引，其顶层中包含对每一个划分的描述（即划分准则），如图中先使用哈希表保存按基础条件{航空器类型，城市对名称，预达时段，起飞延误时间}划分的航迹集索引（如{A320,ZGGG-ZBAA,09-10,0}表示航空器类型为 A320，广州飞往北京，9 点（含）至 10 点间起飞延误为 0 分钟的航班子航迹集),在哈希表的值(value)字段中保存的是在上述子航迹集基础上建立的频繁路径树(FP-Tree)的根节点。通过 FP-Tree 能快速查找到该子航迹集中固定起点终点对中不同频繁程度的定位点网格路径,并由网格路径的叶子结点(图中灰色结点 e)可定位到底层数据索引中的优先队列。底层索引是用于快速查找某个真实航迹点或者航迹的数据结构,其中包含了一个优先队列和一棵空间树。优先队列的前 $n-1$ 个数据单元中保存着匹配顶层网格路径 vgp,而且被当作预测输出的最近 $n-1$ 条最近航迹,最后一个结点保存了由能变换为 vgp 的所有航迹构建的空间树的根节点。

3. 基于修正欧氏距离的航迹相似度计算

假定航迹集 T 中所有航迹都是等长的,对于 T 中任意两条航迹 t_i 和 t_j,首先利用逐点对计算等角航迹距离 x,然后取均值的方法衡量航迹间的欧氏距离 D 相似性。该距离越大代表两条航迹间的相似度越低。但由于数据中存在噪声,对均值计算结果有一定影响,并且尤其对于终端区飞行来说,简单地利用距离均值进行相似度计算难以区分终端区内转弯多、机动性大的交通航迹。因此考虑到航班在终端区的飞行特点,本节在取均值的基础上,增加距离波动修正因子和航向修正因子 Δ,利用两条航迹点对距离的方差和点对间的航向对比,对以上结果进行修正,由此得到航迹 t_i 和 t_j 之间的相似度 s_{ij} 且 $s_{ij} = s_{ji}$。具体算法如下:

$$t_i = \begin{Bmatrix} p_1 \\ p_2 \\ \cdots \\ p_i \\ \cdots \\ p_L \end{Bmatrix}, \quad t_j = \begin{Bmatrix} p_1 \\ p_2 \\ \cdots \\ p_i \\ \cdots \\ p_L \end{Bmatrix}$$

设 L 是航迹集包含的航迹点数,则相似度计算公式如下:

$$s_{ij} = \frac{\sum_{k=1}^{L} x_k}{L} + D(x) + \Delta$$

其中,$D(x)$ 表示距离集合的方差。Δ 是基于航向对的两条航迹相似度的修正值,本节中该值代表两条航迹中距离小于 1 海里但航向夹角大于 10 度的点对的个数。

基于上述计算,得到如下相似度矩阵 S,由于这里采用对称的欧氏距离,所以该矩阵为对称矩阵。

$$S = \begin{pmatrix} 0 & \cdots & s_{1n} \\ \cdots & \cdots & \cdots \\ s_{n1} & \cdots & 0 \end{pmatrix}$$

4. 谱聚类算法

由于飞行数据中存在噪声，并且考虑到不同类别的大小和紧密程度不同，为降低噪声影响，提高聚类结果准确度，适应不同规模聚类分析问题，本书应用高斯核函数对上述计算出的相似度进行平滑降噪处理。计算公式如下：

$$a_{ij} = e^{-\frac{s_{ij}^2}{2\sigma_i \sigma_j}}$$

其中，s_{ij} 为上述航迹 t_i 和 t_j 的欧氏距离相似度，$\sigma_i \sigma_j$ 为航迹 t_i 和 t_j 的规模参数，用于表示该条航迹的规模特征。σ 的具体介绍及选取方法参见文献[8]，这里可采用距离某航迹最近邻范围为 r 内的最大距离为规模参数，定义航迹 t 与其他航迹的相似度集合为 $S = \{s_{i1}, s_{i2}, \cdots, s_{ik}, \cdots, s_{in}\}$，则 σ_i 可表示为如下（min，max 为集合最小、最大元素操作）：

$$\sigma_i = \max\{v \mid v \in S, v \leqslant \min_{k \neq i} S + r\}$$

上述公式中 r 是一个独立参数，通过多次验证，一般可选取 $r=10.0$。经过上述计算，将所有的 a_{ij} 组织为 $n \times n$ 维的亲和度矩阵 A，该矩阵为实对称矩阵，该矩阵形式与相似度矩阵 S 相同。

而谱聚类算法需要输入两个参数：亲和度矩阵 A 和聚类个数 K，具体算法步骤如下：

步骤 1：计算亲和度矩阵 A 的各行元素之和，以得到所有值为对角元素，构造对角矩阵 D，即 $d_{ii} = \sum_{k=1}^{n} a_{ik}$，然后构造规范亲和度矩阵 $L = D^{-1/2} A D^{-1/2}$；

步骤 2：矩阵 L 前 K 个特征值对应的特征向量 $v_1, v_2, \cdots, v_K$，以 K 个特征向量为列向量构造矩阵 $V_{n \times K}$；

步骤 3：矩阵 V 进行归一化，使其行向量转化为单位向量，生成矩阵 Z，即 $Z_{ik} = V_{ik} / \left(\sum_k V_{ik}^2 \right)^{1/2}$；

步骤 4：矩阵 Z 每一行当做 R^K 空间中的一个点，利用 K-means（k-means Clustering Algorithm）算法进行聚类；

步骤 5：将航迹 T 中的不同航迹划分到不同的类中，当 Z 中的第 i 行被划分到类 c 中时，航迹 T 中的第 i 个元素也被划分到 c 类中。

可证明对于算法第 1 步中求出的矩阵 L，若该有限数据集中存在 K 个理想的彼此分离的簇，则 L 的前 K 个特征值为 1，第 $K+1$ 个特征值严格小于 1。因此，通过分析矩阵 L 的特征值分布可以确定聚类数目 K，但在这里由于交通航迹数据是典型的高维数据，并且数据中簇的大小和分布不同、具有一定的重叠性，考虑到可以通过标准进离场航线的数目来确定航班航迹的聚类数目,所以本书使用人工输入的聚类数目 K。算法第 4 步中利用 K-means 聚类算法进行聚类,由于原始的 K-means 算法依赖初始质心的选择,如果利用随机产生的质心进行聚类,得到的聚类结果不稳定且不具有唯一性。所以这里采用正交选取质心的方法进行聚类,首先选取 K 个正交的质心作为 K-means 算法的初始质心,然后聚类,这样可以产生较稳定且有效的结果。

5.3 安全间隔评估

5.3.1 危险碰撞概率

1. CAP 模型概念

近距离碰撞概率(Close Approach Probability, CAP)[9]是国际民航组织认可的,在有监视条件下(雷达或自动相关监视)计算两架飞机发生相撞的危险性算法,被定义为在两架航空器之间的标称间距等于雷达最小间隔时该两架航空器实际重叠的概率,用于计算当两架飞机显示为保持有正确的间隔但实际已经发生重叠相撞的可能性,如图 5.6 所示,d 为两架飞机间的距离,D 为它们在雷达显示器上显示的点距离。

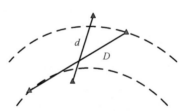

图 5.6 航空器雷达显示

模型化该概率可用于明确评定使用的雷达监视系统在特定最小间隔时的安全等级,但由于预测所有的模型参数并不容易,因此通常用标称间距等于雷达最小间隔 S_0 时,该航空器对实际重叠的概率 P_{ca} 作为评定依据,此时 P_{ca} 的计算公式为:

$$P_{ca} = \text{Prob}(y < \text{Aw} \mid S_0)$$

其中,S_0 表示标准间隔,Aw 表示两架飞机翼展半宽之和,y 表示两架飞机中心点之间的实际距离,$y < \text{Aw}$ 表示两架飞机中心点之间的距离小于两架飞机翼展半宽之和,即飞机之间发生相撞。使用 CAP 模型得到的 P_{ca} 概率值是国际民航组织接受可做作为安全等级水平的一种计量方法。通过该模型计算出的雷达相撞的概率,通常

可以达到 2×10^{-12},安全水平远远高于国际民航组织所要求的 TLS(Target level of safety)为 5×10^{-9} 的要求。

2. 雷达监视条件下的安全评估 CAP 模型应用

在雷达监视条件下,CAP 模型的应用是考虑两架同在一部雷达监视下的飞机。设想两架飞机之间看似保持着给定的安全间隔,在有监视条件下,影响飞行间隔的安全性的主要因素是侧向间隔,保持了侧向间隔就是保持了飞行间隔的安全性。因此该模型考虑的是这两架飞机之间的侧向间隔的安全性。一般来说,对远离雷达场地的区域,与方位测量误差相比,雷达系统的范围测量误差可忽略不计。

两架飞机在雷达屏幕上显示看似保持给定的侧向间隔,而实际发生相撞的最大概率是两架飞机在整个管制区域内始终保持同向同速平行飞行的情况,如图 5.7 所示。

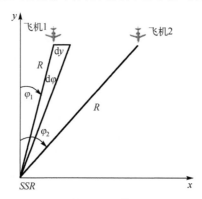

图 5.7 雷达 CAP 模型的原理

图中 R 为雷达最远监视半径,如果是终端区雷达将按照 40 海里取值,如果是航路监视雷达则按照 200 海里取值;S_0 为规定的标准间隔,在终端区取值为 3 海里,航路为 5 海里;Aw 表示两架飞机翼展半宽之和,即可以是区域内飞行最大飞机的翼展宽;$d\varphi$ 为雷达的角度方位误差,在终端区范围可以是从 0.12°到 0.45°;$dy = R\times d\varphi$ 表示侧向偏差距离。

由于雷达方位角测量存在较大误差的可能,所以最糟糕的情况是两架航空器均处于雷达半径 R 弧上时,会难以分辨出两架飞机的位置,如图 5.8 所示。在此情况下,当标准间隔为 S_0 时,此时危险碰撞模型 CAP 的算法公式为:

$$P_{ca} = 2(\text{Aw})\int_{-\infty}^{+\infty} p_l(y)p_l(y-S_0)dy \tag{5.9}$$

式中,Aw 表示两架飞机翼展半宽之和,即是区域内飞行最大飞机的翼展宽;$p_l(y)$ 表示当基准 $y=0$ 时,第一架飞机位置的侧向偏差距离概率密度函数;$p_l(y-S_0)$ 表示当两架飞机看似保持 S_0 间隔时,第二架飞机的位置偏差概率密度函数。

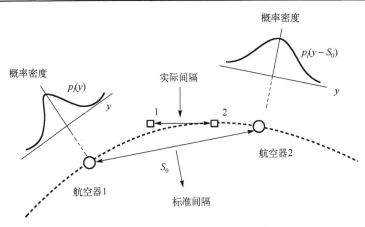

图 5.8　两架航空器之间的实际和标准间隔

对雷达而言,角度偏差的密度函数通常可按正态分布计算;由于单纯侧向偏差模型需修正,因此在国际民航组织文件 DOC-9689 附录 6 中认可一种线性相关的 N-N 模型,该模型是日本 20 世纪 90 年代验证其远程监视雷达安全性时[10],对作为基准系统的雷达进行安全性评估时确立的安全模型,国际民航组织采纳了该模型并向其他国家推荐。在对基准系统雷达进行安全性评估时,其中的参数被认可为 0.164,欧洲在使用该模型对空管雷达进行安全性评估时,使用的参数 $\alpha \in (0.005, 0.01)$。$N(y|\delta)$ 中的密度函数仍然使用正态分布,δ 为标准方差值。

$$p(y) = (1-\alpha)N(y|\delta_1) + N(y|\delta_2) \tag{5.10}$$

3. 自动相关监视条件下的安全评估 CAP 模型应用

在 ADS-B(Automatic Dependent Surveillance-Broadcast)监视中使用 CAP 模型[11]确定 P_{ca} 值时,由于 ADS-B 确定位置的方法与雷达完全不一样,SSR(Secondary Surveillance Radar)定位独立于飞机系统,它通过连续的方位报告来估计飞机的速度、航向、转弯率和其他状态矢量;ADS-B 数据由机载设备确定飞机位置和航向状态,并通过数据链与地面基站链接,其信息全部来源于飞机的导航定位系统。ADS-B 监视安全水平取决于导航定位的性能。即导航方位精确性类别(Navigation Accuracy Category for Position, NACp)、导航完整性类别(Navigation Integrity Category for Position, NICp)、监视完整性限制(Surveillance Integrity Level, SIL)。

1) 导航方位精确性类别

导航方位精确性类别(NACp)是导航方位精确性的性能指标,它指导航方位信息为真的概率不小于 95%,根据导航源如卫星定位的水平方位误差 σ 的取值范围进行分类,如表 5.7 所示,一般美国的 GPS(Global Positioning System)性能都高于精度 $\sigma = 76\text{m}$。

表 5.7　NACp 类别与 σ 取值范围之间的关系

NACp	10	9	8	7	6	5	4
σ/m	$\sigma\leqslant 4.1$	$4.1<\sigma\leqslant 12.3$	$12.3<\sigma\leqslant 38$	$38<\sigma\leqslant 76$	$76<\sigma\leqslant 228$	$228<\sigma\leqslant 380$	$380<\sigma\leqslant 760$

2）导航完整性类别

导航完整性类别（NICp）是导航完整性的性能参数，它用于定义定位报告中的完整性包容半径 R_c。根据 R_c 的取值范围，可将 NICp 进行分类。机载 ADS-B 接收机，主要根据星历等信息计算的 R_c 来确定 NICp，详情见表 5.8，一般当 NICp<5，机载 ADS-B 接收机会发生告警。

表 5.8　NICp 类别与 R_c 取值范围之间的关系

NICp	10	9	8	7	6
R_c(NM/海里)	$R_c\leqslant 0.012$	$0.012<R_c\leqslant 0.04$	$0.04<R_c\leqslant 0.1$	$0.1<R_c\leqslant 0.2$	$0.2<R_c\leqslant 0.6$
NICp	5	4	3	2	1
R_c(NM/海里)	$0.6<R_c\leqslant 1$	$1<R_c\leqslant 2$	$2<R_c\leqslant 4$	$4<R_c\leqslant 8$	$8<R_c\leqslant 20$

3）监视完整性限制

监视完整性限制（SIL）是指，由于导航源发生故障，使用超出 NICp 参数中相对应的完整性包容半径 R_c，且没有被探测到的概率。监视完整性限制（SIL）等于导航源发生故障概率与探测丢失概率的乘积，如表 5.9 所示，给出了 SIL 类别与对应概率值之间的关系。

表 5.9　SIL 类别与概率值之间的关系

SIL	3	2	1
超过完整性包容半径 R_c，且没有被探测到的概率	1×10^{-7}/h	1×10^{-5}/h	1×10^{-3}/h

ADS-B 监视下危险碰撞概率 P_{ca} 包括以下三个方面：无故障情况下的危险碰撞概率 $P_{nf}(S_{nf})$、导航源故障情况下的危险碰撞概率 $P_{cf}(S_f)$ 和设备/软件故障情况下的危险碰撞概率 $P_{ce}(S_e)$。三种情况下对应的最小间隔分别为：S_{nf}、S_f、S_e。根据国际民航组织推荐文件 DOC9689-AN/953 的要求，CAP 模型总体的 P_{ca} 等于各种状况条件下危险碰撞概率的线性相加。因此，P_{ca} 计算公式如下：

$$P_{ca}(S_{nf},S_f,S_e)=P_{nf}(S_{nf})+I_o\times P_{cf}(S_f)+I_e\times P_{ce}(S_e) \tag{5.11}$$

其中，I_o 为导航源发生故障且没有探测到的概率；I_e 是设备/软件在平均无故障时间（Mean Time Between Failures, MTBF）内发生故障的概率。

5.3.2　间隔评估算例

本节重点针对这两种监视模式建立安全性评估的模型算法，其中一种使用普通高斯侧向偏差分布算法，另一种是对前一种算法进行修订使用 N-N 模型。其计算的思想是根据国际民航组织确认的 CAP 模型所要求的 $P_{ca} < 2 \times 10^{-12}$ 的要求，倒推计算为达到该标准可以使用的最小间隔。

1. 普通高斯分布算法

假设 $S_0 = S_S$ 表示标准间隔，e_s 表示角度精度，R 表示终端区雷达的使用距离，Aw 表示飞机的翼展宽度，σ_s 表示标准偏差；$p_l(y) = p_s(y)$ 为符合高斯分布的概率密度函数。采用如下有余度参数：

$$e_s = 0.23°, \quad R = 40\text{nm}, \quad \text{Aw} = 0.033\text{nm} \approx 60\text{m}, \quad \delta_s = e_s \cdot \frac{\pi}{180} \text{rad} \cdot R = 0.161\text{nm}$$

正态分布的概率密度函数：

$$p_s(y) = \frac{1}{\sqrt{2 \cdot \pi \cdot \delta_s^2}} \cdot \exp\left(\frac{-y^2}{2 \cdot \pi \cdot \delta_s^2}\right) \tag{5.12}$$

CAP 模型危险碰撞算法：

$$P_{ca} = P_{cs}(S_s) = 2\text{Aw} \int_{-\infty}^{\infty} p_s(y) p_s(y - S_s) \text{d}y \tag{5.13}$$

将概率密度函数代入到算法公式，将二次雷达在终端区实施的 3 海里间隔 $S_s = 3\text{nm}$ 时，可以得到 $P_{cs} = 2.3 \times 10^{-24}$，这个值的安全性高于二次雷达 $P_{cs} = 2 \times 10^{-12}$ 的标准。当将 $P_{cs} = 2 \times 10^{-12}$ 作为标准反推可以得到，保持安全间隔可为 2.1 海里。

2. N-N 模型算法

假设 $S_0 = S_w$ 表示标准间隔，e_n 表示角度精度，W_a 表示角度误差修正，R 表示终端区雷达作用距离，Aw 表示飞机的翼展宽度，σ 表示标准偏差；$p_l(y) = p_n(y)$ 为符合高斯分布的概率密度函数。采用 $W_a = 1.66$ 的修正数据。假设：

$$e_n = 0.23°, \quad R = 40\text{nm}, \quad \text{Aw} = 0.033\text{nm}, \quad \alpha = 0.164$$

$$\delta_1 = e_n \cdot \frac{\pi}{180} \text{rad} \cdot R = 0.161\text{nm}, \quad \delta_2 = w_a \cdot e_n \cdot \frac{\pi}{180} \text{rad} \cdot R = 0.267\text{nm}$$

正态分布的概率密度函数：

$$p_{n1}(y) = \frac{1}{\sqrt{2 \cdot \pi \cdot \delta_1^2}} \cdot \exp\left(\frac{-y^2}{2 \cdot \pi \cdot \delta_1^2}\right) \tag{5.14}$$

$$p_{n2}(y) = \frac{1}{\sqrt{2 \cdot \pi \cdot \delta_2^2}} \cdot \exp\left(\frac{-y^2}{2 \cdot \pi \cdot \delta_2^2}\right) \tag{5.15}$$

N-N 概率模型：

$$p_w(y) = (1-\alpha) \cdot p_{n1}(y) + \alpha \cdot p_{n2}(y) \quad (5.16)$$

CAP 模型危险碰撞算法：

$$P_{ca} = P_{cw}(S_w) = 2Aw \int_{-\infty}^{\infty} p_w(y) p_w(y - S_w) dy \quad (5.17)$$

同样将密度函数代入到算法公式，将 $P_{cw} = 2 \times 10^{-12}$ 作为条件分别带入不同的 y 值，可以得到，当 $y=Sw=2.4$nm 时，$P_{cw}(S_w=2.4) = 2.964 \times 10^{-12}$，$P_{cw}$ 值最接近 2×10^{-12}。

这样的结果表明，如果雷达的角度误差为 0.23°，角度修正量为 1.66 时，在终端区范围内，在只考虑雷达定位误差的情况下，飞机之间保持 2.4nm 海里的间隔就基本满足国际民航组织对使用 CAP 模型 $P_{ca} = 2 \times 10^{-12}$ 的要求。

3. 自动相关监视条件下的安全评估

由式(5.11)可知，自动相关监视条件下的安全评估包括三种情况，下面将分别进行计算。

1) $P_{nf}(S_{nf})$ 的计算

无故障情况，导航源保持正常的 NACp 等级，设备/软件在平均无故障时间内运行良好，ADS-B 监视系统功能正常，如图 5.9 所示。假定机载 NACp 为 7，由表 5.7 可知，NACp=7 时，GPS 方位误差标准差 $\sigma_g = 76\text{m} = 0.041\text{nm}$，$S_0 = 1.6\text{nm}$，假设 $Aw = 0.033\text{nm}$，飞机速度 $v=300$km/h，转弯率 $w=6°/s$，终端区广播位置信息更新率 $t_d = 5$s，则在 5 秒间隔期间飞机飞过距离：$\delta = \frac{1}{2} \times a \times (t_d)^2 = \frac{1}{2} \times v \times w \times (t_d)^2 = 0.111\text{nm}$，基准间隔 S_0 减小为 $S_{nf} = S_0 - \delta = 1.489$nm。

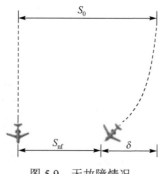

图 5.9 无故障情况

根据 ADS-B 高斯分布概率密度函数 $p_g(y)$ 公式和无故障情况下的危险碰撞概率 $P_{nf}(S_{nf})$ 公式：

$$p_g(y) = \frac{1}{\sqrt{2\pi(\sigma_g)^2}} \times \exp\left[\frac{-y^2}{2(\sigma_g)^2}\right] \tag{5.18}$$

$$P_{nf}(S_{nf}) = 2Aw\int_{-\infty}^{+\infty} p_g(y)p_g(y-S_{nf})\mathrm{d}y \tag{5.19}$$

计算可得 $P_{nf}(S_{nf}) = 10^{-40}$。

2) $P_{cf}(S_f)$ 的计算

GPS 故障情况是指,由于导航源 GPS 发生故障,导致飞机偏离预定轨迹,但导航系统没有探测到飞机的偏离。因为显示的位置与实际位置产生了偏差,即完整性包容半径 R_c:

$$R_c = Bs_m \frac{\sigma_g}{D_{\mathrm{OP}}} \tag{5.20}$$

其中,B 为系统误差与测试统计量标准差的线性系数,取值为 $B=8.3$;s_m 是故障卫星的最大斜率因子,取决于故障卫星的几何结构,$1<s_m<6$,取值为 $s_m=1.2$;σ_g 为 GPS 方位误差标准差,取值 $\sigma_g = 0.041\mathrm{nm}$;$D_{\mathrm{OP}}$ 是 GPS 精度衰减因子,取值为 $D_{\mathrm{OP}}=1.5$。

由式(5.20)计算得到:$R_c = 0.272\mathrm{nm}$,由表 5.8 可知,NICp=6。为了不超过 NICp 对应的 R_c 的范围,取 $R_c = 1\mathrm{nm}$。

GPS 故障率的保守估算是 $10^{-4}/\mathrm{h}$,GPS 故障探测丢失可接受的概率 $p_{md} = 10^{-3}$,GPS 发生故障且未检测到的概率 $10^{-7}/\mathrm{h}$,对应 SIL=3。为提高危险碰撞的概率,选取 SIL=2。因而,在飞行时间 $t_e = 30\mathrm{min}$ 内。GPS 发生故障且未检测到的概率为:

$$I_o = \frac{t_e}{60}p_{md} \times 10^{-4} = 5 \times 10^{-6} \tag{5.21}$$

由于发生故障,ADS-B 报告飞机保持间隔 S_0,飞机实际距离缩小为 $S_f = S_0 - R_c = 0.6\mathrm{nm}$。由此:

$$P_{cf}(S_f) = 2Aw\int_{-\infty}^{+\infty} p_g(y)p_g(y-S_f)\mathrm{d}y \tag{5.22}$$

计算可得 $P_{cf}(S_f) = 2.425 \times 10^{-24}$。

3) $P_{ce}(S_e)$ 的计算

设备/软件故障情况是指,虽然导航系统运行正常,但由于设备/软件在平均无故障时间内发生故障,导致飞机发生危险相撞。故障检测能力是基于某个设定的阈值 10^{-q},该阈值对应一个随机方位误差上限 δ_{tt}。假设 $v=300\mathrm{km/h}$,更新间隔 $t_d = 5\mathrm{s}$,沿航迹方向外推的预测方位 $v \times \frac{t_d}{3600} = 0.417\mathrm{nm}$,$\delta = 0.111\mathrm{nm}$,$\delta_{tt} = 4.5\sigma_g + \delta = 0.295\mathrm{nm}$。

为了保证在平均无故障时间内以不低于99%的概率接受任何可能的转向目标，故障检测能力的阈值设为10^{-2}。根据实际运行经验，设备/软件平均无故障时间MTBF=1000hrs，则在飞行时间$t_e = 30\min$内，设备/软件在平均无故障时间内发生故障的概率$I_e = \dfrac{10^{-q}}{\text{MTBF}} \times \dfrac{t_e}{60} = 5 \times 10^{-6}$。

当由于设备/软件在平均无故障时间内发生故障，ADS-B系统报告飞机保持间隔S_0，飞机实际间隔缩小为$S_e = S_0 - \delta_{tt} = 1.305\text{NM}$。由此可得：

$$P_{ce}(S_e) = 2\text{Aw} \int_{-\infty}^{+\infty} p_g(y) p_g(y - S_e) \mathrm{d}y$$

计算可得，$P_{ce}(S_e) = 1.6316 \times 10^{-28}$。

综合以上分析计算可知，将$P_{nf}(S_{nf})$、$P_{cf}(S_f)$、$P_{ce}(S_e)$和I_o、I_e代入式(5.11)，即可得到ADS-B监视下危险碰撞概率$P_{ca} = 1.212 \times 10^{-29}$。

5.4 紧密包络模型

本节中，我们介绍一种新的空中危险区域的划分，它被称为紧密包络，其边界代表可量化的安全水平，以此来减少因航天器发射或其他对空射击等而划设的禁飞区对空中交通流量的影响，实现更为量化的描述空域的空间占用，进一步维持并提高飞机的飞行安全水平。

5.4.1 紧密包络概念

在火箭发射或太空舱返航期间，必须确保国家空域系统(National Airspace System, NAS)内飞机的安全。通常我们根据火箭或航天器发射的轨道及时间窗口等，对未参与此类发射活动的飞行器设立危险区，使它们远离潜在的危险区域。由于飞行器以极快的速度垂直飞行，它们发生爆炸的可能性很大，因此一般通过建立严格的临时禁飞区来让其他飞行器远离危险。而禁飞区面积越大，限制时间越长，就使得国家空域系统中为避开禁区而延误或改航的飞机航班就越多，将极大地影响国家空域系统的高效正常运行。

目前用于减小航天器在发射和返航期间对其他飞行风险的方法主要有三种：即划设一定的紧密包络区、临时飞行限制(Temporary Flight Restrictions，TFR)、特殊使用空域(Special Use Airspace, SUA)。我们将划设和启用TFR和SUA的过程称之为"传统方法"；传统的限飞区划设是通过离散度分析，以确定航天器在标称操作期间的位置，以及在受控中止的机动位置或是爆炸前故障转向而出现的非标称操作位置，然后再进行进一步的离散度分析，来估计发生爆炸时将产生碎片的空域分布位置。为了使限飞区的空域具有可接受的风险水平，还可在风险阈值大于指定值的空域周围设置禁飞区。负责监督发射的靶场安全官员经常会在估算的禁飞区周围增加一个巨大的缓冲区，这通常会导致危险区域过于保守；另外，为了使空中交通管制员和飞行员便于识别地图，特殊使用空域一般由多个简单的形状组成，这也致使对这种危险区域的估计与计算的风险边界相差甚远，从而出现过度限制空中交通流量，大幅降低空域系统的运行效率。

这种危险区域的高度简化情况，如图 5.10(a) 所示。禁飞区本身成管状，是从地面到空域系统顶部 6 万英尺的范围简单挤压而成。在过去，危险区域在发射前的几个小时就已经启动了；如果通过信息系统的管理，目前可以对 TFR 和 SUA 在航天发射活动开始前的 10 分钟激活危险区域，一旦危险区域被激活，该区域将不具备动态调整能力，在危险过后的很长一段时间内仍然有效。

紧密包络区域划设方法[12]可解决以上问题，因为我们将它设置为高度动态的并且限制了相当小的空间体积区域，同时它仍然符合可接受的风险水平。如图 5.10(b) 所示，它从概念上概述了紧密包络的定义。危险区域不再是简单的挤压形状，它的轮廓描绘了在每个海拔高度上可接受的特定风险水平。紧密包络的形状也随时间改变，所以在每个阶段中受限制的空域体积只相当于当时的危险区域。当航天器飞行不再威胁部分空域时，该部分空域将被释放供其他飞机使用。实际上，一个紧密包络本身并不是一个特定的危险区域，而是一个随着任务阶段启动和关闭的动态危险区域集合，该集合由系列碎片化的空间区域组成，并具有动态按时间与航天器飞行状态进行启用与释放。

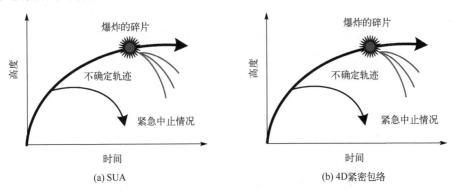

图 5.10　紧密包络与传统方法的区别

5.4.2　建模计算方法

1. 基本参数设置

1）符号定义

t：时间，从航天器发射升空开始计算，可以为负数；

t_{fail}：失效的时间，从航天器发射升空开始计算；

t_{react}：空域系统的反应时间，一般为正数，可以不为常数；

t_{latency}：与数据通信相关的潜在时间和危险计算时间；

consq：要防范的后果/风险；

θ_{consq}：后果的可接受风险阈值。

2）标称轨迹

由用户从他们首选的轨迹优化工具中提供，可以通过航天器发射的理论模型或历史数据中聚类得到关于航天发射的标称轨迹信息。

3）推力偏移参数：$\sigma_{\text{magnitude}}$，$\sigma_{\text{angle}}$

如果提供了航天器的推力曲线，则这些参数将用于模拟航天器的密集度。在每个时间步中，所提供的推力矢量的值可作为正态分布的均值，其方差由$\sigma_{\text{magnitude}}$决定。同样，推力的偏移角度由$\sigma_{\text{angle}}$决定。这些参数值越大，就会产生更大的空间分散。

4）任务失败的概率：P_{fail}

发射或返航的失败并产生碎片的概率，$P_{\text{fail}} \in [0,1]$，其值与航天器的发射可靠性密切相关。对于测试启动时，$P_{\text{fail}} = 0.5$；对于进入轨道发射时，$P_{\text{fail}} \in [0.1, 0.2]$，该取值是国际上航天发射安全官员认为的目前使用的可靠火箭的合理值范围。

5）故障分布时间：$P(t_{\text{fail}} | \text{Failure})$

这是一个条件概率分布函数，表示航天器在发生故障时将爆炸的时间。一般来说，运载火箭最有可能在发射后的几秒钟内发生故障，因为它经历了其最大的动态压力。

6）大气模型

对于给定的发射场，必须提供风强度、风向以及大气密度的概率曲线图。风模型为沿三个空间维度的风强度的平均值和标准偏差的高度函数。密度模型为大气密度的平均值和标准偏差作为海拔高度的函数。假定分布在各个海拔高度分别为多变量的高斯函数，具体应用中通常采用全球参考大气模型来生成这些剖面图。

7）碎片目录

如果航天器发生了故障，碎片目录将仿真出所生成部件的分布。它根据弹道系数将碎片分为不同的类别。对于每个类别，碎片目录给出碎片数目、单个重量、累积重量、参考区域、脉冲速度以及阻力系数（C_D）和提升系数（C_L）的曲线图。碎片目录随时间而变化。

2. 航天器和碎片轨迹的分散分析

在定义参数后，通过蒙特卡罗模拟方法进行分散分析。如图5.11所示，它说明了蒙特卡罗仿真中建模的基本不确定性。对概率大气模型进行采样，以生成一组随机的天气剖面。然后对推力偏移模型进行采样，以获得一组推力剖面，用于传播每个天气剖面上的轨迹，并生成一组空间航天器可能位置的状态矢量。产生这些轨迹

的每一点，都有可能使火箭发生故障，导致发射失败，因此爆炸根据碎片目录产生碎片来仿真所有的状态向量。这些碎片被散布到空间并存储其整个轨迹，以便我们可以推断碎片在空域中每个 (x,y,z) 存在的概率密度函数，$P(t_{\text{fail}}|\text{Failure})$ 用于确定危险区域边界。

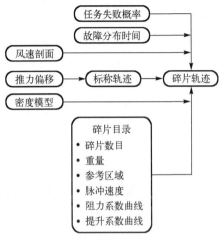

图 5.11 蒙特卡罗图

3. 航天器和碎片空间散布概率估计

为了估计碎片撞击飞行中飞机的概率，需得到碎片在空间和时间中的位置概率密度函数。现有的飞机风险评估方法一般采用核密度估计 (Kernel Density Estimation, KDE)[13]或协方差矩阵[14]来实现。协方差矩阵方法需要假设碎片以某种高斯模型方式下降，由于航天器发射爆炸情况下用这种方法可能导致错误；而 KDE 方法通过循环计算碎片数据点来完成对单个点的概率密度估计，其计算成本过高。因此，为了追求模型灵活程度和计算效率的最大化，这里采用非参数法即平均偏移直方图 (Averaged Shifted Histogram, ASH)[15]方法估计空间中碎片位置的概率密度函数，该方法在 KDE 方法上进行了优化，通过使用直方图来表示大数据集，可以有效降低计算难度。

ASH 方法与 KDE 方法类似，只不过在使用核函数之前对空间区域已经进行了离散化，并将数据进行直方图化。ASH 方法的计算过程如下：

(1) 选择地图投影。将纬度/经度点投影到平面 (x,y)，在此基础上创建直方图和危险区域将更为直观。

(2) 离散空域。选择合适的划分 $(\Delta x, \Delta y, \Delta z, \Delta t)$ 离散空间维度和时间，生成由 (x_i, y_j, z_k, t_s) 指定的网格。此外，在每个网格单元中，将按其弹道系数 β 散布碎片，并用 $\text{NAS}_{ijks}(\beta)$ 来表示该空域网格的每个弹道系数网格单元；

(3) 建立数据直方图。从蒙特卡罗仿真的结果中,得到了大量包含火箭和弹道系数为 β 碎片的模拟位置点 x,y,z,t,以及增加具有模拟弹道的 $\text{NAS}_{ijks}(\beta)$,并且每个 $\text{NAS}_{ijks}(\beta)$ 包含碎片速度、质量和参考区域的信息。

(4) 基于 ASH 方法平滑直方图。海拔高度划分间隔设为 Δz,并用平滑直方图来估计在每个时间步长所有网格单元中具有弹道系数 β 的碎片的概率质量,其效果与使用核函数和平滑参数的 KDE 方法相同。由此,可以得到碎片的每个弹道系数的离散空间四维概率密度函数,并将空间维度组合到位置向量中,碎片 d 的离散空间概率记为 $\xi^d(r,t)$。

为了验证 ASH 方法有效性,查看蒙特卡罗仿真在单个时刻(单一海拔水平和弹道系数)的仿真结果,如图 5.12 所示。图 5.12(a)中网格大小为 1km×1km,很难看出

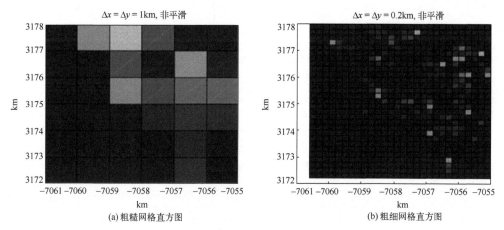

(a) 粗糙网格直方图　　(b) 粗细网格直方图

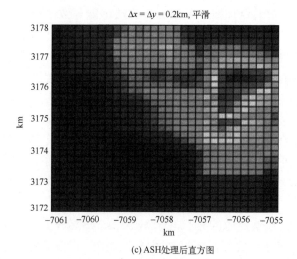

(c) ASH 处理后直方图

图 5.12　ASH 方法

碎片的分布，相比于真实分布情况，过低的网格分辨率将大概率与小概率合并，致使网格单元的概率被高估。而采用更精细的网格 0.2km×0.2km 得到图 5.12(b)，其结果只是得到更稀疏的分布，其分布并不收敛。因此，使用 ASH 方法来解决这个问题，首先将利用精细网格图来生成直方图，经过平滑处理后得到如图 5.12(c)情况，可产生一个较为合理的收敛分布。

4. 影响、伤亡和灾难计算的概率

目前用于风险管理的三个最重要的危害标准如下：

(1) 撞击概率。飞机被至少一块碎片击中的概率，无论它是否造成损坏。
(2) 伤亡概率。至少一人严重受伤或更坏，包括死亡的可能性。
(3) 灾难概率。多人受重伤或更坏的情况的概率。

将危险标准进行量化建模，假设 P_{consq}^d 为飞机受碎片 d 影响的概率，ξ^d 是现有碎片的概率密度，v_{impact}^d 是飞机和碎片 d 之间的相对速度矢量，A_{vuln}^d 为飞机受碎片 d 影响投影在相对矢量速度上的暴露面积。这些参数满足以下公式：

$$P_{\text{consq}}^d(\boldsymbol{r}) = \int_0^\infty \xi^d(\boldsymbol{r},t) A_{\text{vuln}}^d \| v_{\text{impact}}^d(\boldsymbol{r},t) \| \mathrm{d}t \tag{5.23}$$

由于飞机在相对速度参考系中飞行时，其易损区会扫过一大片空域，其体积可用 $A_{\text{vuln}}^d \| v_{\text{impact}}^d(\boldsymbol{r},t) \| \mathrm{d}t$ 表示，对该体积进行 ξ 上的空间积分可得到碎片撞击飞机并产生后果的概率。

并且假设在每个时间步长扫过区域的密度 ξ 是常数，这个空间积分就变为简单的乘法运算。总的 P_{consq}^d 是所有时间步长的积分。在计算相对速度矢量 v_{impact}^d 的范数时，为了简化计算，假定飞机的速度是完全水平的，并且碎片正垂直向下移动，即飞机和碎片速度矢量是垂直的。A_{vuln}^d 根据危险标准的划分同样分为：A_{impact}^d，A_{casualty}^d 和 $A_{\text{catastrophe}}^d$。

假设所有碎片都是相互独立的，那么可得到飞机至少被一个碎片击中的概率为：

$$P_{\text{consq}} = 1 - \prod_d (1 - P_{\text{consq}}^d) \tag{5.24}$$

5. 创建标称紧密包络危险区域

为了建立紧密包络模型，引入国家空域系统的应急处置反应时间，并允许对航天器发射的健康状态进行监测，这样可将式(5.23)重构为：

$$P_{\text{consq}}^d(\boldsymbol{r},t \mid t_{\text{fail}}) = \begin{cases} 0, & t < t_{\text{fail}} \\ \xi^d(\boldsymbol{r},t \mid t_{\text{fail}}) A_{\text{vuln}}^d \| v_{\text{impact}}^d(\boldsymbol{r},t) \|, & 0 \leq t \leq t_{\text{fail}} + t_{\text{react}} \\ 0, & t > t_{\text{fail}} + t_{\text{react}} + t_{\text{latency}} \end{cases}$$

P_{consq}^d 更改为基于失败时间的条件概率分布,每个 t_{fail} 对应一个碎片 d 的 P_{consq}^d 分布,并随着积分的步进变成时间的函数。$t < t_{\text{fail}}$ 时,我们认为尚未发生的爆炸对飞机没有碎片危险;$t > t_{\text{fail}} + t_{\text{react}} + t_{\text{latency}}$,即碎片 d 超过反应时间(加上与航天器健康监测有关的一些延迟)才能到达飞机的位置,飞机有足够时间进行安全机动,也被视为没有危险。同理可得到飞机遇到危险的概率为:

$$P_{\text{consq}}(r,t|t_{\text{fail}}) = \left[1 - \prod_d (1 - P_{\text{consq}}^d(r,t|t_{\text{fail}}))\right] P(t_{\text{fail}} | \text{Failure}) P_{\text{fail}} \quad (5.25)$$

其中,将失败的条件概率和失败的全概率考虑在内,且 P_{consq} 为定义在空域中每个离散 (r,t) 网格单元上概率质量函数。

这样,我们建立由 P_{consq} 构建一个紧密包络的算法,它主要分为两步:

首先,针对每个潜在 t_{fail},定义空域中超过阈值风险的点集为"危险区域",记作 $H(t_{\text{fail}})$,计算公式见式(5.26)。每个危险区域都表示一个必须限制使用的空域,需要在到达 t_{fail} 之前,将累计风险从事故降到可接受的风险阈值之下。每个危险区域的风险为未被限制的飞行的最危险点的累计风险,其具体计算公式见式(5.27)。

$$H(t_{\text{fail}}) = \left\{ r | \sum_t P_{\text{consq}}(r,t|t_{\text{fail}}) > \theta_{\text{consq}} \right\} \quad (5.26)$$

$$\text{Risk}(t_{\text{fail}}) = \sup \left\{ \sum_t P_{\text{consq}}(r,t|t_{\text{fail}}) | r \notin H(t_{\text{fail}}) \right\} \quad (5.27)$$

然后,对每个危险区域建立紧密包络,由于航天器只能发生一次灾难性故障,因此通过得到单个故障时间产生的危险区域的并集来生成紧密包络,具体公式如下:

$$CE(t) = \bigcup_{t_{\text{fail}} = t - t_{\text{latency}}}^{t} H(t_{\text{fail}}) \quad (5.28)$$

6. 创建非标称紧密包络危险区域

如果发生故障并产生碎片,则紧密包络的边界将从遵循风险阈值转变为简单的碎片密封。对于 t_{fail} 的故障,空域中的其他飞机在 $t_{\text{fail}} + t_{\text{latency}}$ 时才能被通知到,此时将会激活包含碎片的危险区域,各类飞机必须尽快从该区域机动离开。我们可通过多种方式计算这样一个包含碎片的危险区域范围,最简单的方法是使用标称紧密包络的危险区域创建方法,令 $\theta_{\text{consq}} = 0$ 和 $t_{\text{react}} = \infty$,预先计算每次故障时的限制危险区域。这种方法基于空间航天器轨迹和天气的概率模型,而不是使用真正的状态向量和大气数据,因此得到的包络较为保守,但可较好地满足空中交通飞行的安全性要求。

参 考 文 献

[1] Saaty T L. Exploring interface between hierarchies multiple objectives and fuzzy sets. Fuzzy Sets and Systems, 1978, 1: 57-68.

[2] Graves A. Long short-term memory[J]. Supervised Sequence Labelling With Recurrent Neural Networks, 2012: 37-45.

[3] Hochreiter S, Schmidhuber J. Long short-term memory[J]. Neural Computation, 1997, 9(8): 1735-1780.

[4] Wilson A C, Roelofs R, Stern M, et al. The marginal value of adaptive gradient methods in machine learning[J]. Advances in Neural Information Processing Systems, 2017, 30: 4151-4161.

[5] Courrieu, Pierre.A stochastic method for global optimization[J]. RAIRO - Operations Research, 1993, 27(3): 281-292.

[6] 王兵. ADS-B 历史飞行轨迹数据清洗方法[J]. 交通运输工程学报, 2020, 20(4): 217-226.

[7] 马勇. 基于数据挖掘的四维航迹精密预测方法研究[D]. 南京: 南京航空航天大学, 2016.

[8] Dyke K L V. GPS Availability and outage reporting for aviation applications[J]. Air Traffic Control Quarterly, 2001, 9(3): 175-210.

[9] Berend N. Estimation of the probability of collision between two catalogued orbiting objects[J]. Advances in Space Research, 1999, 23(1): 243-247.

[10] Nagaoka S, Amai O. Estimation accuracy of close approach probability for establishing a radar separation minimum[J]. Journal of the Institute of Navigation, 1991, 44(1): 110-121.

[11] 陈亚青, 刘懿, 李士刚.基于 CAP 模型的 ADS-B 管制间隔标准评估[J].科学技术与工程, 2011, 11(17): 4102-4107.

[12] Thomas J C, Juan J A. Compact envelopes and SU-FARM for integrated air-and-space traffic management[C]. 53rd AIAA Aerospace Sciences Meeting Kissimmee, Florida, 2018: 1-20.

[13] Glonek, Gary, et al.Range Safety Application of Kernel Density Estimation[M]. Edinburgh South Australia: Weapons Systems Division, 2010.

[14] Carbon S, Larson E. Modeling of risk to aircraft from space vehicle debris[C]. Proceeding of the 2005 AIAA Atmospheric Flight Mechanics Conference and Exhibit, AIAA-2005-6506, San Francisco, California, 2005: 493-497.

[15] Scott D W. Multivariate Density estimation: Theory, Practice, and Visualization[M]. New Jersey: John Wiley & Sons, 2009.